天下・文化
Believe in Reading

從邊緣到核心

台灣半導體如何成為世界的心臟

史欽泰、陳添枝、吳淑敏 著

目錄 Contents

出版者的話	**解讀台灣半導體的發展拼圖** 高希均	6
推薦序一	**無數社會精英的奉獻和努力， 　　　　成就了台灣半導體事業的發展** 孫震	9
推薦序二	**先行者的回響** 曾繁城	18
作者序	**向成就今日台灣半導體榮光的英雄們 　　　　致敬** 史欽泰、陳添枝、吳淑敏	22
縮寫名詞中英文對照表		27

| 第 1 章 |

台灣半導體產業的誕生

晶圓代工模式：加速半導體技術創新	39
人力資源累積：教育造就大量理工人才	43
政府的角色：協助而不介入企業經營	47
半導體的地緣政治：大國博弈下須步步為營	51

| 第 2 章 |

半世紀前的擘畫

國家的危機：打造矽盾產業的起點	63
RCA 計畫：首次從美國引進全套的半導體技術	67

反對的觀點：阻止不了政府創造全新產業的決心　　74
電子所示範工廠：聯電、台積電、華邦的搖籃　　78
衍生公司模式：為台灣高科技產業培育人才　　82
聯電經驗：啟發台灣半導體產業策略　　84

| 第 3 章 |
晶圓代工模式

超大型積體電路計畫：因應個人電腦產業成長　　89
米德——康威革命：晶片設計與製造分離　　95
純晶圓代工廠：台積電開啟全新的商業模式　　101
無晶圓廠晶片設計公司：帶動顛覆性的技術創新　　108
純晶圓代工廠的威力：台積電成為世界的兵工廠　　114

| 第 4 章 |
DRAM 困境

次微米計畫：發展自主的 DRAM 技術　　125
李健熙的警告：阻止不了台灣進入 DRAM 的決心　　133
DRAM 的大躍進：金融市場與租稅優惠的加持　　136
DRAM 代工模式為何失敗：技術不能自外部取得　　143

| 第 5 章 |
日本的興與衰

日本超大型積體電路計畫：80 年代超越美國的關鍵	151
美日半導體協定：韓國 DRAM 產業漁翁得利	160
SEMATECH：重振美國半導體設備競爭力	164
美國半導體產業的復興：英特爾的微處理器獨領風騷	169
日本 1990 年代的失落：錯用不同於全球的電腦系統	173

| 第 6 章 |
韓國財閥十年磨劍

韓國半導體產業的誕生：由私人財閥主導發展	181
財閥的奮起：三星十年磨一劍，建立 DRAM 王國	185
1990 年代韓日爭鋒：一場財務資金的戰爭	191
韓國的技術追趕：十年內超越日本	197
為什麼韓國不是威脅：DRAM 不構成戰略疑慮	199

| 第 7 章 |
微處理器重塑賽局

微處理器的起源：英特爾的大金礦	206
平台模型：建構完整且互補的生態系	215
周邊的力量：從個人電腦到智慧型手機的競爭	220
後個人電腦時代：掌握手機晶片者為王	234

| 第 8 章 |

摩爾定律開關黃金路徑

資本與工程師：樹立難以超越的門檻	241
微影技術：ASML 獨占鰲頭	248
台積電超越顛峰：堅持技術自主	256

| 第 9 章 |

中國的挑戰

中國的大躍進：傾國家之力發展半導體	272
台灣模式：以租稅獎勵吸引外企設廠	276
大型政府基金：志在技術發展，不在市場	282
彎道超車：須等待技術典範轉移	287
美國的制裁：決心走自己的路	292

| 第 10 章 |

地緣政治與半導體

美國晶片與科學法案：以政治干預市場	303
日本的半導體振興計畫：三階段重返榮光	307
歐洲晶片法案：建立半導體完整的生態系統	313
台灣半導體與地緣政治：全球化大勢不變	317

參考書目　　323

出版者的話
解讀台灣半導體的發展拼圖

高希均

　　近年來天下文化出版了三本論述台灣半導體發展和全球晶片的重要著作，分別是 2023 年尹啟銘的《晶片對決》、2024 年台積電創辦人的《張忠謀自傳》全集以及 2025 年史帝芬・維特（Stephen Witt）的《黃仁勳傳》，每本書各有觀點和寫作重心。

　　張忠謀創辦人就在自傳下冊說到：「……此書是我的自傳，不是台積電歷史。書中表達的觀點，是我的觀點。」而這一本由台灣半導體開拓者史欽泰、經濟學家陳添枝、文史作家吳淑敏三位作者合寫的《從邊緣到核心：台灣半導體如何成為世界的心臟》，可以說是完整了解台灣半導體，如何從零到成為全球最先進晶片生產地的重要拼圖。

　　事實上，半導體是一個 70 年前還不存在的產業，卻決定了今日世界科技進展的樣貌。無所不需的晶片，可說是二十一世紀的新石油，也變成了當前世界最依賴的稀缺資源。生產全球最多先進製程晶片的地方，剛好是在台灣，台灣也就理所當然地變成了全球聚焦及必爭之地。

　　如同本書所言，2021 年，台灣甚至被英國《經濟學人》稱為「地球上最危險的地方」，因為經過 50 年發展，台灣已獲得全球最

先進半導體晶片的地位。2020 年，台灣最大的半導體企業台積電，生產了全球 24% 的半導體晶片，包括 92% 10 奈米以下製程的先進晶片，台積電現在已成為全球的關鍵生產者，這種接近壟斷的地位也引起了美國、歐盟和日本等過去半導體強國的緊張，紛紛提供誘因及補助，邀請台積電前往投資興建先進的晶圓廠。由於半導體在產業和軍事應用上的戰略重要性，台灣也被捲入了難以預測的美中科技爭奪戰之中。

台灣今日之所以成為世界最重要的晶片之島，皆是因為七〇年代台灣退出聯合國，一群深具遠見、為國家擘劃未來的財政首長及海外學成歸國的科技專才，全心投入創建屬於自己的產業和技術。經過 50 年的耕耘，才成就了今日台灣的護國群山。

工研院正可扮演著當時台灣科技和產業大腦的角色，匯聚了這群有科技專長的人才，在艱困的時局和財政中，篳路藍縷、一步一腳印地孕育了台灣半導體技術，並將科技產業化。所謂「時勢造英雄」，台灣半導體的英雄是一群人，憑藉他們 50 年前的遠見與耕耘，造就了今日台灣傲視全球的科技實力。

本書資深作者史欽泰，即是 50 年前參與擘劃、開創台灣半導體產業的先鋒和奠基者。普林斯頓大學電機博士的他，從 1976 年就加入工研院，擔任第一任實驗工廠廠長，從零耕耘當時還是高科技沙漠的台灣，並協助聯電、台積電、世界先進從工研院移轉為私人企業，見證它們成為台灣的矽盾產業，但他卻選擇留在工研院，終身為打造台灣產業的競爭力努力，可說是台灣半導體基業的幕後重要英雄。

另一位作者陳添枝博士，為台灣經濟和產業政策的擘畫者和推動者，曾任台灣經建會和國發會主委，他大學念的是電機，出國後

轉念經濟，鑽研國際貿易，可說是經濟學家中少數專長產業、科技的學者。另一位作者吳淑敏則是資深的文史作家，曾在工研院任職26年，擔任工研院重要史料出版總主筆和創意總監，對於台灣科技發展的歷程有清晰而深刻的了解，寫過《工研院三十年院史大事紀》、《十里天下：史欽泰和他的開創時代》、《胡定華創新行傳》等書。

三人分別以參與者的視角、經濟學家的觀點、文史作家的學養，分析台灣如何從一個資源匱乏、技術落後、國際政治地位邊緣的小島，在技術複雜、競爭激烈、政府干預嚴重的半導體產業中，取得全球領先地位。書中更從全球半導體發展的歷史軌跡，解析台灣政府五十年前如何擘劃產業政策，抓住哪些關鍵思考與機會，才讓台灣半導體產業有機會成為今天推動世界科技發展的心臟。對於台日韓科技業的王者之爭、半導體業的合縱連橫，從台灣競爭優劣勢到國際地緣政治角力和美中晶片戰爭，皆有深入的探討與分析。

當前台灣半導體的發展之路，再次面臨了挑戰；但不同的是，今天我們已是大國爭相取得先進技術的晶片之島。如何面對這場大國博弈，守住關鍵技術和人才，台灣的業界及政界領袖應能從這本書中得到許多啟示。

（本文作者為遠見・天下文化事業群創辦人）

推薦序一
無數社會精英的奉獻和努力，
成就了台灣半導體事業的發展

孫震

一、川普總統此言差矣

美國川普總統今年以來多次提到：「台灣搶走美國晶片生意，如果不把生意帶回來，我們會很不高興。」他並說：「將對半導體進口課徵關稅，迫使生意轉回美國。」（《聯合報》，2025年2月15日、17日）

針對川普的說法，國家科學及技術委員會主任委員吳誠文2月15日在他的臉書上說：「台灣辛勤努力了半個世紀，才能達到今天的成就，絕非取自他國。」他還說，50年來，政府、大學與研究機構和產業界，三足鼎立，合作無間，加上半導體產業的從業人員勤奮、堅毅、克服萬難，在長期的國際競爭合作中，突破重重難關，才能到達今天的地位。吳誠文稱讚工業技術研究院在開發關鍵技術、衍生半導體公司的重大貢獻，認為工研院是台灣半導體產業的搖籃。

二、工研院是台灣半導體產業發展的搖籃

1973年，經濟部長孫運璿將經濟部的三個研究機構：聯合工業研究所、礦業研究所和金屬工業研究所，從經濟部分出，組成財團法人工業技術研究院，從事應用科技的研究，協助提升台灣產業的科技水準。

1974年，孫部長接受旅美專家、美國RCA研究部主任潘文淵的建議：從美國引進技術，研製積體電路，以發展台灣的電子工業。這個研製積體電路的計畫交由工研院執行，孫部長請潘文淵在美邀集華人專家組成電子技術顧問委員會（Technical Advisory Committee, TAC），協助進行。

1974年9月1日，工研院成立電子工業發展中心，由交通部電信研究所所長康寶煌擔任主任，交通大學電子工程系主任兼半導體中心主任胡定華擔任副主任，實際負責計畫執行。胡定華畢業於台灣大學電機工程系，從交通大學電子工程研究所獲碩士學位、美國密蘇里大學（University of Missouri）獲電機工程博士，這年只有31歲。

1974年10月26日，孫部長在美國紐澤西（New Jersey）潘府，宴請「電子技術顧問委員會」顧問夫婦，請潘文淵擔任召集人。潘先生為避免利益衝突，自RCA提前退休，夫人亦辭去在紐澤西的永任教職。TAC的顧問們利用公餘私人時間，協助工研院的電子工業發展計畫，他們和潘先生都義務工作，沒有一個人接受台灣的薪酬。

1975年12月，工研院從七家美國知名半導體公司中，選定與RCA技術合作。楊丁元、史欽泰、章青駒也相繼歸來參加胡定華的團隊。他們三人都畢業於台大電機工程系，從美國普林斯頓大學

（Princeton University）獲得電機工程博士。

1976年4月和12月，工研院選送年輕工程師，包括楊丁元等三人，分兩批，各為19人和17人，赴美到RCA各地工廠接受訓練。他們的年齡當時大致都不到30歲，後來大都成為台灣半導體產業的將帥，為台灣的科技產業發展做出重大貢獻。

1976年7月，工研院興建積體電路示範工廠，1977年10月落成，由史欽泰擔任廠長。1978年2月第一批積體電路研製成功，量產3吋晶圓，製程技術7.5微米，這是當初與RCA簽訂技術移轉的目標，不過實際能量已提升至4吋與3.5微米。

1978年8月，前交通部次長方賢齊自電信總局局長退休，出任工研院院長。1979年4月，電子工業發展中心升級為電子工業研究所（Electronics Research and Service Organization, ERSO），由胡定華擔任所長，下設積體電路發展中心和電腦技術發展中心，分別由史欽泰和楊丁元擔任主任。1979年9月，電子所籌設聯華電子公司（United Microelectronics Corporation, UMC），並移轉技術與工作人員38人。1980年5月，聯電成立，由方先生以工研院院長身分擔任董事長。潘文淵建議的引進國外技術，研製積體電路，以發展電子工業的計畫，至此順利完成。

1983年，電子所提出「超大型積體電路計畫」（Very Large Scale Integration, VLSI），1983年7月至1988年6月，提升晶片設計與晶圓製造的能力，由史欽泰主持。1985年8月，國科會主委兼工研院董事長徐賢修邀請張忠謀自美國來台，擔任工研院院長，隨即籌設「台灣積體電路製造股份有限公司」（Taiwan Semiconductor Manufacture Company, TSMC）。1987年2月，台積電由電子所衍生成立，移轉員工144人，並分擔VLSI計畫中製程技術開發與實驗室

建置大部分工作，直至計畫完成，量產 6 吋晶圓，使用 1.25 微米製程技術，較當時美國英特爾（Intel）的 0.8 微米和 1.0 微米仍有落後。

電子所專精的技術是邏輯晶片，但動態隨機存取記憶體（dynamic random access memory, DRAM）是個人電腦的重要元件，而台灣在 1980 年代，漸成世界個人電腦的主要供應地。1990 年 7 月，電子所啟動「次微米製程技術發展五年計畫」，目的是將晶圓製程技術提升到 1 微米以下，並開發自主的記憶體技術。

這個計畫仍由史欽泰主持，並從 AT & T 貝爾實驗室請來盧志遠，負責製程技術開發，從 IBM 研究中心請來盧超群，負責 DRAM 和 SRAM（static random access memory，靜態隨機存取記憶體）元件設計。盧志遠畢業於台大物理系，從美國哥倫比亞大學取得物理學博士，盧超群畢業於台大電機工程系，從美國史丹佛大學取得電機工程博士。1993 年 4 月和 7 月，先後完成 DRAM 和 SRAM 0.5 微米的原型晶片，將台灣的製程技術推進到世界的前沿。1994 年 12 月，「次微米計畫」完成，產製 8 吋晶圓，由台積電為首的合作團隊購買，成立「世界先進積體電路公司」（Vanguard International Semiconductor Corporation, VIS）。

如今台灣半導體相關公司林立，製程技術領先各國，成為世界科技產業的重鎮。

三、在科技交流與產業競合中創造領先的地位

陳添枝、史欽泰、吳淑敏的這本《從邊緣到核心：台灣半導體如何成為世界的心臟》，剖析過去 50 年台灣在世界半導體產業發展中，從無到有、從邊緣到核心，後來居上的路程。不過「這不是一

個麻雀變鳳凰的故事,只是華麗轉身;也不是灰姑娘的故事,只是一段仙履奇緣。這是一個凸顯人類奉獻精神與工程師辛苦卓絕的故事,既非偶然幸運,也不是奇蹟恩典。」

美國發明了電晶體和積體電路,主導半導體產業的發展,日本緊追在後,台灣和韓國也於 1970 年代加入。1980 年代,日本半導體發展對美國形成威脅,導致貿易衝突,1986 年,美國和日本簽訂「美日半導體協定」(US-Japan Semiconductor Agreement),限制了日本出口半導體產品的數量和價格,為台灣和韓國拓寬發展的空間。當前美國的英特爾、韓國的三星和台灣的台積電,在世界半導體產業中,鼎立而三,分別主宰了微處理器、DRAM 和周邊零組件三個領域的製造。

就台灣和韓國半導體產業的分工而言,韓國由於是大財團經營型態,有足夠的能力承擔風險,所以主要發展記憶體晶片的垂直整合,從設計到製造和銷售。台灣選擇了邏輯晶片的設計與製造,由於台積電自始定位為「純晶圓代工」,使晶片設計隨著半導體製程技術的進步與應用範圍的擴大,有無限創新的空間。

說到台灣半導體技術的精進與後來居上,本書歸功於早期旅美華人專家、高等教育學府造就的理工人才,特別是六〇年代和七〇年代出國留學、於八〇年代和九〇年代帶著他們的國外網絡歸來的人才。

1997 年,蔣尚義自美返台,出任台積電研發長,帶領研發團隊,突破 0.25 微米的障礙,成功開發了後續 0.18 微米和 0.15 微米的製程技術;2000 年推出 0.13 微米的製程技術,使台積電和當時的英特爾並駕齊驅。蔣尚義畢業於台大電機工程系,美國史丹佛大學電機博士,返國前服務於惠普公司。如今台積電的先進製造技術已經

超越半導體的先驅英特爾，領先群倫，而中國大陸急起直追，令美國感到不安。台積電究竟是台灣的「護國神山」，還是使台灣「懷璧其罪」？我有兩段話給美國好友參考。一段出自現代經濟學的鼻祖英哲亞當‧史密斯（Adam Smith）。亞當‧史密斯說：

　　鄰國富有在戰時和政治上對我們危險，在貿易上則對我們有利。因為在敵對的情況下，敵人富有可維持強大的戰艦和軍隊，但在和平通商的情況下，則會提供較多的交易和更大的市場。[1]

　　所以我們要維持和平，不要怕鄰國富有。另外一段出自司馬遷的《史記‧孫子吳起列傳》：

　　武侯浮西河而下，中流，顧而謂吳起曰：「美哉乎，山河之固，此魏國之寶也！」起對曰：「在德，不在險。昔三苗氏左洞庭，右彭蠡，德義不修，禹滅之。夏桀之居，左河濟，右泰華，伊闕在其南，羊腸在其北，修政不仁，湯放之。殷紂之國，左孟門，右太行，常山在其北，大河經其南，修政不德，武王殺之。由此觀之，在德不在險。若君不修德，舟中之人盡為敵國也。」武侯曰：「善。」

　　司馬遷並評論說：吳起說武侯以形勢不如德，然行之於楚，以刻暴少恩亡其軀，悲夫！刻暴少恩是說吳起為人苛刻，作風強烈，

---

1 Adam Smith, An Inquiry into the Nature and Causes of the Wealth of Nations, Liberty Classics, 1981.(originally 1776), p.494.

少給人恩惠,所以得罪了很多人。

我還要補充一段:一國的內部差額(internal balance)恆等於其外部差額(external balance)。內部差額指儲蓄和國內投資的差額,外部差額指對外貿易的差額。美國對外貿易長年發生逆差,是因為國內消費(包括民間消費和政府消費)加上國內投資,大於國內生產,不足之數靠進口大於出口的淨進口,也就是貿易逆差彌補。所以美國長期享用他國供應的物資,不是別的國家搶了美國的生意。而且提高關稅不能使逆差減少,只會使國內物價上漲,世界貿易萎縮,經濟成長率降低,甚至衰退。

四、三位可敬的作者

這是一本含金量很高的書,三位作者都是我多年好友,我在這裡略加介紹。

史欽泰先生:欽泰兄自 1976 年 3 月返國參加工研院「電子工業發展計畫」,歷任積體電路示範工廠廠長、電子工業研究所半導體中心主任、電子所副所長和所長、工研院副院長和院長,直到 2003 年 8 月辭職,服務工研院 27 年餘;又於國家需要時出任工研院董事長和資訊工業策進會董事長。他量產台灣第一顆積體電路,主持電子所「VLSI」計畫和「次微米」計畫,提升台灣半導體技術,他是台灣半導體之父。胡定華說:

在台灣半導體產業發展上,史欽泰是真正帶兵領將、創造契機的人,他在各個階段打下扎實的基礎。從電子所、聯華電子、

台積電、竹科，這是半導體界對他一致的看法。[2]

他的傳記作者吳淑敏說：

有遠見卻能謙卑溝通，有能力卻能捨己成全，浪漫多情，卻能忍辱負重。是這樣的品格領導力，織成一張時代前進的基磐與網絡，他們真誠、真情，重公義甚於自己的利益，他們用生命寫下典範。[3]

2024年11月6日，「華人領袖遠見高峰會」頒贈欽泰兄「君子科學家獎」。他是一位淡泊寧靜的謙謙君子，好像從來不知道自己對國家工業發展的貢獻。

陳添枝先生：添枝兄是我台大經濟系的同事，他畢業於台大電機系，從賓州州立大學（Pennsylvania State University）取得經濟學博士；他的專業領域為經濟發展與國際貿易。他是一位世務通達的經濟學家，曾經擔任中華經濟研究院院長、行政院經濟建設委員會主任委員、國家發展委員會主任委員。他從台大經濟系退休後，出任清華大學台北政經學院院長。添枝兄是台灣少數具有電機工程背景的經濟學家，他和台大電機系的學長欽泰兄合作寫成本書，初稿為英文，邀請吳淑敏女士幫忙整理，並加入一些以前的資料，成為這本中文版。

吳淑敏女士：淑敏是我在工研院服務時的同事。她畢業於清華

---

[2] 吳淑敏，《十里天下：史欽泰和他的開創時代》，台北：力和博原創坊，2016，頁13。
[3] 同上，頁15。

大學中語系,進入工研院服務。悠遊於人文與科技之間。她的近作包括《十里天下:史欽泰和他的開創時代》和《胡定華創新行傳》。

台灣沒搶任何人的生意。無數社會精英的奉獻和努力,成就了台灣半導體事業的發展。這本書讓世界看見。我向三位作者敬致祝賀之意。

(本文作者為前台灣大學校長、前工研院董事長)

推薦序二
先行者的回響

曾繁城

閱讀完這本書,對三位作者的認真,將半導體在台灣、日本及韓國的發展歷史及政府不同的支持方式說的非常詳細。我實在沒有必要及有資格再加以說明。但我以台灣積體電路製造的先行者來說(1976年從RCA引進到1987年台積電設立),至今(2025)仍在感動它的未來發展,感情深厚,尤其是台積電的歲月從零到世界第一,深有感觸!由於昔日政府的全力支持,台灣才有今天的成績。過程由無到有,從有變成第一,值得深思。因此,我自不量力將我在台積電的日子及種種作為做回顧,也算是對自己及全體同仁的交待。

台積電成立時就以大型化、全球化、專業化為目標,也就是以先進技術能力、極優的生產技術以及不與客戶競爭的前提,為客戶提供最佳的服務開發。當時台積電的技術為1.5微米,而英特爾已在1.0到0.8微米程度,所以國外的客戶(Fabless)都不來台積電下單。直到1987年12月,英特爾的CEO安迪・葛洛夫(Andy Grove)來訪問台積電,聽過簡報之後,他的印象似乎不錯,於是就把1.5微米的80C51 MC交給台積電試做。那時Foundry(晶圓代工廠)還沒有ISO標準,而我知道英特爾已是世界第一的IC公司。於

是要求一廠的同仁以在電子所（ERSO）開發成功 1.5 微米技術替英特爾生產，同時強調一切製成規格的控制標準都遵照英特爾的標準，因此在 1989 年 5 月即生產合格，此消息一傳出，美國的無晶圓廠設計公司就開始來找台積電生產，不再擔心產能不夠的問題。

雖然台積電已開始生產 1.5 微米，但技術仍然落後美、日的公司。我就開始從美國尋找有經驗的工程人員回台負責 RD（研發）的工作。期間回來加入台積電的人有：蔡能賢、蔡力行、梁孟松、余振華、林本堅、蔣尚義、楊平、劉德音、魏哲家等人。自 1989 年開始，一直到開發出 0.13 微米的技術，才算稍微追上美、日的二級公司，比三星、英特爾還是有些差距。在台積電成立 25 週年（2012 年）的春天，我填了一首詞「水調歌頭」，就說明我們尚未追平英特爾、三星，要想超越他們仍應努力登高山自勉。

水調歌頭

昔有鴻鵠志

展翅上青天

篳路藍縷開林，棘地變新顏

時刻披星戴月

常待風雨吹打

終獲得寬闊

回首田中粟

吟醉送華年

西夷動

北蠻降

是煙火

> 二十五年過去,彈指一揮間
> 仍得西洋搏豹
> 仍得北洋擒狼
> 歡舒尚難全
> 欲待凱歌慶
> 高山再登攀

　　台積電的生意是替客戶生產,不做設計與客戶競爭。終於在2013到2015年之間蘋果公司來訪,希望台積電為他開發10奈米的製程。雙方的合作非常愉快,一年後開發成功,iPhone手機銷售大好,從此以後每一技術節點的開發都是與蘋果共同開發,自此之後蘋果就變成台積電最大的客戶。蘋果之所以從三星轉到台積電是因為三星自行生產手機,與客戶競爭,英特爾則是以代工價錢太低,因而拒絕了蘋果。因此以後台積電的技術可說是追上,甚至超越了三星、英特爾。由於台積電的OIP開放創新平台(Open Innovation Platform)是對所有的客戶開放,2024年英特爾也終於來台積電,下單的是尖端技術的CPU!台積電的三大目標:尖端技術(Advanced Technology)、優質生產(Manufacturing Excellence)、客戶信賴(Customer Trust)的目標終於達到了!

　　此時全台積電的世界尖端技術製程(7奈米、4奈米、3奈米及2奈米)的生產量已占全世界總產量的90%,已經接近獨家生產了(這恐怕會引起壟斷生產的嫌疑)。當然,這是另一新生的問題,期待我們下一代有能力化解此困難!

　　台灣半導體產業自孫運璿部長從RCA計畫開始進行,委託工研院電子所執行技術引進,之後示範生產,再移轉給聯華電子,進而

由孫運璿、李國鼎、俞國華等政府首長們協助成立的台積電，使得今天的台灣積體電路製造業達到世界第一，實在功不可沒，而本人也在行業行走 61 年，也算對得起國家了！

（本文作者為台積電共同創辦人）

作者序

向成就今日台灣半導體榮光的英雄們致敬

史欽泰、陳添枝、吳淑敏

　　關於台灣半導體產業的討論近年來成為熱門的話題，坊間中、英文討論的書籍和文章眾多。我們寫這本書的動機，是希望在全球關注的熱潮中，提供具歷史縱深的台灣觀點。本書有幾個獨特的地方：第一，在時間軸上，它涵蓋台灣半導體產業由無到有的長期發展過程，橫亙半個世紀。第二，在分析角度上，它聚焦半導體技術變遷所帶來的經濟效應，分析台灣產業如何掌握技術變遷的契機，由弱轉強。第三，在空間軸上，它探索台灣產業與主要國家，包括美國、日本、韓國、中國的競合關係，追蹤台灣在全球產業地圖中，從邊緣到核心的演進軌跡。換言之，本書由技術和經濟的視角，解構台灣半導體產業從無到有、從弱到強、從邊緣到核心的奮鬥歷程。

　　外國人對台灣半導體產業的成功，有許多誤解，最極端的是美國總統川普所說：「台灣偷走了美國的晶片事業（stole our chip business）」。較文明的說法是說，台灣的成功，得利於政府的產業政策，尤其是財政補助。台灣政府確實對半導體有產業政策，但沒有財政補助。台灣政府對半導體產業的協助是引進技術並促成投資、

設立企業。事實上,政府和產業的拓荒者(如聯電和台積電)的關係,類似於西方的創投基金與新創企業的關係。1973年台灣政府成立開發基金,同時扮演了創投和創業的角色,將民間企業怕投資新科技的風險,由政府吸收,並且找來了專業經理人,在新創半導體企業的成長過程中,自任為有限合夥人。簡言之,國家資本和擁有技術的專業經理人,合夥進行了產業的冒險。這種安排使專業經理人有極高的動機追求市場的成功,也有極高的誘因吸引外部資金以稀釋官僚的控制力。經理人若成功了,投資人獲得巨大的報酬,但政府失去了企業的控制權,換回一個生生不息的產業。這是矽谷產業創新機制的台灣版,台灣政府在當年國內沒有創投生態的前提下,成功複製了矽谷的機能,是其最大的貢獻。要明白台灣半導體產業的發展,不能不談矽谷的原鄉。台灣政府在國內市場資金稀缺又堅持不願冒風險的情形下,實質上創造了一個亞洲的矽谷。亞洲矽谷不只是一個複製品,連結了原鄉矽谷的創新動能,而且變成它實踐創新的核心力量。

外國分析家也普遍認為台灣半導體的成功,得利於它發明了「晶圓代工」模式。這句話台灣人聽了一頭霧水,因為代工是很古老的商業模式,台灣多數製造廠都是代工廠,從過去到現在不變。為什麼「晶圓代工」是一項偉大的發明,其他電子代工則被鄙夷是「毛三到四」的產業沉淪?這件事如果不從半導體產業的歷史說從頭,無法理解。本書花了一些篇幅,解說這段歷史。簡單說,台灣所以選擇「晶圓代工」,正是因為對代工十分熟悉的緣故,它與我們的產業結構八字相合、門當戶對,選擇這個模式應用於半導體,並不唐突。但是如何把看似稀鬆平常的「晶圓代工」經營成產業的金脈,代工企業甚至變成了全球龍頭,則必須細述半導體產業生態

的演化，才能了解原本只是一項補充性的服務，最後卻變成產業不可或缺的工藝。一個平凡的出發點，最後有了不平凡的結局，是因為執行者非常卓越的緣故。

雖然不唐突，我們還是得解釋為什麼只有台灣選擇了這個商業模式，別的國家卻長了眼翳，看不見這黃金機會？答案是在產業早期的時候，晶圓代工模式並沒有太高價值，技術領先的半導體企業如英特爾，看不上這種低利又爆肝的生意。只有台灣因為技術落後，且無國內市場可支撐大規模生產，不得已選擇了這個模式。而這正是破壞式創新的道理，因為市場上的大廠沒能看到這個商業模式創新的價值。

此外，從台灣的角度看，引進及發展半導體的初心就是要建立台灣的電子工業，而半導體是其中的關鍵技術。因此從發展之初，就著重在人才訓練，包含製造、設計、經營管理等等全面的培養。這個基礎使得台灣在半導體技術發展的過程，抓住了個人電腦崛起以及隨後興起的網路、行動通訊的商機，加上台灣產業主要是中小型企業，具有不斷創新的製造與設計能力，形成綿密的供應鏈，提供了國際品牌企業低成本、高品質、又快速的卓越服務，共同創造了無可取代的價值。大約 2000 年左右，台灣所示範的晶圓代工商業模式獲得成功，大家都看見了它的價值，許多國際大廠先後加入競爭，包括日本、美國、韓國、中國的企業，但台灣廠商已經建立的技術、規模門檻，夠強、夠高，讓我們保持領先到今天。當初高瞻遠矚、篳路藍縷的產業前輩們，居功厥偉。

台灣是代工大國，在其他產業的代工，也相當成功，包括：成衣、鞋子、家具、自行車、嬰兒車、計算機、電腦等等，也都有卓越的代工廠存在。這些代工廠的成功模式，都是以低成本、高效率

為武器，以極低的毛利，讓競爭對手因無利可圖，棄守市場，台廠最後一統江山。但江山其實沒什麼可留戀處，正如企業界朋友形容的「台灣人走過的地方，寸草不生」。只有晶圓代工不同，台灣代工廠走過的地方，因為廉價高效的晶片可以輕鬆取得，使半導體的創新應用不絕於途，因此草木繁盛、萬物欣欣向榮。晶圓代工所以異於其他代工業，在於台廠不僅提供廉價產品，而且提供獨門的領先技術，所以台灣在晶圓代工市場享有訂價權，這是其他代工製造業所沒有的。此外，張忠謀卓越的國際觀與經營領導，也是台積電得以技冠全球的關鍵原因。在看得見的有形努力之外，我們想特別指出，「專業代工」不與客戶競爭的奧祕，是能真正贏得客戶的信任，才能有長期合作的夥伴關係；誠信的企業文化，正是台灣「晶圓代工」模式得以成功的核心價值觀。

　　歸根究柢，台灣半導體產業的成功，一則投入的時間夠早，再者得益於全球化帶來貿易自由化的時機，可以與全球的客戶夥伴合作成長，另外來自本身技術的累積和突破。這是台灣工程師們窮五十年的歲月，孜孜矻矻、宵衣旰食，共同創造的成果。五十年專心致志，鍥而不捨，才能積土成山、積水成淵。五十年的歲月，至少跨越兩個世代的工程師，包括產業草創時期的孫運璿、李國鼎、潘文淵、方賢齊等先知，他們若在世，現在是逾百歲之齡；包括第一代的產官學研各界領導人，如：施敏、胡定華，有些已經身退，有些仍持續打拚中；也包括第二代領導人，現在是六十歲上下。這些領導人多數是工程師出身，他們帶領其他工程師，一起創造了台灣半導體的傳奇。這本書除了記錄下他們奮鬥的歷史，也是向他們致敬。

　　我們三位作者，或者親自參與了這段歷史，或者見證了這段歷

史。其中的先知、第一代、第二代領導人，有的是我們的長官、長輩，有的是同學、同僚，有的是我們仰慕的對象，但感覺都近在身邊，他們的成就觸手可及。當我們念大學時，「積體電路」是新興學科，沒幾人見過實物；當我們畢業後工作，已經離不開積體電路。誰也沒想到，今天積體電路成為台灣的桂冠。積體電路是台灣產業技術的登峰造極之作，產業發展的超限絕美演出，這是萬古未曾有之功業，一生不可得之奇遇，不能歷史留白。

　　本書從 2022 年初開始收集資料、討論、寫作，歷時三年。在過程中，承蒙工研院提供歷年來寶貴的計畫資料，以及清華大學吳泉源教授曾走訪整理多位台灣半導體產業的重要領導人，於 1997 年整理完成寶貴的口述歷史。還有許多半導體產業界的功勞者接受訪問，分享許多不見於文獻的故事和觀點，在此謹致謝忱，包括（依筆畫順）李培瑛、林本堅、施振榮、孫元成、曾繁城、游啟聰、盧超群、楊丁元、小池淳義、坂本幸雄、黑田忠廣等。其中日本爾必達半導體公司前社長坂本幸雄，不幸於去年仙逝。記得 2023 年在東京訪問他的時候，他剛練完劍道，神清氣爽、充滿鬥志，誓言為日本產業奮鬥到 80 歲才退休。爾必達和台灣半導體產業往來密切、脣齒相依，可惜生不逢辰，致英雄無用武之地。坂本先生的突然辭世，特別令人感到世事無常，充滿懷念與哀傷。

縮寫名詞中英文對照表

英文縮寫	英文全文	中文
AI	artificial intelligence	人工智慧
AP	application processor	應用處理器
API	application programming interface	共通應用程式開發介面
ASIC	application specific integrated circuit	特殊應用積體電路
BIOS	basic input/output system	基本輸入輸出系統
CAD	computer aided design	電腦輔助設計
CDMA	code division multiple access	分碼多重進接
CD-ROM	compact disk ROM	唯讀記憶光碟
CMOS	complementary metal-oxide semiconductor	互補式金屬氧化物半導體
COCOM	Coordination Committee for Multilateral Export Controls	輸出管制統籌委員會（巴統）
CoWoS	chip on wafer, wafer on silicon	積板疊晶圓，晶圓疊晶片

英文縮寫	英文全文	中文
CPU	central processing unit	中央處理器
CRT	cathode ray tube	映像管
CVD	chemical vapor deposition	化學氣相沉積
DARPA	Defense Advanced Research Projects Agency	美國國防部高等研究計畫署
DDR	double data rate	雙倍資料率（記憶體）
DIY	do it yourself	白牌產品
DOS	disk operation system	磁碟作業系統
DRAM	dynamic random access memory	動態隨機存取記憶體
DSP	digital signal processor	數位訊號處理器
DUV	deep ultraviolet	深紫外光
DVD-ROM	digital versatile disk ROM	數位多功能唯讀記憶光碟
EDA	electronic design automation	電子設計自動化

英文縮寫	英文全文	中文
EPROM	erasable programmable read only memory	可擦拭可程式唯讀記憶體
ERSO	Electronics Research and Service Organization	工研院電子所
EUV	extreme ultraviolet	極紫外光
FinFET	fin field effect transistor	鰭式場效電晶體
FPGA	field programmable gate array	現場可編程閘陣列
GAA	gate all around	環繞式閘極
GPU	graphics processing unit	圖形處理器
HBM	high bandwidth memory	高頻寬記憶體
HIMIC	Hsinchu International Microelectronics Innovation Center	新竹國際微電子創新中心
HKMG	high-K metal gate	高介電係數金屬閘極
HPC	high performance computing	高效能運算
IC	integrated circuit	積體電路

英文縮寫	英文全文	中文
IDM	integrated device maker	垂直整合製造商
IP	intellectual property	知識產權
ITRS	International Technology Roadmap for Semiconductors	國際半導體技術發展藍圖
KIET	Korea Institute of Electronics Technology	韓國電子技術研究院
LSTC	Leading-Edge Semiconductor Technology Center	日本尖端半導體科技中心
LCD	liquid crystal display	液晶顯示器
LED	light emitting diode	發光二極體
LSI	large scale integration	大型積體電路
MCU	microcontroller unit	微控制器
METS	Modern Engineering and Technology Seminar	近代工程技術討論會
MSM	mobile station modem	移動通訊站數據機
MOS	metal-oxide semiconductor	金屬氧化物半導體

英文縮寫	英文全文	中文
MOSFET	metal-oxide semiconductor field-effect transistor	金屬氧化物半導體場效電晶體
MOSIS	Metal Oxide Semiconductor Implementation Service	金屬氧化物半導體應用服務
NSCAI	National Security Commission on Artificial Intelligence	美國人工智慧國家安全委員會
NMOS	N-channel metal-oxide semiconductor	N 型金屬氧化物半導體
NTRS	National Technology Roadmap for Semiconductors	國家半導體技術路線圖
PCB	printed circuit board	印刷電路板
PCI	peripheral component interconnect	周邊組件互連標準
PDK	process design kit	製程工藝設計套件
PICA	performance-enhanced input-output and CPU architecture	性能增強的輸入輸出和 CPU 架構

英文縮寫	英文全文	中文
PLD	programmable logic device	可程式化邏輯裝置
PMOS	P-channel metal-oxide semiconductor	P 型金屬氧化物半導體
RF	radio frequency	射頻
RISC	reduced instruction set computer	精簡指令集電腦
ROM	read-only memory	唯讀記憶體
SELETE	Semiconductor Leading Edge Technology	日本半導體尖端技術聯盟
SEMATECH	Semiconductor Manufacturing Technology	美國半導體製造技術聯盟
SIA	Semiconductor Industry Association	美國半導體行業協會
STAG	Science and Technology Advisory Group	行政院科技顧問小組 科學技術顧問團
STEM	science, technology, engineering, mathematics	理工科系

英文縮寫	英文全文	中文
SoC	system on a chip	單晶片系統
SRAM	static random access memory	靜態隨機存取記憶體
TAC	Technical Advisory Committee	技術顧問委員會
TD-SCDMA	time-division synchronous code division multiple access	時分同步分碼多重進接
TTL	transistor-transistor logic	電晶體—電晶體邏輯
USB	universal serial bus	通用序列匯流排
VLSI	very large scale integration	超大型積體電路

第 1 章

台灣半導體產業的誕生

自從 1947 年美國發明電晶體以來，許多開發中國家都渴望在自己的土地上建立半導體產業，做為工業發展和技術成功的標誌。然而，只有少數國家達到此目標，包括日本、韓國和台灣；中國是一個後繼的挑戰者，它是否能夠成功，尚待時間證明。值得注意的是，這些成功建立半導體產業的國家都位於東亞地區，它們的成功無疑是東亞經濟發展奇蹟的一部分。已有眾多的文獻對東亞經濟奇蹟做了研究，可是並沒有共識性的結論。[1] 東亞半導體產業的成功更增加了這個奇蹟的神祕性。

在所有成功發展半導體產業的國家中，台灣最令人意外，卻也最引人注目。台灣近年來已成為全球半導體產業中晶圓製造的王者，2020 年，台灣最大的半導體企業台積電據估計一共生產了全球 24% 的半導體晶片，以及 92% 採用 10 奈米以下製程的先進晶片。[2] 這種接近壟斷的地位已經引起了美國、歐盟和日本等傳統半導體強國的緊張，它們各皆提供了數十億美元補助，邀請台積電在它們國內投資興建先進的晶圓廠。由於半導體在產業和軍事應用上的戰略重要性，台積電也被捲入勃興的美中科技戰爭烽火之中。

台灣在半導體產業的成功，很難以台灣在其他產業（如電子、鋼鐵、石化）成功的理論來解釋，因為台灣的半導體產業既未採用進口替代政策，也未採用出口促進政策。相反地，台灣的半導體產業是在自由貿易的環境中發展起來的，正如台積電創始人張忠謀所

---

[1] World Bank, 1993, *The East Asian Miracle: Economic Growth and Public Policy*, New York: Oxford University Press.

[2] Katie Tarasov, 2021, "A first look at TSMC's giant 5 nanometer chip fab being built in Phoenix," *CBNC Web News* 2021/10/16.

闡述的。[3] 台灣在重工業領域，如鋼鐵和石化工業中所採用的典型產業政策，通常是通過後向整合（backward integration）來孵化新興產業，也就是先發展下游的鋼鐵加工，然後利用下游的基礎發展上游的煉鋼業。但這種政策並未應用於半導體產業，相反地，半導體產業是採取了前向整合（forward integration）的方法，也就是先發展上游的半導體元件，再尋找元件的下游應用。台灣在確定下游出路前，就已經投入半導體晶片製造，相對於傳統產業的發展路徑，可以說是勇敢的冒險，尤其對一個資源貧乏的小國而言。

正如其他在半導體領域取得成功的國家一樣，政府干預在台灣也扮演了重要角色。雖然在不同的國家，政府干預的方法各不相同，但有一個共同的規律是：只有當政府的干預是「強化」市場，而不是「取代」市場時，才能獲得成功。現代化工業的發展都需要大規模生產，而大規模生產只能從市場獲得機會，台灣因為沒有足夠的市場可以支撐大規模生產，因此發展現代工業，始終是從出口開始。半導體產業也不例外，而且規模生產對半導體更為重要。不過，和其他產業不同，出口成熟的半導體產品是沒有市場價值的，因為技術過時的微晶片價格接近於零。因此，在別的產業透過出口來學習技術的方法，對半導體產業來說，並不是一個可行的途徑。此外，當規模經濟超過一定程度時，大規模生產需要巨型企業或國家級的龍頭企業來執行，這與台灣產業主要由中小企業組成的產業結構相牴觸。台積電今天成為一家超大型企業，站在全球產業頂峰上，從來不在台灣政府的政策規畫藍圖中。

---

3 Ting-Fang Cheng, 2022, "TSMC founder Morris Chang says globalization 'almost dead,'" *Nikkei Asia Web News*, 2022/12/7.

打從一開始，半導體產業就因軍事應用而受到國際霸權競爭的影響。日本半導體產業的崛起導致了 1980 年代中期的美日貿易戰，近年來，中國半導體產業的崛起則引發了當前的美中貿易戰。在這兩次貿易戰之間，韓國和台灣在地緣政治衝突勃興之前，分別悄悄地在半導體產業的某些領域占據了戰略性地位。2021 年，台灣被英國的《經濟學人》(*The Economist*) 稱為「地球上最危險的地方」，因為這是一個全球獲取最先進半導體晶片之處，兵家必爭之地。[4] 在過去三十年中，台灣與韓國能夠避開地緣政治的漩渦，成功追求世界上最關鍵的技術，是開發中國家非常了不起的成就。

台灣的半導體產業，集中於邏輯晶片。自 1980 年以來，全球最重要的邏輯晶片的下游應用，就是個人電腦。台灣透過與美國的無晶圓廠晶片設計公司（Fabless）結盟，在全球邏輯晶片的競爭中勝過日本，贏得了半導體產業的一席之地，同時避免與集全國之力於記憶體晶片的韓國正面競爭。這兩種策略，包括結盟與避免正面作戰，都是基於認識到中小企業是台灣產業的主結構。此種以中小企業為核心的策略，在執行時的戰略包括：跟隨產業領導者，而非挑戰他們；服務次要市場，而非主流市場；以及致力於技術的邊陲領域，而非核心技術等。這些戰略總括在晶圓代工模式中獲得體現，最終徹底顛覆了半導體產業的生態。

簡而言之，台灣的策略使得除了產業龍頭英特爾（Intel）和三星（Samsung）之外，所有的半導體公司都成為台灣的合作夥伴。當台灣的個人電腦製造商以螞蟻搬象的力量，逐漸使日本的個人電腦

4　Justin Metz, 2021, "The most dangerous place on earth: America and China must work harder to avoid war over the future of Taiwan," *The Economist*, 2021/5/1.

產業空洞化後,削弱了日本在邏輯晶片的競爭力。在同一時間,韓國透過積極投資,奪走了日本的記憶體晶片市場,日本曾經在1980年代看似難以撼動的半導體王國,最終土崩瓦解、帝業空虛。此外,台灣在動態隨機存取記憶體(dynamic random access memory, DRAM)等記憶體晶片方面並未取得成功,也是因為以中小企業為核心的思維和策略,從未對三星等韓國財團構成真正的威脅。台灣的記憶體晶片製造商也曾經與日本DRAM製造商合作,採取了晶圓代工模式,但最終失敗了。

本書論述的範圍,是從台灣投入半導體產業發展的1975年開始,直到今天,涵蓋約莫半個世紀。我們的目的是討論過去五十年來全球半導體產業中一系列令人驚奇的發展,包括產業生態、市場競爭與技術演變,看它們如何造就了今天的台灣。這是現代科技史上最不可思議的篇章,凸顯了一個資源匱乏、技術落後、國際政治地位邊緣化的小國家,如何在技術最複雜、競爭最激烈、政府干預最嚴重的產業中取得全球領先地位。這不是一個麻雀變鳳凰的故事,只是華麗轉身;也不是灰姑娘的故事,只是一段仙履奇緣。這是一個凸顯人類奉獻精神與工程師辛苦卓絕的故事,既非偶然幸運,也不是奇蹟恩典。

晶圓代工模式:加速半導體技術創新

台灣半導體產業的成功,許多人歸因於我們發明了晶圓代工模式。其實晶圓代工模式並非台灣發明,而是美國科學家卡弗・米德(Carver Mead)的構想和建言。米德在1970年代末期,當半導體晶片由大型積體電路(large scale integration, LSI)轉向超大型積體電路

（very large scale integration, VLSI）時，開始倡導將積體電路設計與晶圓製造分離。他相信分離將釋放產業的創新力量，並產生無限的產品創新，體現在晶片設計中，推動半導體產業繼續進步。如果沒有這樣的分離，創新將因晶圓製造所需的設備成本不斷提高而受到抑制。他協助建立了一個基礎環境，包括晶片設計規則和設計工具，使積體電路設計成為一個新的產業，可以獨立於半導體製造之外。這些晶片設計公司後來被稱為「無晶圓廠晶片設計公司」，或「Fabless」。

在米德看來，無晶圓廠晶片設計公司將成為 VLSI 時代半導體產業的核心力量，因為它們會帶來創新，擴大半導體的應用範圍，創造市場價值以支持技術繼續進步。無晶圓廠晶片設計公司將會是一個人才密集產業，而不是資本密集產業，米德認為，對大腦的投資比對資本的投資一定有更高的回報率，因此應該多鼓勵無晶圓廠晶片設計公司的投資，減少生產設備的投資。米德主張「無晶圓廠晶片設計公司」應該愈多愈好，但它們需要少數的晶圓製造公司來為它們生產產品。米德將這些晶圓製造公司稱為「鑄件廠」（Foundry），類比它們是機械產業中生產金屬鑄件的工廠，可以為不同機台提供鑄件。米德認為，「鑄件廠」的數目雖少，但必須擁有先進的晶圓製造技術，才能為產品創新服務。[5]「鑄件廠」的英文「Foundry」，已經成為產業界慣用術語，但中文習用「晶圓製造代工廠」或「晶圓代工廠」之名，本書將沿用。

矽谷對米德的「無晶圓廠晶片設計公司」的理念做出了熱烈回

---

5 Carver Mead and George Lewicki, 1982, "Silicon compilers and foundries will usher in user-designed VLSI," *Electronics*, 55(16), 1982/8/11.

響,這與矽谷創投產業的投資理念一致,但卻沒有人願意成為專業的「晶圓代工製造廠」。任何擁有先進技術的矽谷公司都更希望成為一個垂直整合製造商(integrated device maker, IDM),而不是一個「晶圓代工製造廠」,因為通過垂直整合製造,技術的價值可以體現在產品設計、銷售、製造三個階段上,得到完整的報酬。如果只從事「晶圓代工」,技術僅僅發揮了製造的價值,等於是捨金玉而取瓦礫,世上沒有這麼笨的企業。儘管米德在美國不遺餘力地建立「無晶圓廠晶片設計」的生態系統,並得到了美國政府的支持,但米德的革命在美國只完成了一半,始終缺乏「晶圓代工廠」這塊拼圖。

遠在海角一隅的台灣,替米德補了這塊拼圖。在1987年,台灣採納了米德的想法,成立專業的「晶圓代工廠」,後來取得了驚人的成果。這個決定並非出於高瞻遠矚,而是因為這似乎是台灣中小企業的唯一選擇。台灣從1980年開始嘗試了傳統的垂直整合製造模式,但發現這種模式無法持續,因為適合台灣中小企業的利基產品線的數量太小,無法支持VLSI時代有意義的大規模生產。提供晶圓代工服務似乎是擴大產品線、增加產量,實現有效率生產的唯一途徑。滄海何曾斷地脈,和矽谷相隔一個太平洋的台灣,所以會做出這樣的決定,是因為決策者對先進產業的脈動,能密切掌握的緣故。

然而,做為半導體產業的後進者,台灣並不是米德所定義的「鑄件廠」,因為它並不擁有先進的製程技術,可幫先進的晶片設計企業實現產品創新。它只擁有老舊的技術,這些技術只能用來彌補市場上成熟產品產能的不足,實現台灣人習慣的「代工」。儘管這些成熟產品的價格低廉且代工需求不穩定,但確實為台灣產業提供了進入主流市場的機會。此後透過不斷學習、不斷投資於新技術的研發,至少15年後,台灣的專業「晶圓代工廠」才慢慢接近米德所

預想的「鑄件廠」的圖像。

然而，專業「晶圓代工」的商業模式，證明對半導體產業生態有顛覆性的破壞力。即使技術較老舊而落後，專業「晶圓代工廠」的存在，成了無晶圓廠晶片設計模式的靠山，有了它們，半導體產業的進入門檻就大大降低，因為投資晶圓廠不再是進入產業的必要條件；門檻降低，催生了許多新創企業。自1990年代中期以後，幾乎所有生產邏輯晶片的新創企業都採用了無晶圓廠的模式，它們都成了台灣晶圓代工廠的客戶。客戶的基盤變大，研發投資能力變強，台灣晶圓代工廠的技術也步步高升。與此同時，因為有代工產能存在，原本的垂直整合製造商也逐漸減少晶圓廠的投資，最後轉型為無晶圓廠晶片設計公司。當蘋果（Apple）和Google等主要半導體晶片用戶，近年也紛紛加入無晶圓廠晶片設計行列時，米德的理想可說已經完全實現。

從1980年代中期以來，全球半導體產業的演變可以描述為一個脫鉤的過程，包括產品設計與製造分離，晶圓製造與設備製造分離。前者起源於米德的理論革命，後者則起源於美日之間的激烈市場競爭。脫鉤促成了專業化和全球分工，為韓國和台灣等後進國家打開了產業大門。透過產品設計與製造分離，台灣的晶圓代工廠專注於製造，與晶片設計者的產品設計分進合擊，創造價值。透過專業製造，台灣廠商在客戶的嚴格要求下，大量生產不同類別產品，積累晶圓製程技術。客戶要求晶片的高可靠度和低成本，構成了台灣晶圓製造的核心競爭力，也是台灣其他製造業普遍的看家本領。到某個階段以後，客戶還要求新技術來超越競爭對手，這迫使台灣的晶圓代工廠成為半導體技術創新的重要力量。這是在半導體以外的代工領域，看不見的正向循環。

晶圓製造與設備製造脫鉤，因半導體技術的成熟變得可行，而美日產業在 1980 年代的激烈競爭，是脫鉤的催化劑。脫鉤以後，半導體設備被標準化，形成了一個獨立的產業，而且設備成為半導體製造技術儲藏和進步的載具，這種結構性的變化使得產業的後進者更容易取得和學習技術。台灣進入半導體產業的時間點正值脫鉤開始的歷史性時刻，產業門戶洞開，輕舟過了萬重山，早早就啟動技術學習的旅程。隨著時間的推移，當元件結構和製程技術愈來愈複雜時，雖然設備還是買得到，技術學習的門檻則愈來愈高。

人力資源累積：教育造就大量理工人才

台灣在半導體產業上的成功，必須歸功於孜孜矻矻、奮鬥不懈的工程師。這是自二戰以來，台灣人力資源累積的總成果，包括一些來自中國大陸的人才。台灣雖然在工業發展方面遠遠落後於先進工業國家，但在教育方面，一直與西方世界的現代科學技術接軌，而半導體正是建立在此一基礎之上。半導體是在二戰之後才被發明的，台灣的科學家和工程師們能夠看見和參與半導體技術的演進，當中許多人在這個過程中曾有卓著的貢獻。這和鋼鐵或汽車產業截然不同，當台灣進入鋼鐵或汽車產業時，相關的技術都已經是歷史。

在 1960 年代和 1970 年代，台灣雖然沒有什麼半導體產業，但台灣的大學生都可以接觸到最新的固態物理學和積體電路課程，和先進國家的學生同步。產業發展和教育的落差，使台灣學生畢業後，在本國找不到實踐知識的地方，其中一些優秀學生就前往美國攻讀研究所，並在獲得學位後，留在美國工作。這正是半導體技術發展的初創期，留學時學習半導體是最時髦的，既容易爭取獎學

金,畢業後也好找事。許多人在畢業後,進入像 IBM 和英特爾這些領先的半導體公司,或者頂級的研究機構,如貝爾實驗室(Bell Labs)工作。這是一個「來來來,來台大;去去去,去美國」的年代,台灣的工作難尋,但取得留美獎學金相對容易。這二十年間,台灣「過度教育」的做法,一度造成嚴重的人才外流。

雖然人生無處不青山,埋骨無須桑梓地,但這批海外儲備人才在 1980 年代開始回流台灣,帶領和支持台灣新興的半導體產業發展。這批反向回流的人才,不僅帶回了產業最先進的知識和經驗,還帶回了在技術社群網路中的人際關係,這些人際關係正是台灣與美國高科技公司結盟的商業模式的基石。與矽谷的連結是通往新技術和新市場機遇的最佳管道,也是台灣半導體產業一開始發展,就活力充沛的原因。[6]1980 年代中期以後,當美國半導體產業決定走向全球化的道路時,新竹成了矽谷連接亞洲的第一道關口,而台灣製造廠成為它們的商業夥伴。

在 1980 年之前,台灣人均收入只有幾百美元,僅有一小部分精英高中畢業生進入大學。台灣的教育部一方面限制大學設立,一方面為每所大學系所設定了學生人數限額,以符合國家的「人力資源規畫」。在那個時代,大學入學方式只有一次性的聯合入學考試,考試分為三到四個類組,每個類組考試的科目不同,其中自然組涵蓋理科和工科,也就是現在習稱的 STEM 類(即 Science、Technology、Engineering、Mathematics),通常占每年大學錄取名額

---

6 Anna Lee Saxenian and Jinn-yuh Hsu, 2001, "The Silicon Valley-Hsinchu connection: Technical communities and industrial upgrading," *Industrial and Corporate Change*, 10(4): 893-920.

的三分之一以上，反映了政府在人力資源開發方面的優先順序。例如 1974 至 1975 學年，共有 282,168 名學生就讀大學（含四年制學院），其中有 103,461 名主修理工科系，占就學總人數的 36.7%。[7] 這還不包括專門培養產業技術人力的技術學院和專科學校。

在那個時候，錄取哪個大學，完全取決於大專聯考的成績，別無門路。學生在參加考試之前，必須填寫志願順序，聯考成績決定錄取的大學和科系。台灣大學的物理系一直是自然組的第一志願，直到 1970 年被台大電機系取代。截至今天，電機和資訊科系仍然是理工科系的首選，反映了高中畢業生對大學畢業以後出路的偏好。對於 1960 年代和 1970 年代的學生來說，獲得美國大學的獎學金，比在台灣找到一份工作更加有吸引力；1980 年以後情況逐漸逆轉。但令人驚訝的是，七十年來，物理和電機領域，一直是台灣理工科系學生的首選，而這兩門知識領域構成半導體技術的基礎。

如果我們看看今天台灣領先的半導體公司，大多數高階經理人都是台灣頂尖大學的物理或電機工程科系的畢業生，而且學歷出奇的高。以台積電為例，2024 年公司對外公報的 28 位經理人中，有 17 位擁有博士學位，其中 14 位為美國大學博士，另為三位分別為台大、清大、交大博士。[8] 綿密的同學網絡橫跨美國和台灣，可以促進知識流動，交換商機情報。這些同學網絡曾在 1975 年協助台灣推動了自 RCA（Radio Corporation of America，美國無線電公司）引進半導體技術的計畫；他們於 1979 年再次動員，組成了行政院的科技顧

---

7 《中華民國教育統計資料》，1975 年。
8 TSMC、博士獲得へ行腳「晝夜問とわず仕事できる人材を」，《日本經濟新聞》，2024/11/11。

問小組（Science and Technology Advisory Group, STAG），向政府提供技術政策建言，後來又在 1980 年代為執行 VLSI 計畫和 1990 年代次微米計畫而動員。更重要的是，在聯華電子（簡稱聯電）、台積電以及後來成立的民間半導體公司中，這些同學網絡都是企業經營的血脈，供應和輸送企業成長的養分。

因此，台灣在半導體產業上的成功，可以歸結是 1970 年以來在科學和工程領域積累的大量人力資源的集體貢獻。他們的角色各不相同，包括政府官員、大學教師、海外學人、經營者、研發或現場工程師等。他們在不同的領域做出了貢獻，涵蓋了政策制定、計畫專案執行、企業經營、技術開發、生產管理等，共同打造了一個前所未有的高能量產業。他們或許從未在台灣工作，但在半導體產業發展的過程中，台灣政府或企業槓桿了他們所擁有的資源，達到聚沙成塔的效果。如果華僑是革命之母，他們就是台灣半導體之母。

半導體產業是以科學與工程知識為基礎的產業，台灣之所以能夠成功，是因為多年來累積培養了數量龐大的優秀理工人才，足以解決工程應用中的科學問題。由於半導體產業的特性，必須整合廣泛的科學知識，只有物理和電機，並不足夠。

更重要的是，這些優秀人才，本來散落世界各地，楚材晉用，台灣透過創建一個世界一流的企業——台積電，提供了一個整合平台，讓頂尖人才可用他們的專業知識回饋鄉里。如果沒有這樣一個世界級的企業，這種高層次的知識整合是不可能發生的，當初外流的人才，也只能繼續在海外流浪。因此台積電的存在，是台灣半導體產業所以異於其他產業的關鍵因素。政府選對的企業和選對的產業，同樣重要。

政府的角色：協助而不介入企業經營

在半導體產業發展過程中，政府干預是普遍的現象，從過去美國、日本、歐洲、韓國和台灣，到近年來的中國，都可以觀察到各種形式針對半導體發展的政府產業政策。最常見的產業政策形式是：政府向私人企業組成的研發聯盟提供補助，以加速產業技術的進步。政府對生產的補助較為少見，直到近年來晶圓廠的建造成本變得非常昂貴，在地緣政治競爭下，各國開始提供先進晶圓廠建設的補助，而且補助金額十分驚人。除此之外，政府對半導體產業提供租稅優惠，降低其資金成本，也十分常見，但這與其他策略性產業所受到的待遇沒有區別。

在 1970 年代後期，當半導體產業從 LSI 轉型到 VLSI 時，從政府來的研發支持最為普遍。這是半導體技術重大變革的時期，就電晶體密度而言，它從單晶片上的幾千個跳躍到了數萬個電晶體、乃至數十萬個；就電晶體尺寸而言，它從數微米縮小到一微米，然後再到次微米。進入 VLSI 時代後，元件物理和電路設計的複雜度增加，使得以前依賴人的手和腦的作業方式變得不可能，需要新的科學方法和工具。電晶體密度提高後，微晶片的功能增強，商業應用的範圍擴大，而穩定大量生產的製造能力，成為產業競爭力的關鍵。

在這個關鍵時刻，美國和日本政府的研發補助，基本上都是集體補助，不是個別企業補助，兩國的補助計畫也都稱為「VLSI 研究計畫」，但反映了兩國政府對 VLSI 時代截然不同的願景。美國政府資助的 VLSI 計畫專注於晶片設計能力和產品創新，而日本政府發起的 VLSI 計畫則專注於晶片製造能力的提升。對產品設計和創新的重視，催生了美國邏輯晶片產業的蓬勃發展，而對製造能力的重視，

則讓日本在記憶體晶片領域表現出色。前者強調新穎性和創新性，後者強調大規模生產的品質穩定和成本控制。在 VLSI 研究計畫政策上的差異，最終導致了兩個國家在產業發展走上了不同的道路。

台灣雖然較晚進入半導體產業，但並未錯過 VLSI 的浪潮。在經過一些辯論後，台灣政府於 1984 年決定資助工研院的研究計畫，以開創 VLSI 的時代。這項計畫對台灣半導體產業的發展產生巨大影響，可以說是比早先在 1976 年實施的 RCA 計畫更加重要。RCA 計畫將 LSI 技術首次引入台灣，開啟了台灣半導體產業之門，LSI 技術將台灣帶入了一些半導體應用的利基市場，例如電子錶。但是，如果沒有「VLSI 研究計畫」，台灣將無法跟上半導體產業歷史上最關鍵的典範轉移。典範轉移將半導體產業切成兩個部分：邏輯晶片和記憶體晶片，台灣選擇集中資源，專注於邏輯晶片的競爭，因為在這個領域中，強調的是多樣性而不是數量，適合台灣中小企業的體質。

邏輯晶片與記憶體晶片的分離，伴隨著在邏輯晶片領域裡無晶圓廠晶片設計公司的興起，後者得益於美國政府資助的「VLSI 研究計畫」所協助創建的生態系統。無晶圓廠晶片設計公司需要晶圓廠的配套，而台灣的「VLSI 研究計畫」衍生創立的台積電，補足了這個缺口。此後，美國半導體產業淡出記憶體晶片，專注於邏輯元件，而後來的發展證明，邏輯元件才是 VLSI 應用的原動力，不是當時市場需求強勁、數量遠大於邏輯晶片的記憶體。台灣在此趨勢演變之初，就押注邏輯元件，決心成為無晶圓廠晶片設計公司的天然夥伴，代表了對美國產業願景的認同與追隨。這與主其事者都有美國的教育背景與產業經驗，密切相關。

當然，政府在「VLSI 研究計畫」之前的投資，並沒有打水漂。

「RCA 計畫」以及從此計畫衍生的聯電其經營經驗,為政府帶來了兩個重要認知:第一,台灣工程師有能力吸收運用半導體技術,特別是在製造方面;第二,利基市場模式似乎是台灣中小企業的自然選擇,但這種模式在半導體產業無法永續經營,因為像電子錶這樣的利基產品,隨著半導體技術的進步,很快就成為價格低廉的大眾化商品(commodities),無法創造足夠的利潤,支撐產業技術的研發。而且利基產品數量小,也難以填滿晶圓加工的生產線。台灣中小企業所擅長的「小而美」市場策略,看來和半導體產業水土不服。

　　這些認知促使台灣政府重新思考產業策略,於是一個大型半導體晶圓廠(Mega Fab)的構想應運而生。問題是,一個專注於製造、但不與德州儀器(Texas Instruments Inc.)或 NEC 這類市場主流對手競爭的巨型晶圓廠,要生產什麼產品?賣給誰?這個問題最終導引出「晶圓代工模式」的決策。這個決定是基於自 RCA 計畫開始以來,整整十年(1976 年至 1986 年)的實驗,包括在工廠和市場的實驗。政府承擔了這些技術與商業實驗中大部分的成本,這是一種探索產業可能性的風險投資,私人投資者是不會浪擲自己的金錢來進行這種實驗的,因為實驗所獲得的知識,無法私有化。

　　從 RCA 到 VLSI 計畫,政府十年的投資,對台灣進入半導體產業發揮了關鍵作用。相對地,1990 年至 1994 年所進行的「次微米計畫」,對台灣半導體產業後來的發展,則是影響有限。1990 年以後,私人投資者對半導體產業已經有良好的了解,金融市場也足夠成熟,可以承擔相當的商業風險。從此之後,眾多私人投資者紛紛湧入記憶體產業,包括德碁半導體、世大電子、南亞科技等公司。「次微米計畫」衍生的公司世界先進,專注於 DRAM 製造。雖然成立後的前一、兩年,馬上有豐厚的獲利,但是,由於介入市場的時機較

晚，後續投入的資金也不足，雖然帶來了技術的升級、高階晶片設計人才回流等效益，但台灣的 DRAM 產業迄今並沒有獲致重大的成功。

聯電和台積電的成立，是在台灣轉向完全民主體制的前幾年，這兩個案例代表了官僚主義所擁護的理想商業組織模式，即由國家政策推動、資金支持，但是透過專業化管理，實現企業經營的效率，以確保企業在市場競爭中生存。由於政府股份未超過 50%，在法律上它們被視為私人企業，因此不需要經過立法院的預算批准和審計審查。此種設計最大化了官僚體系對國家所投資公司的控制，這種結構也使得這些企業在成立運作後，不易再尋求國家進一步的資金支持，因為如此做，將使它們變成國營企業，收歸政府管轄。另一方面，這種結構也給專業經理人強烈的動機去稀釋國家的股份，如此專業經理人就可以對公司擁有更多的自主權。這兩個動機，都促使經營者積極尋求在市場獲利，以支持企業的成長。

換言之，台灣特有的國家投資產業探索性企業，其結構鞏固了專業人士（主要是工程師）與國家之間的強大聯盟，使經營者有強大動機尋求高科技、高風險企業在市場的成功。個人才華和國家資本的聯合，體現了台灣半導體產業在早期的活力，[9] 這個聯盟是在台灣獨特的政治氛圍下形成的，可能在其他國家或不同政治情境下，並不能發揮相同的作用。中國近年來建立了類似由國家投資、委任專業管理的半導體公司，但它們的運作和擁有柔性預算的典型國營企業一模一樣，市場力量在它們的經營中，只發揮次要的作用。

9　佐藤幸人，2007，《台灣ハイテク產業の生成と發展》東京：岩波書店，頁 161-162。

如果當年政府沒有投資聯電和台積電，台灣的私人企業可能仍然會自行踏入半導體產業的道路，不過時間可能延後至 1990 年代初期。私人企業可能取得國外技術授權來進行生產，就像台灣大部分 DRAM 製造商一樣。它們可能選擇一些利基型產品介入市場，但不太可能琢磨出「晶圓代工」模式，或者即使它們採用了這種模式，也終將失敗。從台灣「晶圓代工」模式實際發展的經驗中，可以看出自主技術是成功關鍵，如果依賴進口技術，「晶圓代工」的結局將和台灣 DRAM 代工廠的命運相同。因此，台灣政府對半導體產業的主要貢獻是：及早獲取技術、及早有意義的參與生產，並建立自主的研發、設計與製造能力，台灣產業從而抓住了歷史關頭的黃金機遇。如果沒有政府的干預，當這個機遇出現時，台灣可能懵然不知，或者雖看見，但不能做什麼。

半導體的地緣政治：大國博弈下須步步為營

半導體產業誕生於美國，一出世就與軍事產業脫不了關係。在產業起步階段，國防採購占去半導體產品的大半。紀錄顯示，1962 年市場上所有售出的積體電路都是軍方買的，總銷售額為 400 萬美元；到了 1966 年，總銷售額增加為 1.48 億美元，國防採購仍占總額的 53%。直到 1967 年之後，來自國防採購的比例才降至 50% 以下，[10] 軍方從半導體出世開始，就興趣濃厚，不斷探索應用半導體於

---

10 Daniel Okimoto, Takuo Sugano, and Franklin Weinstein, 1984, *Competitive Edge; The Semiconductor Industry in the US and Japan*, Stanford, CA: Standford University Press, pp.84-85.

軍事設備的可能性,以提升戰鬥力。應用領域包括武器、衛星、監視系統、通訊設施、運算能力等,這些應用也都可能有商業市場。

軍方對半導體產業的貢獻不僅僅表現在購買半導體元件上,軍方還資助半導體技術的研究,以開發新產品和新應用。許多由美國國防高等研究計畫署(Defense Advanced Research Projects Agency, DARPA)資助的研究項目,對半導體產業貢獻了革命性的技術。DARPA成立於1958年,也就是積體電路誕生的那一年。在2018年慶祝成立60週年時,DARPA回顧了其與半導體發展緊密相依的歷史,並指出五個由DARPA資助的研究計畫,對半導體技術發展做出了里程碑的貢獻,包括VLSI、MOSIS(金屬氧化物半導體應用服務)、SEMATECH(半導體製造技術聯盟)、ArF Lithography(氟化氬微影技術)和FinFET(鰭式場效電晶體)。[11]

「VLSI計畫」重新定義了電腦結構,創造了RISC微處理器,是x86系統的替代,也是今天行動通訊和人工智慧應用的主流處理器。「VLSI計畫」還創建了一個晶片設計的生態系統,使系統設計成為可能。MOSIS則提供了一個快速服務的平台,協助晶片設計者製造小批量的客製化晶片,體現「晶圓代工」的雛型。SEMATECH促成了半導體設備和元件製造商之間的分工,使半導體設備標準化。ArF微影技術克服了自然光在248奈米的技術瓶頸,將微影解析度推進到193奈米,也就是深紫外光(deep ultraviolet, DUV)的層級。FinFET電晶體將MOSFET(金屬氧化物半導體場效電晶體)的平面結構轉變為三維的立體結構,超越了平面電晶體尺寸的限

---

[11] William Chappell, 2018, "The intertwined history of DARPA and Moore's Law," Part 4 of the series: DARPA: 60 Years, 1958-2018. www//http: emedianetwork.com, 2018/11/19.

制,將電晶體尺寸一路推進到 3 奈米。DARPA 認為所有革命都有助於推進摩爾定律（Moore's law）,並增強美國軍事能力以及經濟福祉。

當技術開發成功後,美國軍方除了以優惠價格採購想要的軍品外,也會毫不猶豫地推廣它所資助發明的新技術到商業應用的領域,以嘉惠私人企業,進而利用商業應用所獲得的資源,進一步推動技術的進步,新技術回過頭來,再提升軍備的能力。這是技術發展的一種良性循環,由軍方出資啟動,最後由軍方回收成果,過程中充分槓桿商業資源。這是一種非常有效率的技術發展模式,優於缺乏商業市場的對手國,例如舊蘇聯或中國。然而,當產業全球化後,關鍵技術可能會在商業應用過程中,落入外國企業之手,為外國軍方所乘。在這種擔憂下,美國軍方就會策動地緣政治,試圖改變現狀。

地緣政治事件首次發生在 1980 年代中期,當時日本半導體企業開始主導全球 DRAM 的生產,而 DRAM 正是當時主流的半導體元件。美國國防部於 1987 年 2 月透過「國防科學對策小組」發布了一份報告,表達了對此情況的擔憂。報告按照以下邏輯,總結了擔憂的理由:

「美國軍隊依靠技術優勢致勝;技術優勢取決半導體的領先地位;半導體的領先地位來自有競爭力的大量生產;大量生產則依賴商業市場上的成功。由於美國半導體產業正失去商業市場上大量生產的領導地位,未來美國國防需求將依賴外國提供的半導

體最新技術，工作小組認為這是一種無法接受的情境。[12]」

這份報告是促成 DARPA 贊助 SEAMTECH 的理論基礎，聯盟的目的是改變當時日本在半導體製造上的領先現狀。

SEMATECH 實現了半導體設備製造與元件製造的分離，美國重新奪回了半導體設備製造的領先地位，設備製造商隨後成為半導體技術進步的重要推手，降低了美國依賴外國技術的風險。獨立的設備製造商，也降低了台灣和韓國後繼者加入半導體產業的門檻，這是 SEMATECH 沒有意料到的結果。不過 SEMATECH 企圖為美國產業奪回商業量產的領先地位，此一目標卻從未實現。儘管如此，微處理器推動個人電腦的猛爆性成長，使英特爾從 1992 年起登上全球半導體第一製造廠的地位。此後，英特爾主導了依照摩爾定律制定的半導體技術進步路線，而美國軍方似乎也體認到美國雖不具有大量生產的優勢，仍可以擁有技術的主導權。

除了美國軍方支持的 SEMATECH 聯盟，美國政府還主導了一項貿易協定，限制了日本 DRAM 對美國的進口數量和銷售價格，為期五年。這項限制為韓國正在垂死掙扎的 DRAM 製造商，提供了搶占市場的絕佳機會。到了 1993 年，韓國三星已成為全球最大的 DRAM 生產商，超過了所有日本同業。與此同時，台灣的台積電和聯電透過為美國的無晶圓廠晶片設計公司提供晶圓代工服務，也獲得了穩固的市場地位。在英特爾微處理器所主宰的個人電腦產業

---

12 Department of Defense, 1987, "Report of Science Board Task Force on Defense Semiconductor Dependency," February 1987, Office of the Undersecretary of Defense for Acquisition, Washington, DC.

中，三星的記憶體、無晶圓廠晶片設計公司的邏輯晶片，以及台積電，都在這個開放、模組化的生態系統中找到一個生存的位置。

1990 到 2020 年是和平的三十年，三星和台積電都被認為是英特爾的盟友，支持英特爾主宰的個人電腦系統。英特爾的微處理器構成了個人電腦的心臟，由三星和其他公司生產製造的記憶體，在個人電腦的功能中扮演著輔助角色。如果微處理器不提升性能，即使 DRAM 的記憶容量增加，英雄也無用武之地。

另一方面，由台積電支持製造的無晶圓廠晶片設計公司的邏輯晶片，主要用於驅動周邊設備和附加組件，以提升個人電腦的功用，它們的價值取決於英特爾微處理器的性能，它們的存在只會增強英特爾的價值。換句話說，無論是三星、台積電，還是邏輯晶片設計公司，都是「英特爾核心」的抬轎者，如眾星之拱月。帝都穩固，無敵國外患，美國軍方也過了平靜的三十年歲月，這也正巧是冷戰結束後地緣政治的平靜時期。

在和平安靜的年代，DARPA 繼續資助半導體研究，包括微影技術和元件結構方面的研究。DARPA 也試圖從日本的競爭者中，挽救美國的微影機製造商，但失敗了；因此美國軍方別無選擇，只能支持荷蘭公司艾司摩爾（ASML）。ASML 從 1990 年代開始與日本製造商競爭，在 2000 年代，隨著微影技術進入由 DARPA 資助的氟化氙光源所帶動的深紫外線階段，ASML 逐漸超越了日本競爭對手。DARPA 對微影技術研究的支持，本來目標是支持英特爾，希望英特爾能夠在每一個新半導體製程導入時，維持產業領先地位。為達此目的，有時也得借助盟友的力量，因此在過去的三十年中，「友岸外包」（friend shoring）的概念已經成形，儘管這個名詞還尚未被創造出來。

隨著摩爾定律不斷向前滾動，英特爾帝國的「三本柱」：英特爾、三星、台積電，勢力互有消長。隨著半導體技術的進步，驅動半導體應用的載具逐步從個人電腦轉移到行動裝置、雲端運算、人工智慧，而英特爾坐在帝國的頂點，志得意滿，連續錯過了這些轉型的列車，使它在整體半導體產業的影響力逐漸下降。相較之下，三星的記憶體和台積電的晶圓代工，提供的是通用產品和服務，不受下游應用轉移的影響。

當高通（Qualcomm）、蘋果、輝達（Nvidia）、超微半導體（AMD）等公司需要超越英特爾所能提供的尖端處理器技術時，他們的共同晶圓製造夥伴台積電，就必須回應這項需求。台積電不斷超越，加上英特爾不斷犯錯，終於使台積電幾乎獨占了尖端晶片的製造。

「當絕大多數最尖端的晶片，都集中在一個距離我們主要的策略競爭對手（中國）僅 110 英里的工廠（台積電）生產時，我們的處境險惡，無以復加。」美國國安單位如是說，並表示目前的處境無法接受。[13] 無法接受，就必須改變現狀，這開啟了一系列前所未見的大國博弈，美國、日本、歐盟、中國都加入了這場中原逐鹿。到底鹿死誰手，只有未來歷史可以解答。過去三十年半導體發展的意外贏家：台灣與韓國，是否會隨著鹿死而遭到狗烹，也有待歷史回答。

美國國防部在 1986 年所使用的邏輯論述，今天仍然基本上有效。唯一必須修正的，是在過去三十多年裡，美國已經證明，即使未控制大量生產，還是可以擁有技術上的控制權。DARPA 試圖振興

---

13 National Security Commission on Artificial Intelligence, 2021, *Final Report*, Washington DC.

美國的微影機製造商的努力失敗了，但卻助攻了 ASML 這個新冠軍，取得微影機市場的主導權。DARPA 開發的 EUV 微影技術首先由 ASML 導入生產商業化的機器，創造了最尖端的晶片。因為美國掌握了微影的核心技術，因此有能力動員 ASML，禁運 EUV 微影機到中國，圍堵中國半導體產業的發展。可見地緣政治權力的行使，取決於核心技術，而不是大規模生產。

儘管如此，大規模生產對於半導體技術的商業應用仍是不可或缺。唯有商業應用創造市場價值，才能維持技術的持續投資。如果美國希望在未來半導體技術的發展中保持主導地位，就必須確保在商業應用中掌握足夠的價值，而不是掌握大規模的生產量。台積電和三星的角色是大量製造，它們的存在，使半導體產業價值創造的鏈條變得完整，而且承擔了極高的風險。然而，它們是可以被取代的，就像當年日本 DRAM 製造商被三星取代一樣。如果以史為鑑的話，取代它們的候選者最有可能來自亞洲，而許多中國企業正耐心地排隊等候。

第 2 章

半世紀前的擘畫

台灣儘管是工業化的後進國，半導體產業卻能發展如此成功的一個重要原因，是在產業的早期發軔階段，即已參與。1975 年，台灣啟動了一項由政府資金所支持的研究計畫，從美國 RCA 公司移轉半導體技術回台。當時台灣的人均所得僅有 964 美元，是標準的低度開發中國家，卻有強大的野心，企圖挑戰世界最尖端的技術。於此之前，台灣工業界在製造與出口收音機、電視機和計算機時，有機會接觸了電晶體和積體電路相關的專業知識。這段啟蒙期對後來的產業發展有幫助，但需要一個起爆劑。

　　早期台灣有一些外商投資的半導體公司，如飛哥福特（設立於 1967 年，前身為美國通用電子公司）、飛利浦（設立於 1969 年）、德州儀器（設立於 1970 年），在台灣建立了半導體組裝的生產線，並且被台灣一些本地公司仿效。然而，如果沒有政府的力量介入運作，台灣很可能像馬來西亞一樣，僅能繼續做為多國籍公司半導體元件組裝的離岸平台。1980 年，台灣的半導體產業總產值只有新台幣 75 億元（當時約值 2 億美元），其中有 97.1% 的產值來自於半導體組裝，而剩下的 2.9%，則是政府資金支持的 RCA 計畫所創設的示範工廠所貢獻。[1] 那一年，第一家投入晶圓製造的台灣半導體廠商聯電，才剛剛在 RCA 計畫成果之下衍生成立。

　　除了政府介入之外，人力資源的儲備是台灣能早日進入半導體產業的關鍵因素。台灣在理工科領域的高等教育，一直是緊跟西方先進國家的腳步，無視台灣產業的實際需要，導致教育與產業脫

---

[1] Tain-Jy Chen, Been-Lon Chen and Yun-Peng Chu, 2001, "The Development of Taiwan's Electronics Industry," in Poh-Kam Wong and Chee-Yuen Ng (eds.), *Industrial Policy, Innovation and Economic Growth*, Singapore: Singapore University Press, p.271.

節,造成大量的人才外流。這種看似浪費教育資源的做法,卻無意中為台灣高科技產業打造了一支糧草充足的後備軍,讓台灣很早就有能力進入這個二戰以後才誕生的產業。舉例來說,交通大學於1964年以國家資金創設了首座半導體實驗室,當時台灣還沒有半導體產業。該實驗室於1965年成功製造出第一個雙極性電晶體(bipolar transistor),這是當時產業界的主流電晶體,隨後開始製造光罩和磊晶。雖然這個實驗室並無實質的商業應用,但為台灣半導體產業後來的發展儲備了人才。許多早期半導體企業或研究機構都是由交大的畢業生所創辦或管理。1974年,該實驗室主任胡定華加入工業技術研究院,擔任RCA技術移轉計畫的主持人。

　　台灣半導體產業的拓荒者邱再興,就是交大電子所的第一屆畢業生,他在1969年創立了台灣第一家本土的半導體公司——環宇電子。在此之前,邱再興任職於台灣首座由飛歌福特設立的半導體組裝廠,後來他應國內投資人的邀約,成立了環宇電子。這個新創事業是由施敏所促成,當時他正擔任交通大學的客座教授。施敏在貝爾實驗室工作時,曾發明浮閘非揮發性半導體記憶體(non-volatile semiconductor memory),是半導體技術的重要里程碑。環宇電子專門製造用於電腦記憶體的磁芯,以及封裝當時用途最廣泛的半導體元件:電晶體—電晶體邏輯(transistor-transistor logic, TTL)。這是第一家擁有研發部門的台灣電子廠,並於1972年推出了台灣第一台桌上型計算機。而擔任環宇電子首席研發工程師的施振榮,在1976年創立了台灣第一家個人電腦公司——宏碁,他也是交大電子所的畢業生。

　　進入時機早,使得台灣的半導體產業至少有兩項優勢。第一,因為進入早,進入門檻較低。即使台灣當時還處於低收入的開發中

國家，產業初期階段需承擔的投資風險尚未龐大到令人卻步。而且在這個階段，半導體產業仍被視為勞力密集的產業，而非資本密集產業，投資金額比一貫作業的煉鋼廠還少些。而台灣擁有充足而廉價的人力資源，政府認同半導體產業與台灣的比較利益相符。假如台灣等到 VLSI 階段才開始涉足半導體，那麼購買技術與建造晶圓廠的成本將會過於昂貴，使得國家的投資缺乏合理性。雖然私人投資很有可能在時機成熟以後，慢慢加入半導體產業的行業，但是它們可能會採用自國外取得技術授權的方式生產，如同 1990 年代的台灣私人企業在 DRAM 領域的投資模式，這種模式最終證明無法成功。

第二，半導體產業在 1970 年代初期成功取得一些關鍵的技術突破，包括 DRAM 和微處理器（microprocessor）的發明，為產業變革奠定了基礎。當時，英特爾、摩托羅拉（Motorola）與德州儀器等晶片的商業生產商（merchant producers）開始取代原本僅為自家產品生產晶片的自用生產商（captive producers），如 IBM 和美國電話電報公司（AT&T）。至 1980 年，半導體市場已經完全商業化，並且日益全球化，台灣的半導體製造新兵在技術上已經完成訓練，準備迎接這波歷史的新機遇。

從 1981 年以來，個人電腦產業推動了半導體技術的發展，而個人電腦剛好非常符合台灣中小企業天生的相對優勢。在個人電腦熱潮到來之前，台灣在半導體技術上的充足準備，並以國家資本創建了相對大型的半導體企業，槓桿台灣在個人電腦生產上的相對優勢，為台灣半導體元件找到了市場出路，達到相生相成的效果。機會只會留給做好準備的人，台灣半導體產業的誕生，以及 1980 年代後的乘風而起，必須歸功於 1970 年代在技術上的準備。

國家的危機：打造矽盾產業的起點

台灣發展半導體的政策始於一個國家危機。1972年5月，年邁的蔣介石總統任命蔣經國為行政院長。僅僅一年前，中華民國被迫退出聯合國，將席位讓給中華人民共和國，緊接著與主要國家陸續斷交，新內閣因此進入了危機管理模式。新內閣揭示政策方向是「革新保台」，也就是不再追求反攻大陸，而是要鞏固復興基地的台灣，實現現代化的目標。[2] 內閣頒布一項大型基礎建設的計畫，也就是有名的「十大建設」，計畫之一為煉鋼廠（即後來的中國鋼鐵公司），反映出蔣經國推動以重工業帶動經濟成長的決心。為發展重工業，政府管制進口、引導資金配置、限制廠商投資，這些做法與1960年代推行的自由化發展策略明顯不同。[3]

啟動半導體計畫和煉鋼廠類似，同樣是為了將台灣產業引導進入新的成長階段。鋼鐵業為踏入資本密集的生產製造，而半導體業則是邁入技術密集的生產製造；這兩種轉變，都被認為有助於提高製造業的附加價值。在鋼鐵業的發展方面，以當時已成熟發展的金屬加工業為基礎，利用了後向整合（backward integration）的手段，向上游原料推進。半導體則是想利用成熟的電子工業為基礎，進行電子零件的進口替代。在1972年電子產品已經成為台灣第二大的出口項目，僅次於紡織品。台灣於1970年代持續的經濟成長，部分來自重工業的貢獻，讓台灣挺過因1979年與美國斷交所造成的另一場

---

[2] 林孝庭，2020，「蔣經國、李登輝與台灣政治『本土化』二三事」，風傳媒，2020/7/31。
[3] 陳添枝，2022，《越過中度所得陷阱的台灣經濟 1990-2020》，台北：天下文化，頁372。

國家危機。然而,半導體的進口替代從未實現,而半導體產業對於「革新保台」的實質貢獻,也一直到 2000 年以後才開始被外界認知,學者稱此產業為台灣的「矽盾」(silicon shield)。[4]

對多國籍公司來說,台灣曾是組裝收音機和電視機等電子設備的主要境外平台,相關的半導體元件,從 1960 年代的電晶體開始,到 1970 年代的積體電路,都是透過進口取得。積體電路的發明催生了新的消費性電子產品,包括計算機和電子錶,這些電子產品在 1970 年代初也外包到台灣來組裝。台灣開始發展半導體的經濟藍圖,不單單只是想藉由在台灣生產半導體元件來取代進口,更是想在科技領域,找到一個突破口,替未來經濟的發展儲備動能。當時的報紙指出,蔣經國召見時任行政院祕書長費驊,指示啟動一項可以實現台灣技術突破的計畫。[5] 後來擔任計畫主持人的胡定華則將計畫目標訂為:「建立以積體電路為基礎的電子工業」,[6] 希望以積體電路做為一個種子,[7] 使台灣電子工業走到一個更高的層次。

誰首先提出以半導體做為技術突破口的想法?這個想法來自一群旅居美國的專家,其中包括一些在中國出生的工程師和美國技術專家。他們自 1966 年起,每兩年會組織一個訪問團來台,為台灣政府提供基礎建設和工業項目的諮詢服務。此訪問團由海外工程師潘文淵所帶領,他是上海交通大學的畢業生,時任美國 RCA 的研究室主任,而促成訪問團的是時任交通部次長的費驊,他出身相同的大

---

[4] Craig Addison, 2001, *Silicon Shield: Taiwan's Protection against Chinese Attack*, Nashville, TN: The Fusion Press.
[5] 「國內電子工業興旺,起於一頓豆漿早餐」,民生報,1984/8/28。
[6] 吳淑敏(2019),《胡定華創新行傳》,台北:力和博原創坊,頁 93。
[7] 吳淑敏(2019),頁 89。

學。當訪問團來台時，中國工程師學會透過籌辦研討會，邀集訪問團的成員和國內專家，針對現代工程技術進行討論，以協助台灣各界對新技術的學習。另一方面，政府也會安排訪問團參觀特定的基礎設施與產業，讓海外的專家獲得台灣最新的現場資訊。

此項研討會後來被命名為近代工程技術討論會（Modern Engineering and Technology Seminar, METS），自 1966 年開始舉辦，每兩年召開一次，持續到今天。電子科技從一開始就是 METS 的重要主題，也是訪問團中專家學者最多的領域。舉例來說，1966 年第一屆訪問團有 19 名成員，其中至少有 6 人可以被認定為電子領域的專家；1968 年第二屆訪問團共有 23 名成員，其中至少有 7 名電子界的專家。根據第二屆訪問團的考察報告，專家們在參訪台灣無線收音機的組裝廠後，有以下發現：

「在本地生產的無線收音機，25% 到 30% 的價值來自工資、管理費和利潤，65% 到 70% 為材料成本。所有材料中，除了極小部分是本地採購的，其餘大部分從美國或日本進口。因此，台灣電子產業最大的挑戰就是此類材料的在地生產。[8]」

報告中所指稱的「材料」，顯然指的是無線收音機中使用的電晶體。

1974 年 2 月 7 日，在第一次石油危機期間，已升任為行政院祕書長的費驊召集了五名來自經濟部與交通部的高階官員，和當時正

---

8 趙曾玨，「一九六八（民五七）第二屆近代工程技術討論會簡記」，http://www.nctu.edu.tw。

訪問台灣的美國無線電公司研究室主任潘文淵一起吃早餐。五位官員包括經濟部長孫運璿、交通部長高玉樹、電信總局局長方賢齊、電信研究所所長康寶煌、工研院院長王兆振。七個人於台北市南陽街 40 號當時有名的「小欣欣豆漿店」聚會，早餐會報的主題就是半導體產業。這個會議成為台灣半導體發展的誓師大會。

在會議中，官員們想知道台灣是否可以將半導體發展做為技術突破的切入點，當場潘文淵的回答是肯定的。「技術在哪裡？」潘文淵說可以用買的。「那得要花多少錢？」潘文淵說大約需要一千萬美元。「從獲得技術到投入應用，需要多長時間？」潘文淵說需要四年。「這些技術可以應用在哪些地方？」潘文淵說新興的電子錶將是這些技術很好的出路。潘文淵對這些問題胸有成竹，在當場就給出了明確的答案。儘管這個早餐會是由費驊召集，但經濟部長孫運璿應該才是發起會議、並提出問題的人，他認為潘文淵所提示的預算與時程可以接受。[9]

潘文淵在他的個人備忘錄中對這次會議有如下記載：

「我大膽的建議儘快優先啟動積體電路的研究計畫。此研究計畫有三個遠大目標：首先，如果成功，它將對 1980 年代及以後的中華民國經濟產生巨大影響；第二，如果成功，它可能代表一項值得世界認可的重大技術突破；第三，無論成功與否，此方案的推動必將提高中華民國在電子產業的技術水準。[10]」

9　張心如，《矽說台灣：台灣半導體產業傳奇》，台北：天下文化，頁 82-85。
10　Wen-yuan Pan, "A Briefing at Hsiao-Hsin-Hsin Breakfast Meeting," *Personal Memo*, pp.30-31.

這裡所謂的「成功」，應該是指技術上的成功，完全吸收消化了買來的技術，可以用於生產半導體晶片，與國外產品競爭。潘文淵應該未曾想像，台灣技術竟然有領先世界的一天。

從與會的人員可以推測，孫運璿希望由電信研究所（交通部轄下）和工研院（經濟部轄下）這兩個台灣最先進的工業技術研究機構合作，共同負責這項計畫。會後，這兩個研究機構依照潘文淵指引的方向，合作成立了「電子錶研究發展委員會」，進行電子錶的應用研究。不過，當 1975 年半導體研究計畫正式啟動時，工研院被單獨賦予了技術移轉的重任。為了此項任務，工研院增設了一個新的部門——電子工業發展中心，後來更名為「電子工業研究所」，英文名 ERSO（Electronics Research and Service Organization），而出席二月早餐會的電信研究所主任康寶煌，則被指派為電子中心的負責人。

RCA 計畫：首次從美國引進全套的半導體技術

「小欣欣豆漿店」會議後，經濟部積極推動半導體的研究計畫。潘文淵在 1974 年 7 月再度訪台，他在 7 月 22 日致函孫運璿部長，正式提交一份「發展台灣電子積體電路技術計畫」。這是一份 10 頁的計畫書，簡短卻十分明確，謄打在潘文淵下榻的圓山大飯店的旅館信箋上。潘文淵清晰寫明了計畫的目的是：在台灣開發半導體元件以替代進口。他認為，自產半導體元件將提升台灣電子業的產值，可以應對當時產業面臨的工資上漲問題，以及為受過高等教育的勞動人口創造更高薪酬的工作機會。他也指出，快速發展的半導體技術在可預見的未來，將徹底改變電子工業的樣貌，台灣必須儘早趕上這個浪潮。

潘文淵為計畫設定明確的目標為：獲取半導體技術，並將其移轉至台灣產業，使台灣電子工業所需要之高度精密積體電路，獲得可靠來源，不必依賴他國，且逐漸使電子成品之品質提高，成本下降，足以在國際市場上與先進國家產品相抗衡，提高國家地位，改善國民生活。但他強調這個計畫最終應該只是向產業移轉技術，而不是出售商品（半導體元件）牟利。

換句話說，這是一個技術採購計畫，而不是投資計畫。潘博士預測需要四年時間（1974至1978年）來學習和吸收所引進的技術，為移轉給產業界做好準備，待技術擴散後，私人企業將隨後在1978至1980年出現。1980年以後，這些私人企業將會自力尋求新一代的技術，並承擔技術研發的主要角色，政府即可退居幕後。因此，國家資金的投入是一次性的，而且只需要在計畫的早期階段投入，就能夠啟動技術發展的正向累積。新技術注入產業後，產業就會透過市場的力量，繁衍生生不息的下世代技術。

這項計畫列出了採購的技術範圍，包括：半導體材料（晶圓）、電路設計、系統整合、光罩設計和製造、擴散、離子注入、測試技術和測試設備。單晶和混合晶體管技術都包含在計畫中，甚至顯示技術（如LCD和LED），也都包含在技術採購範圍內。顯而易見地，潘文淵預設了電子錶為採購的半導體技術的應用出路。潘文淵預估了600萬美元用於採購上述的技術，當1974年10月經濟部正式批准該專案時，總預算為1200萬美元，除採購經費外，另外編列600萬美元用於建造一座示範工廠，針對引進的技術進行實驗生產。[11]

---

11 潘文淵擬具「發展台灣電子積體電路技術計畫」致函孫運璿，台灣工業文化資產網（The Industrial Heritage in Taiwan）。

爾後的歷史發展，顯示出潘文淵對市場的力量過於樂觀，因為台灣的半導體產業花了遠超過四年的時間才斷了政府的奶水。然而，引進半導體技術對台灣產業的長期影響或許也超越了潘文淵的預期。半導體技術不僅促成台灣電子產業的「價值提升」，更讓台灣在四十年後成為一個高科技強國，「被世界認可」。2020年，克里斯·米勒（Chris Miller）在所著的《晶片戰爭》一書有如下記述：

「台灣生產的記憶體晶片占全球的11%；更重要的是，它生產了全球37%的邏輯積體電路。電腦、手機、資料中心和大多數其他電子設備都離不開它們。因此，如果台灣的晶圓廠停產，全球在接下來的一年中，生產的運算能力將減少37%。[12]」

「發展台灣電子積體電路技術計畫」獲得正式批准後，工研院隨即於1975年2月準備了「招商規格書」（request for proposals），透過公開招標的方式尋找技術採購的對象。一共有七家公司前來投標，包括美國RCA、快捷半導體（Fairchild）、安邁科技（AMI）、Sprague、通用電子（General Instruments）、休斯網絡系統（Hughes）和英特矽爾（Intersil）。這項計畫推動的時機恰到好處，因為全球半導體產業在1974至1975年間適逢市場衰退，許多公司的財務有壓力，需要現金挹注。[13] 除了1975年全球市占率第三的快捷半導體之外，其他參與投標的公司都是產業中相對較小型的公司，而最終得

---

[12] Chris Miller, 2022, *Chip War: The Fight for the World's Most Critical Technology*, London: Simon & Schuster, p.340.

[13] Dieter Ernst, 1983, *The Global Race in Microelectronics: Innovation and Corporate Strategies in a Period of Crisis*, Frankfurt, Germany: Campus Verlag, pp.26-27.

標的 RCA 在 1975 年的全球市占率則是排名第八。對它們來說,當應用成熟技術的市場成長前景不佳時,出售這些技術的確是一個不錯的選擇。

經過大約一年的審查和篩選,RCA 於 1976 年 1 月正式被選為技術合作的對象。工研院很快就組織了一個技術移轉小組,並於 1976 年 4 月抵達美國。RCA 移轉團隊由 36 名成員組成,分為四個小組:積體電路設計組派駐於紐澤西州、積體電路製程組派往俄亥俄州、晶片測試組派駐加州,設備研究組則派往佛羅里達州。技術移轉團隊在 RCA 停留了大約一年的時間。[14] 團隊成員都親自參與實地操作,不眠不休地透過實踐學習技術。總領隊楊丁元回憶,團隊成員夜間也在生產線上學習,曾遭到 RCA 工會反對;工會反對台灣工程師在夜班操作機器,因為這段時間沒有 RCA 的工程師在場監督。經過協商後,工會最終同意了。[15]

除了技術之外,團隊也著重於生產線的管理,他們熱衷於學習生產計畫、生產控制、成本核算、操作紀錄保存、績效評估等等。這些知識對於日後在台灣建立生產線,以及從示範工廠衍生出來的商業營運,都是不可或缺的。楊丁元認為,在台灣成立示範工廠,是使 RCA 專案計畫能夠有別於傳統「統包計畫」的一個關鍵因素。「統包計畫」由技術提供者建立工廠、裝設機器設備,並提供操作手冊,然後將整條生產線交給技術購買者,後者通常只專注於複製產品。而 RCA 計畫則涵蓋產品設計、建立生產線和生產流程管理,獲

---

14 Thomas Lawton, 1997, *Technology and the New Diplomacy*, Hants, UK: Avebury Publishing, p.53.
15 訪談楊丁元,新竹,2023/5/8。

取的是全面性的技術。當技術變遷時,「統包計畫」取得的技術很容易過時,而 RCA 計畫取得的技術可以自我成長和調適。[16]

時任電子工業發展中心副主任、同時擔任 RCA 計畫主持人的胡定華認為,這項計畫有兩項重大關鍵決策,對於台灣半導體產業後續發展極其重要。第一,選擇互補式金屬氧化物半導體(CMOS)的技術,而不是其他,如 N 型金屬氧化物半導體(NMOS)、P 型金屬氧化物半導體(PMOS)或雙極半導體技術;第二,堅持取得積體電路設計技術和製程技術。[17] 這兩個關鍵因素,部分是運氣,部分是計畫規畫者的遠見。

MOS 技術經過經年累月在化學製程和產品設計上的改良後,到了 1975 年,已被證明具有商業的可行性。然而,當時大多數的公司都採用 PMOS 或 NMOS 來生產那時最重要的半導體產品,即記憶體。RCA 是少數例外,他們在軍事計畫的支持下,從 1960 年代初開始就採用了 CMOS 技術,因此成為少數擁有成熟 CMOS 製程的公司之一。[18] 1970 年代,CMOS 微晶片主要應用於電子錶和計算機;相較於使用其他技術所製造的微晶片,它比較省電,但速度比較慢。[19] 因為速度慢,被視為技術層次較低。然而,隨著微影技術(lithography technologies)不斷改進,使 CMOS 的製造成本不斷降低,CMOS 因為極低的功率耗損,能夠將數百萬個電晶體塞到一塊晶片上,後來被證實為最適用於包括記憶體在內的所有半導體元

---

16 訪談楊丁元,新竹,2023/5/8。
17 吳淑敏(2019),頁 92-95。
18 Ross Bassett, 2002, *To the Digital Age: Research Labs, Start-Up Companies, and the Rise of MOS Technology*, Baltimore: Johns Hopkins University Press, pp.163-165.
19 牧本次生,2021,《日本半導體復權への道》,東京:ちくま新書,頁 71。

件。猶有進者,當電晶體的尺寸逐漸縮小,使得電子移動的速度提高,速度也不再是 CMOS 的問題。

台灣選擇 CMOS 做為最初引進的技術,似乎是受到該技術在電子錶的未來預期應用的影響。計畫主持人胡定華指出:TAC(技術顧問委員會)和電子中心內部的看法,都認為 CMOS 是最佳選擇,原因是 CMOS 省電,而且雜訊的免除力比較高。[20]1970 年,RCA 從漢密爾頓公司(Hamilton Company)取得了 100 萬美元供應 CMOS 晶片的合約,該晶片被用於製作漢密爾頓的 Pulsar 電子錶,該手錶在首次亮相時,售價是每只 1,500 美元。此後不久,Intersil 成為日本精工社市價 650 美元電子錶的 CMOS 晶片供應商。[21] 電子錶幾乎與 CMOS 畫上等號。

在計畫規劃之初,台灣決策者即堅持要獲得晶片設計能力。潘文淵和工研院團隊設想,台灣在半導體產業的機會不在大規模生產的標準元件,例如 TTL 或 DRAM,而是針對特定應用,以小批量生產的客製化晶片(application specific integrated circuit, ASIC),因此擁有設計的能力是不可或缺的。而 RCA 是唯一同意為工研院培訓十位積體電路設計工程師的競標者,此為 RCA 得標的重要因素之一。[22]

工研院的團隊為了驗證其晶片設計能力,曾經承包一個國防部的晶片設計專案,並將此晶片編號為 CIC0001。楊丁元說,編號預留三個零,是期待未來設計的晶片可以達到一萬個。此晶片將用於攜帶政治宣傳單飛越台灣海峽前往中國大陸的空飄氣球上,該晶片

---

20 吳淑敏(2019),頁 88。
21 Bassett (2002), pp.163-165.
22 吳淑敏(2019),頁 89。

是控制器，當氣球到達指定的位置時，便從天空投放宣傳單。這個專案使得工研院的團隊能夠驗證從產品概念化到電路設計、布局、直至晶片製造的完整半導體元件開發過程，而 RCA 的工程師在這段過程中給予了技術指導。這個晶片開發完成後，也進行實戰測試，可惜因為電池缺陷和高海拔、低溫度等問題，並未測試成功，但就技術學習而言，已經達到目的。

因為擁有晶片設計的能力可以在商業應用的初期階段，為台灣創造許多利基型的產品，包括電子錶、音樂卡、按鍵式電話等消費性電子，更促使台灣能夠在個人電腦時代，為電腦和網路相關的應用做客製化晶片的設計。直至今日，台灣擁有世界第二大無晶圓廠晶片設計（Fabless）產業，僅次於美國。事實上，台灣擁有晶片設計能力，也是台灣晶圓代工的商業模式所以成功的重要因素。這一點是一般人較少理解的。

楊丁元說，晶片設計需要兩個關鍵領域的知識：半導體元件物理（device physics）與設計規則（design rules）。晶圓代工廠也需要有元件物理的知識，才能夠幫助客戶創新。如果沒有，晶圓代工就會淪為傳統的品牌代工，只能協助客戶降低成本，無法協助創新。另一方面，設計規則是晶片設計者與晶圓加工者之間的溝通語言，如果雙方不使用相同的語言，溝通就會失敗。[23] 台灣在引進半導體技術時，引進了全套技術，不光是製造技術。雖然後來產業的發展路徑，使台灣的製造技術登峰造極，但晶片設計也一直是台灣產業生態的重要部分。

23　訪談楊丁元，新竹，2023/5/8。

1974 年 10 月 26 日,在「招商規格書」最終定稿發布之前,潘文淵邀集了居住在美國的華裔技術專家,在紐澤西州的普林斯頓住家與來訪的經濟部長孫運璿會面,他做了以下發言:

「大多數的標準型晶片,尤其是 TTL,台灣很難與美國公司競爭,它們擅長大量生產,但是中華民國在設計和製造客製化晶片方面,包括醫療、軍事、消費和工業等眾多應用,具有絕對的優勢。[24]」

這個發言描繪了潘文淵對台灣半導體產業未來的願景,也就是聚焦於客製化晶片,避開標準化的產品。這個願景一直被政策與計畫執行者奉為圭臬,直到產業界無法抗拒 DRAM 的誘惑為止。此次會議也凸顯了海外專家對技轉計畫的期待,他們認為半導體產業以工程為導向,取決於工程師的才幹和技能,而不是機器與設備;因此,相關技術人員的訓練被列為技轉計畫的重點。台灣半導體產業後來的實際發展軌跡也證明,以工程為核心、專注於技術的卓越,是台灣在這個競爭激烈的產業中致勝的原因。

反對的觀點:阻止不了政府創造全新產業的決心

儘管潘文淵擬具的半導體發展計畫,在送達經濟部當天,就獲得孫運璿部長的批准,並迅速加以落實,但在計畫醞釀過程中,政

---

24 Wen-Yuan Pan, *Personal Memo*, p.89.

府內部不乏反對聲音。例如，國科會就提出了明確的反對意見，因為 RCA 計畫顯然會在政府預算中排擠其他科技計畫。曾任瀚頓國際（Honeywell）副總裁、國科會顧問的朱傳渠（Jerry Chu）在 1975 年時，應國科會邀請返國評估台灣電子科學發展計畫，針對積體電路撰寫了一份詳細報告，強烈質疑自國外引進半導體技術計畫的可行性。

朱傳渠指出美國有四種類型的半導體公司：（1）專門生產元件的公司，以開發半導體晶片為主要業務，像摩托羅拉和快捷半導體，（2）多產品的電子公司，為了企業長期利潤，投資半導體的研究發展，例如 RCA，（3）以系統設計為主的多種產品公司，消耗大量的半導體元件，除外購外，內部也投入半導體研究，並有生產線，以補充特殊性晶片的需求，如 Honeywell，（4）以系統設計為主的單一產品公司，如 IBM，它所需要的半導體數量最大，元件供應商無法供應，大部分內製。朱傳渠認為，台灣受限於地理位置，又缺乏輔助性工業支持，很難成為第一類型的摩托羅拉和快捷半導體專業於元件的生產。當時台灣的電子工業只是一些裝配工廠，沒有像 RCA 的研發能量，也缺乏 Honeywell 的系統設計經驗，更沒有 IBM 這樣的巨量需求，因此，台灣想學美國發展半導體，是不切實際的。

朱傳渠建議，如果台灣想要發展半導體，最好採取「後向統合」策略，先提高系統設計能力，並加強電子配件製造能力，相輔相成，才能有助於現階段的電子工業。如果採取「前向統合」的策略，想藉由引進半導體技術直接踏入半導體產業，失敗的可能性極高。他認為，必須獲得系統設計的能力，才知道如何將半導體應用於最終的商品中，而商品大部分的利潤來自整個附加價值過程，而

非來自製造元件。他強調政府做重大投資時,應該用生意的眼光評估,並由企業家和商業策略者主導政策,而非技術專家。[25]

朱傳渠的說法並非毫無根據,他是基於對美國半導體產業截至1975年發展歷史的觀察;他也指出,沒有其他的工業化國家能夠挑戰美國的半導體產業,包括當時的日本。當時半導體技術已經成熟,但商業應用仍然有限,而量產只有在電信設備和大型電腦領域有可能,無法想像台灣能夠進入電信、大型電腦的領域。但當半導體在VLSI出現後,情況就完全改觀了。此外,當時的決策者,從來沒有把企業家和商業策略者放在眼裡,政策的初衷也不只在升級現有的電子產業,而是想要創造一個全新的產業。朱傳渠的論述非常精闢,且合乎現實,但他不了解決策者的雄心遠遠超乎現實的框架。

1970年代,台灣大力發展鋼鐵和石化等重工業,朱傳渠的說法與台灣重工業發展的方式一致,即「後向整合」,藉下游產業孕育上游產業,例如以金屬加工業為基礎,發展煉鋼業,至於重工業所需的技術通常是透過統包模式來獲得。台灣半導體產業的發展方法是一種「前向整合」,先獲取技術,再尋求技術在產業的機會,它本質上是一種技術政策而不是產業政策。潘文淵在計畫中明確表示,半導體計畫的目標是獲取技術而不是產品,因此也不適用統包模式。統包模式可以即時獲得生產量能,卻無法帶來自主技術,RCA技術引進專案的主要目的是獲得自主技術。

但決策者對於自主技術的出路,只有模糊的方向,並無確切的把握。台灣知道自己不可能在電信或大電腦的領域競爭,連標準化

---

25 國科會,1975,《國科會顧問朱傳渠先生報告》,手稿。

的 TTL 都要規避，唯一可能的領域是消費電子。這領域一直由電子錶和計算機推動商業應用，計算機由日本廠商主導，但因為相關技術過於精密，台灣的小型製造商難以競爭，只有在電子錶方面，台灣的小型製造商才有機會。事實上，1974 至 1975 年正逢半導體市場衰退，產業發展面臨瓶頸，當時電子錶和計算機市場都崩盤。電子錶和計算機等消費性電子產品雖可以創造對半導體的多樣化需求，但隨著技術的進步，它們的價格無法維持。

市場價格的崩潰為開發中國家帶來了電子錶組裝的機會，但沒有帶來電子錶晶片製造的機會，因為技術的門檻太高。在電子錶市場價格暴跌後，亞洲小型的電子錶組裝商湧入了市場，主要集中在香港和台灣。由於晶片價格下跌，無利可圖，Intersil 等美國晶片製造商逐漸淡出了市場。在台灣進入這個產業之前，日本沖電氣工業（OKI）是亞洲電子錶微晶片的主要供應商，然而，因產能無法滿足市場的旺盛需求，加上降低生產成本的壓力，迫使沖電氣將晶片外包。此時，引進 CMOS 技術的工研院電子所的示範工廠，意外迎來一波市場機會，在 1979 年成為沖電氣的第一家晶圓代工廠，堂堂邁進晶圓製造的領域。

1970 年代是半導體產業脫胎換骨的年代，積體電路規格從 LSI 轉向 VLSI，單一晶片中的電晶體數目躍升至數十萬個，伴隨 DRAM 與微處理器的發明，催生了許多新興產業，在 1980 年後開枝散葉，包括個人電腦、行動通訊、網路、電玩遊戲，以及各種執行控制和計算的電子設備。這些風雲變化，台灣的決策者和顧問在 1975 年時可能並未預見，但幸運的是，台灣產業已經蹲好馬步、練好內功，準備大展身手。正如英特爾的共同創辦人羅伯特・諾伊斯（Robert

Noyce）說的：「技術的革命只有在革命結束後才會被看見。[26]」

電子所示範工廠：聯電、台積電、華邦的搖籃

在台灣建立實驗生產線是 RCA 專案的計畫績效指標之一，目的是驗證所引進技術的有效性。工研院電子所於 1976 年 7 月開始在竹東院區建造一座半導體示範工廠，移轉並測試從 RCA 所習得的技術。示範工廠是電子所從無到有、一步一步建造而成的，於 1978 年底完工，1979 年開始生產，每台設備都經過電子所和 RCA 員工組成的團隊認證。如果市場上的設備已經升級，團隊就必須決定是否購買更新的設備；如果市場上已經不再提供該設備，則必須尋找替代品。因為是政府採購，每一份採購單皆由中央信託局的紐約分部發出，電子所的團隊必須對所有採購的設備及價格負責。採購過程也迫使電子所團隊必須非常了解市場設備的規格和功能。

在原本的專案計畫中，示範工廠是技術測試平台，而非做為商業生產之用，但工研院的計畫主持人胡定華決定將其規模擴大到接近小型商業生產的規模，將原先計畫設計每週生產 500 片的三吋晶圓產能，擴大至每週 4,000 片。胡定華認為，規模必須夠大，才能驗證量產時的良率；畢竟實驗室製造半導體晶片和商業生產，兩者差距很大，而良率是商業營運的成敗關鍵。年輕無畏的團隊成員皆渴望能將 RCA 獲得的技術投入市場實際測試，他們不僅利用習得的技術成功製造了晶片，更將良率提升到了令人驚艷的 80%，超過了技

---

26 Robert Noyce, 1990, Forward to the 1990 Edition, *The Conquest of the Microchip*, by Hans Queisser, Cambridge, MA: Harvard University Press.

術母廠 RCA 通常維持的 70% 良率。而 RCA 與電子所的技術轉移合約其實是以 17% 的良率做為驗收基準。

電子所團隊的表現所以如此出色,有兩項重要原因。首先,他們採用了市場上最先進的設備,而不是完全複製 RCA 的生產線設備。其次,他們透過自己的親身實驗,進一步改進自 RCA 學習到的技術。[27] 這兩項因素,使得青出於藍,更勝於藍。為了測試技術的商業可行性,示範工廠甚至開始銷售自己製造的晶片,這也超出了原計畫的規畫範圍。第一筆訂單來自香港的電子錶製造商,當時的訂單為 10 萬片的電子錶機芯晶片。這項訂單順利出貨,證明了電子所的技術已達到了產業的標準。

隨著電子錶的流行,市場對微晶片的需求愈來愈大,更多的商業訂單隨之而來。日本沖電氣工業下了一筆量大而穩定的訂單,當時由於日本國內產能短缺,該公司正在尋求外包代工的對象。沖電氣是當時電子錶機芯晶片的頂級供應商,根據該公司半導體部門負責人池龜護的回憶,沖電氣付給電子所示範工廠製造的 3 吋晶圓代工費用,每片是 45 美元,比委託美國半導體廠代工支付的 100 美元,便宜一半以上。[28] 儘管代工價格相對低廉,但只要示範工廠產能滿載,該訂單每週將帶來 18 萬美元的收入,變成電子所的金雞母。

示範工廠的晶圓代工服務,初試啼聲就有很好的成果,晶圓代工後來成為台灣半導體產業的核心商業模式。電子所提供優質晶片,也為台灣電子錶產業提供動能,讓台灣成為電子錶的主要出口國。繼電子錶之後,電子所設計生產了按鍵式電話的撥號晶片,以

---

27 吳淑敏(2019),頁 118。
28 西川潤一、大內淳義,1993,《日本の半導體開發》,東京:工業調查會,頁 380。

及聖誕卡、門鈴、玩具等的音樂播放晶片，還有電腦鍵盤的鍵盤晶片等等。其中撥號晶片產業效益最高，因為它使台灣成為世界上按鍵式電話的主要出口國，單單在 1986 年，台灣就出口了 2,220 萬部按鍵電話，其中大部分銷往美國。此外，還出口按鍵電話的晶片到韓國和香港。[29] 按鍵電話出口之所以增加，是因為 1982 年美國電信市場放鬆管制，讓消費者有購買自家電話的自由，不必再向 AT&T 租賃。

「RCA 計畫」並不是第一個將外國技術移轉到台灣的計畫，但卻是一種新的技轉做法。先前的技術移轉通常是統包工廠的方式，將外國技術包含在技術轉移方所製造的機械和設備中，台灣的工程師接收工廠後，先從操作機械設備中學習技術，再透過逆向工程來複製機械設備，這種模式特別適合鋼鐵和石化等重工業。在構思 RCA 計畫時，也有人建議遵循統包模式，請技術移轉方代建工廠，整廠點交，但為政策制定者拒絕。「RCA 計畫」提供了統包模式中所缺少的兩項選擇：選擇引進技術後製造什麼產品，以及選擇製造時用什麼機器和設備。這兩項選擇的價值，在建造和營運示範工廠上顯明可以看出來，而且選擇時所需的知識，對於發展半導體產業至關重要。半導體產品和設備，隨著時間的推移，變化非常迅速。相較之下，鋼鐵或石化等典型重工業的技術週期比半導體產業要長許多。

「RCA 計畫」的技轉模式，讓台灣具備以自己的方式建立工廠和組織生產的能力，這項能力成為台灣半導體產業的一項競爭優

---

29 工研院，1988，《電子技術發展計畫報告》，1988 年 10 月，頁 206。

勢。後來的發展，使台灣在晶片的製造工藝和效率表現出色，源頭皆和工廠的建設和設備布局有關。優異的製造能力，使台灣成為半導體設備供應商的寶貴合作夥伴，而隨著設備製造成為一個獨立的產業、設備成為技術的累積平台，台灣與世界領先的設備供應商的合作，也推動了技術的持續進步。這些良性循環與當初的技轉模式密切相關。

電子所的示範工廠是台灣第一家半導體企業聯華電子的雛型。聯電是工研院示範工廠的經驗再升級，配備了更新穎的設備、挹注了更好的技術，並從原示範工廠的三吋晶圓生產線，提升為四吋晶圓。聯電衍生成立後，電子所示範工廠繼續商業營運，一部分收入用來資助工研院新一代技術的研究，同時繼續支持聯電所需的製程技術與產品開發。

1987年台積電成立之際，示範工廠的研發人員移轉至台積電，示範工廠因此停止營運，改為實驗室。後來，示範工廠的產品設計專利和製程技術全部出售給華邦電子，原來生產線上的員工也加入了華邦。華邦電子創辦人楊丁元表示，在華邦初期的營運中，示範工廠的前幹部功不可沒，尤其是負責生產控制和營銷的幹部，因為他們的專業知識在台灣其他地方是找不到的。[30] 總結來說，今天檯面上台灣的三家重要半導體公司，聯電、台積電、華邦，都有電子所示範工廠的血緣。母生九子，種種不同，但若無1970年代官員與一批年輕人的冒險，他們都不會存在。

---

30 訪談楊丁元，新竹，2023/5/8。

衍生公司模式：為台灣高科技產業培育人才

　　電子所示範工廠的商業測試成功後，政府在1980年決定成立一家公司承接工研院的技術，進行正式商業營運，這家公司就是聯華電子。原本RCA計畫如潘文淵所設想，要將技術移轉到產業界，但產業界並無可承接的企業，只好新設一家。但是，這個新設公司的計畫並不被私人投資家看好。台灣各大電子公司都曾被政府徵詢過，但有正面回應者寥寥無幾，而且沒人想成為大股東。最終，新台幣3.6億元的初始資本中，私人投資只占了30%的股份，政府持有70%的股份（包括工研院電子所移轉技術給聯電，技術股15%由經濟部持有）。在公司成立會議中，又有民間企業臨時退出，不足的5%股份，電子所所長胡定華當場決定由所裡的現金投資，聯電上市後，此5%股份由經濟部轄下的耀華玻璃取得。[31]

　　工研院將所有製程技術、電路設計以及產品設計，均移轉給聯電。產品包括電子錶的機芯晶片、電話撥號晶片、聖誕卡和玩具的音樂播放晶片等。工研院移轉的製程技術是在當初從RCA移轉的技術基礎上進行升級，也就是4吋晶圓、3.5微米的製程技術，比原先從RCA獲得的3吋晶圓、7.5微米的製程技術高出了一個等級。這些移轉的技術，讓聯電於1982年4月正式商業營運後，順利通過了市場考驗，僅僅七個月的時間，就在財務上達到損益平衡。

　　除了技術移轉外，工研院還從示範工廠移轉了38名幹部到聯電擔任高階主管和工程師，由劉英達擔任技術副總。這種「衍生公司」

---

[31] 吳泉源，1997，《台灣半導體產業口述歷史委託研究報告》，高雄：國立科學工藝博物館。

的技轉模式，從此成為工研院將技術產業化的標準模式，也就是將研發團隊和技術一起移轉給衍生公司，以確保技術移轉的完整性，包括隱藏在團隊成員大腦中的隱性知識。這種模式也為計畫專案的團隊提供了強而有力的激勵，促使他們全力投入研究，讓其開發的技術在離開工研院實驗室後，能夠順利在市場實現價值。衍生公司的成功，往往會讓當初護送技術出去的團隊成員變成億萬富翁。最早的衍生公司聯電，就樹立了這個典範，1980 年從工研院護駕技術到聯電擔任副總經理的曹興誠，後來即成為台灣眾所周知的富豪。

衍生公司的模式為台灣年輕工程師帶來創業致富的希望。工研院一般承接的研究計畫為期三至五年，計畫完成後，根據所獲技術及產業現狀，決定成立衍生公司或是單純的移轉技術。通常年輕、缺乏經驗的工程師會與數名有經驗的工程師一起負責專案研究，有經驗的工程師有些是工研院的老員工，有些是從海外新招聘的人才，負責技術傳承。當技術移轉到衍生公司或既有公司時，年輕的工程師有機會隨之移轉，像是技術的「嫁妝」，因為技術接受方明白，技術隱晦的部分總是藏在工程師的大腦中。那些願意陪嫁的人通常對他們參與開發的技術有信心，而當他們的職業生涯發展碰到天花板時，也有很好的理由讓他們離開工研院的溫室，到產業界冒險。衍生公司的技轉模式也為產業界儲備人才，工研院因此成了培育高科技工程師的少林寺，年輕沙彌只要過得了十八銅人陣，就可以下山闖蕩江湖。

繼聯電之後，工研院後來又衍生了兩家半導體製造公司，分別是 1987 年的台積電和 1994 年的世界先進。還有許多晶片設計公司和技術服務公司，例如 1988 年從工研院衍生出來的台灣光罩公司。自 1994 年以後，台灣私人企業才開始積極投資半導體產業。如果我

們把 1975 年算做政府介入產業的開始,那麼政府花了二十年耕耘,產業才如潘文淵所希望的自立自主。除了時間延遲之外,技術滲透到產業所需的政府投資也比他預計的多很多。然而,這項投資的回報也遠遠超出他的預期。以台積電為例,2024 年底它的市值為新台幣 27.88 兆元,是 1987 年初始投資的 6,800 倍(不計物價變動)。

聯電經驗:啟發台灣半導體產業策略

雖然大多數人將台灣在半導體產業的成就,與台積電連結在一起,但我們認為聯電的經驗可能更為關鍵。我們基於以下三個理由,提出這項評斷。第一,如果聯電的商業營運沒有成功,政府可能永遠不會考慮使用公有資金對台積電進行投資。1980 年聯電成立時,僅花費了 900 萬美元,1987 年台積電的初始資本則為 1 億 4,500 萬美元。前一項事業的失敗很可能會毀掉後者,幸運的是,聯電一出江湖,就損益兩平,然後開始獲利。政府要做一件眾人有疑慮的事,一定要馬到功成,否則主其事者只能問斬祭旗,不會有第二次機會。聯電的成功,證明台灣有能力做半導體,而且還有市場。

第二,雖然聯電成功獲利,但利潤太少,無法維持其垂直整合製造(IDM)的商業模式。從 1982 年到 1987 年,聯電的累計利潤為新台幣 17 億 3,200 萬元(約 6,000 萬美元),[32] 並不足以投資一座新的超大型積體電路晶圓廠,因此聯電請求政府再投入資金,支持它興建新晶圓廠。根據台積電在 1985 年 10 月向政府提示的營運規

---

32 根據佐藤幸人,2007,《台灣ハイテク產業の生成と發展》表 4-1 計算而得,頁 118。

畫書，建立一座月產能三萬片的 6 吋晶圓廠，當時估列投資金額是 8,150 萬美元。聯電的經驗證明，傳統的垂直整合製造商，對台灣來說，是無法持續的商業模式，需要尋找替代方案。

第三，雖然聯電最初是國有控股的企業，官股占多數，但它的管理方式是私人企業。聯電透過向管理階層提供員工分紅入股，逐步增加私人股權，最後變成一家民間企業。私有化雖不是政府規畫的方案，但聯電的經營成功，使國家和經營者雙贏，這個經營模式後來沿用到台積電，但政府堅持官股不過半。聯電和台積電的創立與經營，是一種國家資本和技術專家結盟的風險事業，很適合 1980 年代台灣的政治環境。

第一個理由是信心問題，不用多談。第二個理由是經驗問題，失敗的經驗比成功的經驗，更為寶貴。聯電雖然取得了成功，但無法延續，這是一個重要的教訓，促使了 VLSI 計畫的衍生公司採用不一樣的晶圓代工製造服務模式。雖然晶圓代工的概念是卡弗・米德（Carver Mead）的發想與論證，但台灣是第一個執行該模式的國家，並且取得了驚人的成功，徹底顛覆了產業的生態。正如下一章將要說明的，台灣的選擇並不是因為高瞻遠矚，或超乎尋常的勇氣，而是因為沒有其他可行的替代方案。晶圓代工模式對於台灣來說，似乎是唯一的選擇，這從聯電的經驗可以判明，而且聯電當時已經有代工的構想。那些沒有從聯電經驗學到教訓的人，包括一些 1990 年代私人投資的 DRAM 製造公司，都蒙受了巨大損失。

第三個理由，關乎政府與企業的關係。聯電是一家國家資本所投資、但由私人管理的公司，它的成功再次證明了私人管理企業的優越性。在缺乏美國矽谷創投生態的情況下，聯電發明的「員工分紅入股」一直是台灣高科技企業吸引和留住技術人員的祕方。在

2000 年之前，透過對股票分紅的稅收優惠，使得台灣小型半導體公司能夠與矽谷爭奪頂尖人才，反轉了人才外流的趨勢，台灣半導體產業才能夠爭取在美國一流大學攻讀半導體專業、隨後在頂尖的半導體企業工作而積累寶貴經驗的人才。到美國讀研究所是 1950 年代到 1970 年代台灣大學畢業生理想的生涯規畫，其中固態物理、微電子、電腦科學是他們首選的專攻領域。這群受過良好教育、經驗豐富的工程師正是 1980 年以後台灣半導體產業的拓荒者、管理者，以及技術創新的推動者。

時間點是十分關鍵的因素。聯電在 1980 年成立，抓住了 LSI 積體電路的尾巴，專注於利基型的邏輯產品設計與製造，以小規模企業經營的型態，過了幾年順風順水的日子。這段邏輯產品的經驗非常寶貴。到了 1980 年中期以後，大規模生產當道，像聯電這樣的小企業是無法生存的。如果台灣等到 1987 年才進入半導體產業，沒有明顯的邏輯產品可供選擇，因為規模經濟的門檻拉高了。為了量產，台灣可能只能選擇 DRAM，和韓國企業相同。當時在台灣尋求政府投資工廠的幾家華人無晶圓廠設計公司，也都是 DRAM 廠商。如此一來，決策將會極其困難，因為 DRAM 的投資金額龐大，並且不可避免地要與日本、韓國的大企業直接對抗（韓國企業已經先行了三、四年）。事實證明，儘管自 1980 年以來記憶體和邏輯晶片都呈現指數增長，但推動創新並創造新價值的卻是邏輯晶片。如今，邏輯晶片與記憶體晶片的市場比例約為 3：2，[33] 台灣成了邏輯晶片的大贏家。如果沒有聯電經驗，這項選擇可能不會出現。

---

[33] 根據 WSTS 數據，2022 年全球半導體晶片銷售中，16.1% 是類比晶片，33.4% 是記憶體，50.5% 是邏輯晶片（含處理器）。若不含處理器則邏輯晶片占比是 34.7%，與記憶體幾乎相等。

第 3 章

晶圓代工模式

回顧台灣半導體產業發展的歷史，分析家都認為台積電在1987年採取「晶圓代工」的商業模式，是台灣成功的關鍵。在台積電之前成立的聯電，採用的是產業界傳統的IDM，也獲致相當的成功，但因為規模不足，面臨技術升級的瓶頸。台積電大膽採用了一個全新未經測試的商業模式，一方面反映了聯電模式的不可持續性，另一方面是政府為了回應矽谷一些華裔工程師所創立的新創公司對晶圓製造產能的需求。過去政府在半導體這個新興領域的探索，加上矽谷的連結，經驗與專業知識的交織，促成了這個模式的選擇。

　　「晶圓代工」模式代表了半導體產品的設計和製造分家。這個概念對台灣的企業來說並不陌生，因為它們早已習慣為品牌公司代工，負責產品製造，由品牌客戶提供產品的設計，製造完成後產品交付客戶，由客戶在市場上銷售。然而，「晶圓代工」模式與傳統的代工模式不同，前者是為客戶提供創新的技術平台，後者只是單純的幫客戶節省成本。晶圓代工廠必須提供先進的技術，才能協助客戶創新，創新的產品可開啟新的市場。相較之下，傳統代工廠則以降低成本的手段，協助客戶爭奪既有的市場。前者著重創新，後者著重效率。因為名詞的混用，採用代工模式，在台灣從來不被視為是一項開創性的商業策略。當1987年台積電宣布採用「晶圓代工」模式時，也沒人覺得新鮮。

　　當積體電路從LSI進入VLSI的時代時，將晶片設計與晶圓製造分離的優點獲得了認同，學界做了許多努力，企圖把晶片設計變成一門學問，獨立於半導體物理學之外。美國國防部的DARPA計畫，資助了一項研究專案，目的是創建一個支持晶片設計做為獨立產業的基礎建設。1980年中期以後，許多沒有晶圓工廠的專業晶片設計公司（Fabless）逐漸出現，到處尋找晶圓製造的產能。台積電成立

後，定位為「純晶圓代工」服務提供者（Pure-Play Foundry），補足了專業晶片設計產業的基礎建設的最後一塊拼圖。當時沒有人預見這個商業模式有如此巨大的顛覆力，包括模式的倡導者，否則這種模式早就會被產業界更知名、技術更優異的公司所採納，台灣也不會有機會成為晶圓代工的龍頭。歷史的發展充滿偶然與必然，台灣做晶圓代工，在資源競爭條件上，是一項必然的選擇；後來在這條道路上挖到金脈，則純屬偶然。

超大型積體電路計畫：因應個人電腦產業成長

聯電成立後，工研院開始了下一階段的研究規畫。工研院於 1983 年提出為期五年的「超大型積體電路」研究計畫，這是經過政府內部長時間辯論後才獲得批准的專案。由於聯電起步後，在市場上表現相當不錯，相關政府官員對政府是否需要進一步投資半導體技術研發表示懷疑，民間也有反對聲音。畢竟，當初潘文淵所設計的 RCA 計畫，說好就是一次性的投資，他認為在取得 RCA 技術後，市場力量將自動推動產業向前發展。然而，市場的力量似乎不像他預期的那麼神奇。

RCA 計畫完成後，政府仍繼續資助工研院電子所升級從 RCA 所獲得的技術，電子所的示範工廠也持續商業營運，有一些收入，可以挹注研究經費。政府從 1974 到 1982 年間支持工研院在積體電路研發方面的經費，累積達 3,000 萬美元，包括 RCA 計畫本身和取得技術後的提升，這是潘文淵原來估計經費的三倍。[1]1976 年從

---

1 資料取自 1983 年 7 月工研院電子所提交行政院的《超大型積體電路發展計畫》。

RCA 移轉的 7.5 微米 LSI 技術，比起當時半導體產業最先進的技術大約落後了一代。儘管工研院電子所透過自己的努力，成功將它升級到 3.5 微米，晶圓尺寸也從 3 吋提升到 4 吋，並將之技轉給聯電，但半導體技術進步太快，使得後繼者無法趕上，尤其台灣不生產主流產品，如 DRAM，趕不上市場節奏。

1983 年時，市場主流的積體電路已經從 LSI 轉進到 VLSI，單一晶片中的電晶體數量達數萬個、且晶圓製程技術正朝一微米邁進。VLSI 催生了 DRAM、唯讀記憶體（ROM）和中央處理器（CPU）等重要的半導體元件，為新興的個人電腦產業奠定了基礎。而且 1980 年代初期，個人電腦產業已成為台灣出口成長的動力，超越傳統的消費性電子產品或紡織品。因此，追趕上 VLSI 技術對於鞏固台灣的出口動能和提高出口價值十分重要。[2] 工研院覺得 VLSI 所需要的新一代產品設計和製程技術，超出了他們自力更生的範圍，必須啟動一個新研究計畫，尋找外部技術資源的挹注。

VLSI 計畫最終獲得了行政院長孫運璿的支持，因而得以通過，計畫為期五年（1983 年至 1988 年），政府共編列新台幣 22 億元的預算。此計畫的構想得以獲政府的批准，部分原因是因為與周邊國家的產業競賽。1976 年日本啟動了 VLSI 的研發聯盟，而韓國則從 1981 年開始，推動一個五年計畫促進半導體產業發展。這些政策目標都旨在製造進階的半導體元件，以因應電腦運算能力和儲存容量的需求。日本在 VLSI 計畫上取得空前的成功，提升了日本在

2　工研院電子所，1984，《超大型積體電路發展計畫：五年計畫摘要》（1983 年 7 月到 1988 年 6 月）。

DRAM 領域的市占率,並將美國的同業擠出市場。[3] 當時,日本和韓國的計畫都專注在大規模生產的記憶體晶片。

為了因應日本帶來的挑戰,1978 年美國透過隸屬國防部的 DARPA 計畫啟動了一個 VLSI 專案,此專案旨在透過提高晶片設計能力和創建基於精簡指令集(RISC)架構的微處理器,來增強電腦的運算能力。相較於日本注重晶圓製造,美國強調系統設計能力。另外,日本計畫是由企業聯盟實施,而美國計畫是由大學聯盟實施。[4] 這個方向上的差異,對兩國在 VLSI 時代的產業發展方向產生了長期的影響,從此,美國開始主導了電腦產業(包括大型主機和個人電腦),而日本則主導了半導體晶片製造,尤其是記憶體元件。

與日本和韓國的政府專案不同,台灣將積體電路設計和晶圓製造做為 VLSI 計畫的兩大支柱,平行進行研究,韓國與日本都專注於 DRAM 製造,產品設計與製造不分離。台灣 VLSI 計畫強調積體電路設計,顯然是受到卡弗・米德的影響,他曾於 1980 年末,訪問工研院。米德於 1979 年 1 月為加州理工學院主辦的「VLSI 國際研討會」撰寫了一篇論文,強調:「VLSI 的「『超大』講的是系統複雜度超大,而不是電晶體尺寸或電路性能超大。[5]」他認為,當系統變得如此複雜時,電晶體數量增加到數萬或數十萬個,找到能解決電路設計複雜性的方法是最大的挑戰。他預見到系統布建(system

---

3 Yoshitaka Okada, 2000, *Competitive-cum-Cooperative Interfirm Relations and Dynamics in the Japanese Semiconductor Industry*, Tokyo: Springer-Verlag, pp.1-2.
4 Lynn Conway, 2012, "Reminiscences of the VLSI revolution," *IEEE Solid State Circuits Magazine*, 4(44): 8-31.
5 Carver Mead, 1979, "VLSI and technological innovation,", Caltech Conference on VLSI, January 1979.

configuration）將在 VLSI 時代發生重大轉變。在 LSI 時代，少數標準元件加上一些「黏貼上去的」邏輯元件，構成了大部分市場應用的系統；到了 VLSI 時代，做法大不相同，VLSI 的未來取決於系統設計。

「系統設計」被設定為台灣 VLSI 專案的第一根支柱。正如 1988 年計畫完成時，工研院電子所發布的 VLSI 計畫報告如下所述：

「本計畫主要目的是在建立一套可縮短設計時程且可提高為第一次試製即可成功的設計方法。傳統的 IC 設計方式是以人工進行所有的布局工作，如此固然可以得到較小的晶方（chip），但當進入 VLSI 時代後，IC 的複雜度大幅的提高，設計成本亦隨之提高，相對矽晶方面積的大小就變得不是那麼的重要。標準電路元件的設計方式，就是採用事先布局且經過驗證無誤之電路元件，做為 IC 設計的基礎，且可使用電腦進行全晶方擺置及連線，不僅可以縮短設計時程，且提高第一次試製即成功的機會。[6]」

當時電子設計自動化（EDA）工具還很粗糙，電子所應用電腦模擬工具進行設計工作，並創建了標準元件庫。標準元件根據電晶體的特徵尺寸和閘極類型（金屬或矽）進行分類，提供設計團隊運用，這顯然是為邏輯晶片，而不是儲存元件設計的。

為了推廣系統設計，工研院電子所建立了一個積體電路設計平台，配備工作站和電腦輔助設計（CAD）軟體，提供大學、私人企

6　工研院電子所，1988，《超大型積體電路發展計畫：結案報告》，1988 年 10 月，頁 22。

業或研究機構學習晶片設計。在執行 VLSI 計畫時,台灣只有少數晶片設計公司,所以計畫負責人走遍各大專院校尋求合作,鼓勵大學教授利用電子所提供的平台,訓練學生進行晶片設計。積體電路設計從此成為台灣工學院專業領域的標準課程。

VLSI 計畫的第二根支柱是晶圓製造。為此,在工研院院區建立了一條新的實驗生產線,目標是將製程技術從原本的 3.5 微米提升到 1.5 微米,比電子所先前的技術節點提升一世代。這項計畫也包括光罩的製造,因為當時台灣晶圓製程中的光罩,都必須外包到美國或日本,產品開發速度很慢。VLSI 計畫規劃在研究結束後,將此實驗生產線衍生出去做為商業營運,因此預先保留了足夠的空間擴建,以合乎量產的需求。這條實驗線其實花去了計畫的多數資金,1987 年衍生公司成立後,即為台積電的第一廠。光罩的研究團隊,也在 1989 年衍生了台灣光罩公司。

VLSI 計畫的主持人史欽泰,預見培養系統設計能力的重要性。他在計畫提案中預估,台灣對晶片的需求(主要來自個人電腦)將從 1982 年的新台幣 70 億元增加到 1989 年的 300 億元,其中 30% 將會是使用者定義的客製化晶片,只要專注於此類晶片生產,台灣本身的需求將足以支撐一、兩家晶片製造工廠。[7] 計畫書所呈現的眾多晶片設計工程師與少數晶圓製造廠共存的願景也與米德對 VLSI 時代的願景一致。米德描繪未來的半導體產業將由「眾多小型、多樣化的大型積體電路設計團隊和少數最先進的晶圓製造商」構成。[8]

---

[7] 工研院電子所,1984,《超大型積體電路發展計畫:五年計畫摘要》(1983 年 7 月到 1988 年 6 月)。

[8] Mead (1979).

在積體電路設計方面，VLSI 計畫主張提升客製化晶片（又稱特殊應用積體電路，ASIC）的設計能力，儘可能大量育成台灣的晶片設計公司，但這與行政院科技顧問小組科學技術顧問團（STAG）所建議的不同。STAG 主要由國外專家組成，他們曾建議 VLSI 計畫應專注於開發當時半導體產業主流的 DRAM 技術，也就是和較早實施類似計畫的日本和韓國相同。顧問團認為 ASIC 是利基市場，規模太小，無法維持永續的商業營運。工研院電子所反對這項提議，他們認為小型的利基市場正好適合台灣的中小企業，只要把利基產品聚集在一起，就可以克服規模的問題。但實際要怎麼做，不在計畫書的範圍內。

時任電子所所長的史欽泰列舉了電子所堅持發展 ASIC 的三個理由：首先，小型晶片設計公司只有可能在 ASIC 領域發展，更重要的是，DRAM 將永遠與大型晶圓廠綁在一起，因此小型晶片設計公司在 DRAM 的設計上不會有商機。第二，小型晶片設計公司可以透過少量的資本投入，運用腦力發揮創意，創造巨大的商業價值。第三，自行設計產品可以消除台灣在國際上被批評為仿冒者的印象。[9] 總而言之，VLSI 計畫的設計，著眼於為小型、獨立的晶片設計公司創造生存發展的空間。

儘管關注 ASIC，但這項計畫遵循了產業界常見的做法，使用新的 DRAM 設計做為新製程技術開發的載具。工研院電子所與晶片設計公司華智（Vitelic）簽約，進行研發合作，由華智提供 DRAM 的產品設計供研究團隊開發製程。華智是一家由華裔工程師在矽谷成

9　佐藤幸人（2007），頁 141。

立的新創公司。同一時間，另一家矽谷的新創公司國善（Quasel），也正與聯電進行類似的研發合作。1985 年 4 月，工研院電子所和華智的合作團隊採用新開發的 1.5 微米製程技術，成功製造出 256K CMOS DRAM 元件的原型，[10] 這是台灣半導體產業一個新的里程碑。1985 年 7 月，英特爾發布 80286 處理器，使用 1.5 微米製程，對比台灣的進度，至少落後它一個世代。

雖然工研院電子所的技術開發出來了，但華智找不到投資人將它的 DRAM 設計商品化，這個設計最終賣給了韓國現代集團。多家由華人在矽谷成立的公司，包括華智、國善、茂矽等，沒有自身晶圓製造廠房的設計公司，後來被稱為「無晶圓廠晶片設計公司」，於 1980 年代初開始在矽谷出現。這些由華人創辦的晶片設計公司紛紛返回台灣，尋找資金建設晶圓廠。類似的現象也在韓國出現，1980 年代初韓國財團三星、樂喜金星、現代都是透過購買無晶圓廠晶片公司設計的 DRAM，投入半導體製造。[11] 但台灣的私人企業，缺乏足夠的規模和勇氣來承擔半導體投資的巨大風險，因此，投資晶圓廠的壓力全部落在台灣政府身上。

米德──康威革命：晶片設計與製造分離

在台灣是誰最先想出了「純晶圓代工」模式，不得而知。然而，台積電是全球第一家純晶圓代工廠則沒有爭議。在台積電出現

10　蘇立瑩，1994，《也有風雨也有晴：電子所二十年的軌跡》，頁 154。
11　Yoon Jeong-Ro, 1989, *The State and Private Capital in Korea: The Political Economy of the Semiconductor Industry*, 1965-1987, Ph. D Dissertation, Harvard University.

之前，無晶圓廠晶片設計公司已經存在也是事實，著名的有阿爾特拉（Altera，成立於 1983 年）、Chips and Technologies（成立於 1984 年）、賽靈思（Xilinx，成立於 1984 年）、高通（成立於 1985 年）、冶天科技（ATI，成立於 1985 年）等等。這些公司沒有晶圓廠，通常會尋求 IDM 廠的剩餘產能來協助生產它們設計的晶片。這種現象顯然暗示了純晶圓代工廠的可能性，也就是投資一座晶圓廠，專門為這些晶片設計公司服務，而不行銷自己的產品。但是在台積電之前，為什麼沒有人願意這麼做？而台積電為什麼願意？這一切都要從無晶圓廠晶片設計公司說起。

無晶圓廠晶片設計公司的出現必須歸功於米德——康威革命（Mead-Conway Revolution），這個革命使晶片設計與晶片製造分離。這種分離徹底改變了半導體產業的生態，並重塑了市場競爭規則。革命降低了晶片設計的進入障礙，加快了半導體產品創新的速度，使其能夠跟上製造技術的進步。這場革命帶來了以市場應用為導向的產品創新，體現在為使用者客製化的晶片中。革命使積體電路設計得以模組化的方式進行，並獨立於晶圓製造知識之外，隨後發明了設計自動化的工具（EDA），使無晶圓廠晶片設計公司如雨後春筍般地冒出頭來。

早期的半導體產業，電路設計、元件設計、晶圓製造都是在同一家企業內實現，這種企業稱之為 IDM。雖然元件設計和晶圓製造需要固態物理方面的專業知識，但電路設計通常不需要此類的專門知識；但沒有電路設計，就沒有產品。為了保護自己的市場地位，老牌垂直整合製造商（IDM）通常將其電路設計視為商業機密，不對外公開，即使是教授半導體的大學教師，都無法獲得這些商業機密。1970 年代後期，米德提倡將電路設計和元件設計與晶圓製造分

開,以擴大產業參與,帶來更多的創新能量。米德希望具有數位應用知識的人都可以參與晶片設計(電路設計和元件設計),只需要一些基本的元件物理和製程技術的知識。

為了演繹如何實現此目標,米德和琳·康威(Lynn Conway)在1980年出版了一本名為《超大型積體電路系統導論》(*Introduction to VLSI System*)[12]的教科書,闡述系統設計的原理,教導如何從事晶片設計。這本書很快就被電子工程學和計算機科學領域的大學教授採用,做為晶片設計教學的聖經。書中將晶片設計分為三個階段:邏輯設計(logic design)、電路設計(circuit design)和布局設計(layout design)。邏輯設計又稱系統設計(system design),旨在構建應用程式的整體邏輯流程,電路設計則是創建電路,而布局設計則是創建元件的電晶體配置。從流程上看,晶片設計的創新主要來自於邏輯設計(系統設計),因此這個階段需要更多的創意投入,而其他兩個階段則可以制式化,利用自動化工具,減少投入的成本。如此一來,整體晶片的設計成本就可以降低,為晶圓製造留下更多資源。

米德和康威的新觀念,**翻轉**了晶片設計的工程。米德在後來的訪談中,曾如下自我評價了這本書的貢獻:

「早期的積體電路都是由『巫師』所創造的,那些人對於物理學和電晶體物理有極為深刻的了解,他們創造積體電路的過程是神祕的。我認為這本書和隨後而來的方法論,確實揭開了電路

---

12 Carver Mead and Lynn Conway, 1980, *Introduction to VLSI Systems*, Cambridge, MA: Wesley Addison.

設計的許多神祕面紗。[13]」

在實踐上，本書導入了一套設計流程來取代不同公司內部專有的設計流程，並透過實驗證明其可行性，這套方法論後來發展成為各種電腦輔助的設計工具，本身也形成了一個新產業。

米德——康威的概念在 1980 年被納入 DARPA 的「VLSI 研究計畫」，這項計畫資助電子設計自動化工具（包括軟體和硬體）的研究，相關技術後來催生了益華（Cadence）和新思科技（Synopsis）等公司的商業營運。這項計畫還於 1981 年創建了一個製造服務平台，名為金屬氧化物半導體應用服務（MOSIS），設置於南加州大學，為積體電路設計者製造原型晶片，提供測試和驗證。從 MOSIS 可以模糊地看見「晶圓代工」的概念，但 MOSIS 並不是代工廠，它只是一個服務平台，幫忙尋找產業裡空閒可用的晶圓製造產能。它的成立是為了證明無晶圓廠晶片設計的概念可行，而不是晶圓代工服務。附帶一提的是，晶圓代工服務的商業化需要考慮兩個重要因素：生產規模和良率，這都不是 MOSIS 計畫所關心的。

從 LSI 轉向 VLSI 後，米德預見半導體產業將會產生巨變，他認為在 LSI 時代，半導體製造商以有限的標準元件（例如電晶體—電晶體邏輯）為近乎無限的應用提供解決方案，這種做法在 VLSI 時代必然會改變。他在 1982 年發表的一篇論文中寫到：

「它（VLSI）指向了一種新的分工，元件設計將變成系統設

13　Oral History of Carver Mead, 2009, *Computer History Museum*, reference number X4309.2008.

計，生產線則變成『鑄件』服務（foundry service）。……成熟後的電子產業，就好像比它更早成熟的機械產業一樣，將有一個服務的成分。就像機械設備商得到了鑄件廠提供的服務一樣……電子產業也將會有『鑄件廠』（foundry），根據光罩、圖形產生磁帶，或其他通用的高階電路圖來製造晶片。『鑄件廠』的設備體現產業最先進的技術，而且提供服務的價格，比自己購買和維護一套生產設備的成本更低，即使擁有自用生產線的企業也將受益於『鑄件廠』所提供的產能和資源。」[14]

米德所說的「鑄件廠」，就是我們現在習稱的晶圓代工廠。

米德和DARPA的「VLSI研究計畫」利用電腦軟體協助電路設計和布局設計的模組化，並在美國催生了一連串的無晶圓廠晶片設計公司。[15] 在EDA工具的幫助下，模組化編程減少了技術障礙，無晶圓廠晶片設計公司不需要投資製造設備，降低了財務負擔，吸引了矽谷的風險投資家。1980年代初期，一座半導體晶圓廠的建造成本為500萬至1億美元；[16] 而最早出現的無晶圓廠晶片設計公司之一的阿爾特拉成立於1983年，初始投資僅有50萬美元。那些有創新產品的概念，並預期產品有市場的創業家，可以輕鬆設立一家無晶圓廠晶片設計公司，由風險資本家提供資金，促使許多原本任職於

---

14 Carver Mead and George Lewicki, 1982, "Silicon compilers and foundries will usher in user-designed VLSI," *Electronics*, 55(16), 1982/8/11.
15 Jennifer Kuan and Joel West, 2021, "Interfaces, modularity and ecosystem emergence: How DARPA modularized the semiconductor ecosystem," *Academy of Management Annual Meeting Proceedings*, 2021/7/26.
16 Daniel Nenni, 2012, "A brief history of the fabless industry," posed on *SemiWiki.com Website*, 2012/7/31.

大型半導體企業的工程師參與了創業。自 1980 年代中期以後，VLSI 進入鼎盛時期，無晶圓廠晶片設計公司成為半導體產業成長的引擎。[17]

儘管米德對無晶圓廠晶片設計公司的理念，在矽谷逐漸開花結果，但他對「鑄件廠」的提案，卻沒人理睬。米德提議將半導體生產線轉變為晶圓代工服務，是基於對產業未來發展有利的規範性論述，這是一幅理想圖，卻並不一定符合市場的現實。依照米德的論點，晶圓代工廠是為創新型的半導體元件服務的，因此必須具備產業最先進的技術。然而，那些在矽谷擁有最先進技術的公司，例如米德長期擔任顧問的英特爾公司，是不可能轉型為晶圓代工廠的，因為垂直整合生產比晶圓代工可以獲得更大的利潤。前者的利潤包括產品設計、製造、行銷，後者的利潤只來自製造。捨垂直整合生產而專事製造，等於脫掉西裝，只留內衣褲，只有瘋子會做。儘管它們樂於在產能過剩時向設計者提供代工服務，但是永遠不會成為專業代工的企業。由於缺乏專業的晶圓代工廠，無晶圓廠晶片設計公司總是面臨產能的不確定性，而米德的理想 VLSI 生態系，也只有半壁江山。

米德對矽谷的冷漠感到沮喪，促使他前往台灣尋找可能的信徒。[18] 1981 年冬天，米德訪問了台灣的工研院，在那裡他得到了熱烈的接待和傾聽，這是為什麼他的系統設計概念，融入了工研院的 VLSI 計畫中。訪問工研院後，他在時任電子所副所長史欽泰的陪同

17　Daniel Nenni and Paul McLellan, 2014, *Fabless: The Transformation of the Semiconductor Industry*, La Vergne, TN: Ingram International Inc.

18　Kuan and West (2021).

下,到花蓮旅遊。他們在花蓮租了一輛計程車,暢遊太魯閣。計程車司機是一位放假兼差的大學女生,她開車兼導遊,英語流暢,休息時刻玩起魔術方塊,頭腦靈光、手指輕巧,讓米德讚賞不已。但米德應該也發現,台灣剛起步的半導體產業,並不具備「鑄件廠」所需的最先進技術。

因為擁有先進技術的企業永遠不會變成「鑄件廠」,因此唯一可能的「鑄件廠」將來自技術不先進的地方,所以米德確實找到了他的信徒。台灣的半導體公司確實可以「較低的成本」提供晶圓代工服務,這是米德「鑄件廠」的第二項功能。因為不具備最先進的技術,因此台灣的晶圓代工廠並沒有能力打開為使用者設計的創新產品的大門,這個能力至少要等二十年後,台灣才逐漸具備。在此之前,米德關於半導體產業完美分工的願景無法實現,但米德一趟台灣之旅,為他的「鑄件廠」埋下了種子,而當它開花結果時,和米德當初設想的願景,幾乎沒有差別。

純晶圓代工廠:台積電開啟全新的商業模式

台積電是全球第一家採用「純晶圓代工」模式的半導體企業,但這個模式的採納,和台灣第一家半導體公司聯電也有一些關聯。聯電自 1980 年開始營運以來,採納的是傳統的垂直整合生產模式,自己設計產品、自己製造、自己銷售。透過聚焦於利基市場,聯電也賺了一些錢,然而利潤不足以提供充足的資金來投資一座新的晶圓廠。於是聯電在 1983 年向政府,也是它的最大股東,請求追加投資新台幣 100 億元,興建一座全新的 6 吋晶圓廠。然而,聯電的產品線非常有限,建了新晶圓廠,勢必無法填滿新增的產能,因此聯

電提議將多餘的產能做晶圓代工服務。這應該是台灣最早出現的「晶圓代工」提案，但不是專業晶圓代工，只是兼業。

聯電的提案，並非無所本。當時有三家海外華人工程師創辦的無晶圓廠晶片設計公司，華智、國善、茂矽，都苦於缺乏可靠的代工製造產能，向台灣政府求助，請求政府投資它們的晶圓廠。當時，聯電主要透過支付權利金給工研院電子所，生產電子所設計的產品，在市場上銷售。聯電後來也成立了晶片設計部門，設計自己的產品。但這些設計能量有限，聯電希望從海外的晶片設計公司取得其他產品設計的授權，以擴大生產線。若行有餘力，還可以為別人代工。無論如何，聯電仍然將自己定位為垂直整合製造商，以銷售自有產品為主。[19]

聯電的提案由內閣中負責科技政策的李國鼎政委審查，他委託三名科技顧問評估該案，得出以下結論：「聯電設定的目標是特殊應用積體電路（ASIC），這需要高水準的設計能力和行銷技巧，才能成功。如果聯電能與具備優良技術和市場地位的大半導體公司合作，將更有成功機會。合作夥伴填補了固定的產能後，其餘部分可用於製造自有的ASIC產品。[20]」科技顧問們顯然對聯電進入VLSI時代的產品設計能力和行銷能力有所質疑，他們也擔心聯電生產的ASIC數量太少，無法構成有效的製造規模。

聯電提議要政府投資新建一座大型晶圓廠（Mega-Fab），此外還有華智、國善、茂矽，尋求政府投資晶圓廠。為因應這些需求，

---

19 佐藤幸人（2007），頁146。
20 這是李國鼎寫給經濟部長徐立德的信函，引述及翻譯自胡定華在Computer History Museum的口述歷史，"Taiwanese IT Pioneer: Ding-Hua Hu" in *Computer History Museum*, Reference number X6289.2012, recorded 2011.

國科會向行政院提出建造一座「中央廚房」型態的晶圓廠,以服務所有晶片設計者。國科會將這座中央廚房取名為「新竹國際微電子創新中心」,英文是 Hsinchu International Microelectronics Innovation Center（簡稱 HIMIC）。國科會的構想是創建一個配有先進半導體製造設備的「中央廚房」,給晶片設計公司透過分時共享的方式利用,此外還提供各公司專用的「私人廚房」。「中央廚房」本質上是一種租賃概念,台灣提供設備,晶片設計公司是承租人。至於製程技術是由「中央廚房」提供,還是晶片設計公司自備,則不清楚。

新竹國際微電子創新中心並未獲行政院青睞,行政院決定要投資一座大型晶圓廠,以滿足新增的晶圓產能需求,可是要自己管理生產,而不是出租。行政院希望在兩個方案中擇一：一是成立一家新公司,一是投資擴大聯電的產能。1985 年 2 月,經濟部派專人（工業局二組組長宋鐵民）陪同聯電總經理曹興誠及副總經理劉英達,前往美國考察諮詢,諮詢對象包括時任通用器材公司總經理的張忠謀。在紐約市通用器材公司總部與張忠謀先生談了一整天,在宋鐵民的記載中：「話不投機,曹總決定聯電自己執行。」在出國報告中,他提出建議：「聯電自己進行投資應多鼓勵,經濟部如果真有意願,可以另立公司,但必須把張忠謀先生請回來主持。[21]」

1985 年 5 月,張忠謀應政府邀約來台擔任工研院院長。當時工研院 VLSI 計畫已經如火如荼地進行。史欽泰回憶,1985 年 8 月張忠謀上任工研院院長時,賦予團隊一項額外的任務,即為 VLSI 技術的衍生公司進行營運規畫（business plan）的工作。張忠謀指示團隊

---

[21] 宋鐵民,2002,「親炙長者風範」,收錄於《李國鼎先生紀念文集》,台北：李國鼎金會,頁 578-579。

為衍生公司研擬財務計畫，定位該公司將為代工製造商，並且初步設定資本投資為新台幣100億元。這項任務對於過去一向只專注技術研發的計畫團隊來說，是一項陌生的工作，但對他們而言，也並非完全外行，因為工研院電子所示範工廠的營運，基本上即是代工製造商的模式。

1985年9月10日，行政院長俞國華召開了一次特別的內閣會議，聽取張忠謀對大型晶圓廠計畫的評估。張忠謀建議成立一家新公司，做為專業的晶圓代工廠，命名為「台灣積體電路製造股份有限公司」。不過他在評估報告中，也未排除將擴大聯電投資做為一個替代選擇。與會部長們針對這兩種方案進行了辯論，國科會又重提了新竹國際微電子創新中心的構想，但會議中並沒有做出結論，唯一的共識是如果要成立台積電的話，它必須是一家私人公司。最終，院長裁定此案由政委李國鼎最後拍板，而李國鼎本來傾向支持成立新公司。[22]

1986年1月，行政院正式批准台積電成立。在工研院電子所向行政院所提交修改後的營運計畫書中，台積電的商業模式明確表述如下：

「台積電不會設計或銷售自己的產品，公司的工程師將與客戶的工程師密切合作，確保公司的製程和客戶的設計相容，最大限度的提高產量並降低成本，除了生產工程師外，還將維持強大的製程研發團隊，以保持公司的能量處於領先地位。[23]」

---

[22] 吳淑敏（2019），頁153-158。
[23] 工研院電子所，1985，《台積電營運計劃書》（Taiwan Semiconductor Manufacturing Company Proposal）1985年8月，原文為英文。

台積電於 1987 年正式成立時，電子所同時移轉了 144 名員工到台積電，其中主要是研發工程師。台積電營運計畫書中明載，台積電擁有的核心技術是從電子所移轉的 1.25 微米互補式金屬氧化物半導體（CMOS）製程技術，第一座晶圓廠即是運用電子所 VLSI 的實驗生產線。此營運計畫書用於籌募初始資金共 1 億 4,500 萬美元（約新台幣 41 億元），較原先計畫的新台幣 100 億元低很多。

工研院院長張忠謀負責為台積電募集資金。經過幾個月的親自拜訪，張忠謀只獲得了幾位私人企業家的冷淡支持，直到行政院長俞國華和政委李國鼎親自致電台塑公司等龍頭企業，才使民間投資最終達到了 24.1%（3,500 萬美元）的募資目標。不過，張忠謀也成功邀請到荷蘭飛利浦公司成為台積電的策略投資人，占股 27.6%（4,000 萬美元），政府隨後透過行政院開發基金的投資，補足了剩餘的 48.3% 的股份（7,000 萬美元）。此股權結構反映了政府當初的要求，即台積電必須是一家私人公司，但也不是外資公司。

飛利浦的參與對於台積電得以成功創立，至關重要。飛利浦不僅提供了資金，還提供智慧財產權保護傘，以保護台積電免受潛在競爭對手的法律騷擾。除了從電子所轉移的技術之外，飛利浦還向台積電授權了不足的製程技術。最重要的是，飛利浦的代工製造訂單，使台積電能夠填補它初始的產能。張忠謀曾表示，做為一家沒有產品的純晶圓代工廠，台積電最初的訂單主要依靠台灣的晶片設計公司和飛利浦，剩下的產能則來自垂直整合製造商的「剩菜」（leftover），即這些製造商不想浪費自己的產能製造的成熟商品。由於這些「剩菜」是不可預測且不穩定的，所以與飛利浦的戰略合作，為產能利用率提供一定的穩定性。張忠謀曾形容飛利浦是台積

電唯一「有意義」的投資者。[24]

　　為了鼓勵飛利浦投資台積電，台灣政府給予飛利浦一個可購買政府持股，使持股達到 51% 的選擇權，取得台積電控制權。不過，後來的發展使飛利浦未充分行使該項選擇權。從這項承諾可看出，政策制定者的真正目標是寄望透過類似「中央廚房」的定位，來育成台灣的晶片設計業，而不是打造台積電成為國家的龍頭企業。台積電成立時，承諾將預留 35% 的晶圓產能給台灣本土的晶片設計公司利用，由經濟部分配，做為對電子所在它成立時所移轉的技術的補償。[25] 然而，這項條款從未被執行，因為在台積電客戶的產能需求中，來自台灣本土的晶片設計公司從未達到 35% 的比例。台積電從起步之初，就是一家服務全球的晶圓代工廠，不是台灣本地生態系統的「中央廚房」。

　　台積電成立的最初幾年處境艱難，依賴垂直整合製造商不穩定的「剩菜」來填補產能。台積電無法贏得美國少數幾家較成功的無晶圓廠晶片設計公司的訂單，因為它們大多從技術先進的日本製造商取得代工服務。然而隨著時間的推移，無晶圓廠晶片設計公司的模式愈來愈受歡迎，而純晶圓代工廠的存在，無疑降低了晶片設計公司的進入門檻，讓它們可以獲得長期製造合約的保障，不必在市場上尋求剩餘的晶圓製造產能。隨著無晶圓廠晶片設計公司增加，晶圓代工的需求量也不斷成長。

　　台積電在技術上的精進，最終追上了這個大趨勢，開始贏得老

24　Allen Patterson, 2007, "Oral History of Morris Chang," *Computer History Museum*.
25　TSMC 1999 年報（英文）有以下文字："Under a technical cooperation agreement with ITRI, the Company shall reserve and allocate up to 35% of its production capacity for use by the Ministry of Economic Affairs (MOEA) or any other party designated by the MOEA."

牌無晶圓廠晶片設計公司的訂單，逐漸縮小與產業領先者的技術差距。從 1991 年開始，台積電每年都有盈餘，獲利能力使得台積電有錢投資技術研發，以追趕前沿的技術；以更好的技術，吸引更多無晶圓廠晶片設計公司下單。良性循環從此開始，台積電的發展超出了創立時的預期。在 1985 年工研院制定的營運計畫書，也就是募股說明書中，台積電預估的銷售收入將從 1987 年開業的 3,910 萬美元增加到 1997 年的 1.308 億美元，1997 年的淨利預估為 3,040 萬美元。[26] 對照事實，1997 年台積電的實際銷售收入為新台幣 439 億元（約 13.4 億美元），淨利為新台幣 180 億元（約 5.52 億美元）。[27] 營收和利潤都比原先的計畫高出十倍以上，這應該是沒有人預料到的結果。

受到台積電成功的啟發，聯電於 1995 年決定轉型為純晶圓代工廠，並將原公司的晶片設計部門分拆為聯發科技和聯詠科技，如今這兩家公司都成為台灣非常出色的無晶圓廠晶片設計公司，位居全球前十大，而聯電本身也相當成功。晶圓代工一直是台灣的獨門生意，有些國際的半導體大廠，放棄投資新晶圓廠，變成無晶圓廠設計公司，但是卻無人加入晶圓代工的行列。直到 2005 年，三星分設了一個晶圓代工部門，超微半導體也於 2009 年分拆其生產線，成為一家獨立的晶圓代工公司，名為格羅方德（Global Foundry）。英特爾甚至也從 2021 年起，開始提供晶圓代工服務。英特爾的加入，認可了晶圓代工是半導體產業的主流業態，但有點來得太遲了。

26　工研院電子所，《台積電營運計畫書》（Taiwan Semiconductor Manufacturing Company Proposal），1985/8。
27　TSMC Annual Report 1997.

無晶圓廠晶片設計公司：帶動顛覆性的技術創新

許多因素促成了無晶圓廠晶片設計公司的出現，包括技術變革、建造晶圓廠的成本上升，以及美國 DRAM 製造敗給了日本的競爭對手，因此轉攻邏輯晶片。前兩個因素（技術變革、建造晶圓廠的成本上升）是影響半導體產業的共通因素，在 1980 年代初無晶圓廠晶片設計公司開始出現時，這些因素的影響格外深遠。第三個因素則是特別針對美國的情況，美國是無晶圓廠晶片設計公司的發源地，直到今天仍主導著這個產業。世界上只有台灣和中國曾經發展過有意義的無晶圓廠晶片設計產業，但它們在規模和動能方面皆與美國相差甚遠。其他早期進入半導體產業的國家，包括日本和歐洲的公司，直到今天仍然維持垂直整合製造（IDM）模式。

半導體發明於美國東部，但半導體產業在矽谷茁壯發展，得利於創業投資的助攻，以及穩定的國防採購支持。第二次大戰期間的國防採購孕育了美國的創投文化，軍事採購合約刻意向所有企業開放，讓彼此相互競爭，無論企業的規模和成立的時間。[28] 矽谷早期的半導體公司大多是由創投投資的新創事業，包括快捷半導體、英特爾、國家半導體（National Semiconductors）、摩斯德克（Mostek）、賽普拉斯（Cypress）等等。這些新創公司一波一波地出現，如長江後浪推前浪，為產業帶來了顛覆性的技術創新。

然而，進入 VLSI 時代後，產業技術進步的速度放緩，而進步本

---

28 Thomas Lawton, 1997, *Technology and New Diplomacy*, Hants, UK, Avebury Publishing, pp.51-52.

質上是漸進、累積的。[29] 然而，具備良好市場價值的創新必須來自產品設計而非技術，並且持續追求技術創新的半導體製造商規模必須夠龐大且持續獲利，才能在產業的激烈競爭中，繼續存活。由於達到規模經濟的門檻隨著時間的推移不斷提高，產業上的競爭對手逐漸減少，那些想加入競爭的新來者別無選擇，只能成為無晶圓廠晶片設計公司。這種現象在 1970 年代末到 1980 年代初逐漸明朗。

資料顯示，從 1978 年到 1987 年，VLSI 技術在半導體產業中普及開來，這段期間，美國共成立了 124 家半導體新創公司，其中大多數的公司（79 家）並不擁有自己的生產線。這情形預示著半導體產業一個巨大趨勢的開端，無晶圓廠晶片設計公司展現出小批量生產、快速推出產品的特點，並且聚集於矽谷。[30] 小批量的生產使得建廠成本更難以負擔，而快速推出產品的特色，表示如果生產進度延遲，該產品的價值將會迅速貶低。相反地，只要產品能夠及時推出市場，創造產品的人願意支付高價的委託製造費。最後，新創公司群聚在矽谷，因為那裡可以找到剩餘的晶圓製造產能。

建廠的成本是淘汰小型玩家的重要因素。隨著加工晶圓的尺寸增加，以及單晶片內嵌的電晶體數量增加，建廠的成本呈現指數成長。在 1970 年，建造一座典型廠房的成本是 600 萬美元；到了 1980 年，成本上升到了 2,000 萬美元，1990 年則增加到了 5 億美元，2000 年更進一步增加到了 30 億美元。[31] 當台積電 2020 年 5 月宣布

---

29 Chalmers Johnson, 1984, *The Industrial Policy Debate*, San Francisco: Institute of Contemporary Studies Press.

30 David P. Angel, 1990, "New firm formation in the semiconductor industry: Elements of a flexible manufacturing system," *Regional Studies*, 24(3): 211-221.

31 Austin Harney, 2010, *Competitive Dynamics in a Global Industry: An Analysis of the Irish Semiconductor Industry*, Leipzig, Germany: Lambert Academic Publishing, p.52.

在美國亞利桑那州投資興建一座月產能兩萬片的 5 奈米、12 吋晶圓廠時，預估成本已高達 120 億美元。[32] 無晶圓廠晶片設計公司的興起正是基於一個簡單的理念：將有限的資源投資於產品創新，而不是日益昂貴的製造設備。

其實到 1990 年，人們對於投資製造設備的興趣已明顯變得不足。1991 年 7 月，《電子雜誌》(*Electronics Magazine*) 刊登了一篇封面故事，標題為「瀕臨滅絕的美國廠房 (Endangered Species: the Vanishing US Fab)」，旨在警示大眾關於美國半導體產業朝向無晶圓廠晶片設計公司發展的趨勢，伴隨製造的任務外包至東亞地區。該雜誌列舉了幾個原因來解釋此一趨勢，包括建廠成本不斷上升、創投業者對短期回報的渴望，以及美國對製造設備的長期投資缺乏租稅的激勵。該雜誌警告說，如果這一趨勢持續下去，美國將失去製造晶片所需的基礎設施，未來美國半導體的市占率將逐漸下降。

從這篇封面故事，可以看出無晶圓廠的投資趨勢已經十分明朗。然而，許多產業界大老，對這個趨勢不以為然。例如，超微半導體執行長傑瑞·桑德斯 (Jerry Sanders) 在 1992 年有一句名言：「真正的男人要有晶圓廠 (Real men have fabs)」。但事實是，自 1992 年以來，沒有任何一家生產邏輯元件的半導體大公司在創立時，同時投資自己的晶圓廠，可見形勢比人強。只有一些無晶圓廠設計公司，在成功之後，回過頭來想擁有自己的晶圓廠。2009 年時，超微半導體也決定把自己的製造部門切割出去，轉型成為無晶圓廠晶片設計公司。

---

32 Cheng Ting-Fang and Lauly Li, 2021, "TSMC starts construction of $12 billion Arizona chip plant," *Nikkei Asia*, 2021/6/2.

「投資創新而非設備」是創業投資的基本方針。全球第一家無晶圓廠晶片設計公司賽靈思，是由伯尼・馮德施密特（Bernard Vonderschmitt）創立的，他發明了現場可編程閘陣列（FPGA），但他的雇主 RCA 不看好這項發明，拒絕將它商品化。馮德施密特於是在 1984 年利用創投資金，創立了賽靈思，主推 FPGA，並委託日本的小型半導體製造商精工社，代工製造產品。馮德施密特說：「無晶圓廠晶片設計公司讓賽靈思能夠專注於我們最擅長的事情：設計和行銷 FPGA。[33]」

和賽靈思幾乎同時，一系列的無晶圓廠晶片設計公司在 1980 年代設立。這些無晶圓廠晶片設計公司專注於產品設計和行銷，它們必須從垂直整合製造商中找尋剩餘的產能來製造產品。但剩餘的產能有多少？什麼時候有？不穩定且不可預測，無晶圓廠晶片設計公司必須與多家廠商簽約，以確保產品能穩定引入市場，協調管理的成本高昂。如果要與垂直整合製造商建立長期的合約關係也很困難，因為後者一定以自家產品為優先。如果它們將自身的設計知識與製造商共享時，也面臨商業祕密外洩的潛在風險，製造商可能盜用它們的產品設計。這些問題，都使定位為純晶圓代工廠的台積電，有存在的價值，因為它可以提供穩定的產能，而且沒有自家產品和客戶競爭。

最早與台積電簽約代工服務的其中一家無晶圓廠晶片設計公司是阿爾特拉，創辦人曾是快捷半導體公司的主管。阿爾特拉於 1983

---

33 Sumita Sarma and Sunnu Sun, 2017, "The genesis of the fabless model: Institutional entrepreneurs in an adaptive ecosystem," *Asia Pacific Journal of Management*, 34(3): 587-617.

年以 50 萬美元的創投資金成立，專注於製造可程式化邏輯裝置（PLD）、現場可編程閘陣列（FPGA），後來也製造圖形卡（graphics cards），做為個人電腦的附加產品。阿爾特拉在創立時就沒有建立晶圓廠的打算，在台積電成立之前，它主要的代工夥伴是日本的夏普公司。1988 年，阿爾特拉取得了賽普拉斯半導體（Cypress）的少數股權，有權使用它的晶圓製造設備，可確保穩定的產能。爾後，阿爾特拉於 1990 年代初開始與台積電合作，委託台積電代工。1995 年，它甚至邀請台積電在華盛頓州的卡馬斯（Camas）建廠，名為 WaferTech，以服務阿爾特拉和其他兩家合資企業，分別是亞德諾半導體（Analog Device）和矽成半導體（ISSI）。這是一個無晶圓廠晶片設計公司成功以後，仍然希望擁有自己的晶圓廠的時代，實踐了桑德斯的信條：「真正的男人要有自己的晶圓廠。」

　　1994 年，四十家美國無晶圓廠晶片設計公司成立了屬於自己的產業聯盟：無晶圓廠晶片設計產業協會（Fabless Semiconductor Association, FSA），與美國半導體產業協會（SIA）分庭抗禮。顯然，在那個時候，沒有晶圓廠的半導體公司已經意識到，它們的利益與垂直整合製造商並不一致。1994 年，無晶圓廠晶片設計公司的收入只占整個半導體產業的7.7%，[34] 然而，從那時開始，許多垂直整合製造商減少晶圓廠投資，成為輕晶圓廠（Fab-lite），或完全不投資，成為無晶圓廠晶片設計公司。除了台灣和中國之外，沒有任何一家新加入產業的新進企業採取垂直整合製造模式。到了 2004 年，

34　Harney (2010), p. 37.

無晶圓廠晶片設計公司在全球半導體市場的市占率已達到了 14.7%，到了 2014 年達到 30.2%，2024 年更成長為 41.1%。[35]

最後一家試圖成為 IDM 的無晶圓廠晶片設計公司可能是台灣的矽統科技，矽統科技在 1987 年由台灣半導體界先驅杜俊元創立。杜俊元早前曾創設台灣第一家本土半導體封裝公司—華泰電子，並擔任聯電的籌備處主任與首任總經理。矽統科技的第一個產品是光罩唯讀記憶體（Mask ROM），但後來轉向電腦晶片組。到了 1990 年代中期，由於台灣主機板產業的蓬勃發展，矽統科技成為台灣最大的晶片組供應商之一，與威盛電子並列。矽統科技像其他無晶圓廠晶片設計公司一樣，也與台積電和聯電簽訂代工合約，從合作中所節省的成本，增強了自身的競爭力。1999 年，矽統科技決定建立自己的晶圓廠，理由是沒有晶圓廠就無法控制產能，尤其是高端製程的產能。英特爾老將、時任矽統科技總經理的劉曉明指出：「如果矽統將來需要每月三、四萬片的先進產能，誰能空得出來？這種量可能占去代工廠 30% 產能，這樣子對方和我都很辛苦。」[36]

劉曉明的意思是，當無晶圓廠晶片設計公司要求大產量先進製程時，晶圓代工模式將喪失其效用，因為客戶基礎將會非常集中，因此削弱了純代工廠相對於垂直整合製造廠所享有的風險分散優勢。不幸的是，劉曉明的說法是錯誤的。如今台積電正在為美國蘋果公司和輝達等客戶提供尖端製程技術，少數客戶占用了 30% 以上的產能。劉曉明有可能是因為當時台積電和聯電都還未擁有尖端技

35　IC Insights, Research Bulletin, 2022/7/7.
36　王正勤，1999，「劉曉明設計製造一手抓—打破半導體規則：做設計的不要蓋晶圓廠」，《天下雜誌》219 期，1999 年 8 月 1 日。

術而誤判。事實證明，隨著無晶圓廠晶片設計公司的技術需求不斷進步，晶圓代工模式反而變得更強大，而非減弱。

矽統科技在 2000 年新建一座 8 吋晶圓廠，耗資新台幣 300 億元。然而，從開始運營以後，該廠房一直面臨產能利用率過低的困擾。矽統科技才意識到，儘管當時代工製造的產能短缺，但垂直整合模式很難與純代工廠競爭。矽統科技最終在 2003 年因長期虧損而解散，該晶圓廠被聯電收購，用於補充聯電的產能。而矽統的晶片設計團隊被新的投資者重新整編，成為一家新的晶片設計公司，取名宣德科技。如今宣德科技還是台灣最有價值的晶片設計公司之一。

純晶圓代工廠的威力：台積電成為世界的兵工廠

台積電做為一家純晶圓代工製造廠，為無晶圓廠晶片設計公司提供了可靠的製造產能。更重要的是，台積電由一位了解產業遊戲規則、曾任職美國半導體主流企業的資深經理人經營，唯一的問題是技術落後。台積電成立時，其製程技術大約比產業領先的垂直整合製造商落後了兩個製程節點，還無法為無晶圓廠晶片設計公司的創新產品提供服務。因此，台積電必須從撿拾垂直整合製造商的「剩菜」開始，而不是和無晶圓廠晶片設計公司結盟。當時大多數的美國無晶圓廠晶片設計公司都是委託日本的半導體製造商代工，因日本的製造品質和良率享有盛名。

雖然業績欠佳，但台積電致力於技術學習。在成立約四到五年後，即 1991 至 1992 年間，台積電與市場領先者之間的技術差距已縮小至一個製程節點，此後無晶圓廠晶片設計公司的訂單即逐漸湧

入。[37] 創業維艱，1987 年至 1992 年，對台積電最終的成功來說，是既辛苦又關鍵的階段，在這段艱難的歲月中，工研院和飛利浦的技術根基和經營團隊的人脈網絡是公司重要的資產。

台積電最早、也是最重要的「剩菜」訂單來自英特爾，它委託台積電代工製造 MCU 80C51 晶片，採用 1.5 微米製程。曾繁城從電子所的 VLSI 計畫一起移轉台積電，在公司創立初期擔任生產和研發主任，他回憶道：「在 1987 年年底左右，英特爾的新任執行長安迪・葛洛夫（Andy Grove）拜訪台積電，Morris（張忠謀）要求我針對我們的 6 吋晶圓生產線以及 1.5 微米製程技術進行簡報。為了給客人留下深刻的印象，我強調我們的生產線良率超過 80%。然而 Andy 似乎並不在乎良率多少，他只問我們在製造過程中是否遇到任何『意外的災難』，我說沒有。後來我了解到，英特爾在開發相同製程時曾碰到過一些災難性的問題。」[38]

經過葛洛夫的認可之後，英特爾於 1988 年 2 月開始向台積電下代工訂單，每月訂購兩千片至三千片晶圓。英特爾於 1982 年首次採用 1.5 微米製程節點，開始量產其 80286 處理器，到了 1988 年，英特爾處理器即將過渡到 0.8 和 1.0 微米的製程節點，因此英特爾這張訂單，代表了它對其非核心產品的微控制器（MCU）所採取的第二來源採購策略，使用的是成熟技術。英特爾對其主力產品 CPU 則採用單一採購來源策略，全部自行生產，並無委外代工。

在下訂單之前，英特爾曾要求台積電特別為它們建立一條與英特爾完全相同的生產線，以實踐英特爾著名的「完全複製（copy

---

37 Nenni (2012).
38 訪談曾繁城，新竹，2023/5/22。

exact）」模式，但被曾繁城拒絕。曾繁城堅持，台積電應該設計自己的生產線，並選擇自己的設備來為多個客戶服務。但是，曾繁城同意按照英特爾生產線的標準程序進行生產控制，例如通過從生產過程中不同地方（當時約有 20 個點）收集數據，進行統計製程管控（statistical processing control），做為製造數據分析和生產最佳化的基礎。這一項努力使得台積電獲得了英特爾的認證，成為合格的代工製造廠。曾繁城表示，英特爾的訂單對台積電的營收貢獻並不大，但對台積電在產業界的聲譽卻是巨大的助力，當時英特爾在產業中，被認定是製造典範。

　　獲得英特爾的認證後，台積電隨後贏得了其他垂直整合製造商的訂單，包括超微半導體，該公司先前都是委託日本東芝代工。[39] 英特爾後來還與台積電簽訂了製造晶片組的合約，但只委託所謂的「南橋」部分，英特爾保留了「北橋」晶片組由內部生產。「南橋」連接 CPU 與電腦外部設備，如硬碟、USB 等，從事低速數據傳輸；而「北橋」則連接 CPU 與電腦內部晶片，必須進行高速數據傳輸。「南橋」晶片組通常採用比 CPU 落後一到兩代的製程技術，這與台積電當時的技術能力契合。

　　為技術領先的垂直整合製造商代工，強化了台積電的技術基礎，為真正的晶圓代工模式做好了準備。早期的無晶圓廠晶片設計公司客戶包括：Altera、ISSI、ATI，以及幾乎所有台灣的無晶圓廠晶片設計公司，都是台積電的客戶。儘管有來自聯電和新加坡的特許半導體的競爭，自晶圓代工成為一個產業以來，台積電一直是該產

39　訪談曾繁城，新竹，2023/5/22。

業中領先的服務提供者。2004 年，台積電占晶圓代工市場的 47%，幾乎達到一半，到 2023 年市占率更達到了 61%。2004 年台積電所服務的約 300 個客戶中，無晶圓廠晶片設計公司占大多數，垂直整合製造商則是次要的客戶，逆轉了早期的客戶組成。

從 2004 年台積電年報可知，它的主要無晶圓廠晶片設計公司客戶包括了：阿爾特拉、ATI、博通、邁威爾（Marvell）、輝達、高通和威盛電子。主要的垂直整合客戶則包括：亞德諾半導體、飛思卡爾（Freescale）、飛利浦和德州儀器。[40] 其中值得注意的是，威盛電子是唯一一家進入前十大晶片設計公司名單的台灣公司，其餘均為美國晶片設計公司。在所有客戶中，沒有一個客戶占台積電總營收 10% 以上。

輝達創辦人兼執行長黃仁勳，將「純晶圓代工模式」視為一種平台模式。他曾評論道：「平台並不製造自己的產品，只幫別人製造產品。一個成功的平台，具有四個關鍵要素：技術、產能、定價和交貨承諾。二十年前（實際上是 1997 年），當我與張忠謀在新竹見面時，我從談話中得到的重要訊息是『誠信和信賴』。我當時認為這是老生常談，但他卻是認真的。誠信和信賴是台積電的核心價值，做為一個平台，如果你不能贏得他人的信賴，你就無法為他們建立一個生態系統。[41]」輝達自成立以來，一直依賴台積電為其製造顯示卡。如今，輝達成為全球最有價值的無晶圓廠晶片設計公司，輝達的成功彰顯了晶圓代工模式的力量。

40　TSMC Annaul Report 2004。
41　Jensen Huang's introduction of Morris Chang in Stanford University's "Stanford Engineering Hero Lecture," held on April 23, 2014.

2004年的客戶清單也體現了台積電自1987年創業以來，半導體產業演進的軌跡。阿爾特拉和威盛電子代表個人電腦的附加元件和晶片組，ATI和輝達代表個人電腦的顯示卡，博通和邁威爾代表基於個人電腦的網路通信，高通則代表無線通訊和手機。自從個人電腦發明以來，台積電為半導體產業的創新提供了一個平台，早期大多數的創新都是針對個人電腦應用，直到2000年代無線通訊崛起後，個人電腦的角色才逐漸式微。

　　個人電腦的應用提供了台積電成立後的二十年成長基礎，這些應用都是透過英特爾所發明和主導的微處理器來實現。正如台積電前研發長孫元成所說：「在個人電腦時代，我們專注於晶片組、FPGA、顯示卡。當基於個人電腦的網路通訊開始擴散時，我們製造NPU（network processing unit）；當無線通訊出現時，我們為無線手機製造低功耗、低漏電的CMOS和RF（射頻）晶片；然後是智慧型手機的應用處理器（application processor）。除了英特爾的x86微處理器之外，我們基本上製造了所有為數位革命提供燃料的產品。[42]」

　　這段話說明了除了英特爾之外，台積電可能是數位革命中最重要的兵工廠。如果沒有台積電，許多數位創新就可能無法實現。以無線通訊為例，英特爾忽視了其重要性，直到為時已晚，才企圖介入這個市場。而無線通訊的拓荒者高通，自1990年代末期以來一直是台積電的重要客戶。早期高通採取一項策略，即透過向基地台設備商和手機製造商銷售功能強大、但價格實惠的半導體晶片，來推

42　訪談孫元成，台北，2023/3/26。

廣其無線通訊系統的 CDMA（code division multiple access）專利技術，這些晶片促進了 CDMA 通訊網路的投資，以及相關手機的製造，高通則從系統中所涵蓋的專利收取授權費。在高通的背後，如果沒有一個強大且成本低廉的晶圓代工廠來為它製造晶片，這種商業模式就無法發揮作用。

高通公司成立於 1985 年，並於 1990 年代初開始推廣其發明的 CDMA 蜂巢式無線通訊網路技術，它創建了多種 ASIC 晶片，方便基地台和手機製造商採用 CDMA 技術。1993 年，高通把這些 ASIC 整合到一個單晶片中，稱為 MSM（mobile station modem，移動通訊站數據機），以簡化最終產品的設計。該晶片委託 IBM 以 0.8 微米製程製造。MSM 晶片受到好評，並首先被韓國手機製造商採用，包括樂喜金星、海力士、三星和 Maxon 等品牌，高通隨後也推出了自己的手機 CD-7000，將 MSM 與英特爾微處理器結合使用。[43]

為了進一步推廣 CDMA 技術，高通認為有必要將其 MSM 基頻晶片組與微處理器進一步整合。它與英特爾進行了談判，並獲得了英特爾的同意，在晶片中嵌入一顆英特爾特製的微處理器來支援 MSM，這項合作一直持續到 1997 年。那時英特爾拒絕提供一顆新的微處理器，以搭配高通升級 MSM 的需要，儘管 MSM 在市場上相當成功。然而，無論 MSM 晶片有多受歡迎，從產量或單價的角度來看，要與英特爾的核心 CPU 競爭企業內部資源，仍是困難的，當時英特爾也沒有成為晶圓代工廠的想法。錯失了為高通打造通訊應用微處理器的機會，英特爾失去第一次行動通訊來敲門的商機。

43　Jevons Lee, 2019, "This is a detailed history of Qualcomm" http://medium.com/@jevonsli/this-is-a-detailed-history-of-qualcomm-84e47a266b87.

被英特爾拒絕後，高通轉向安謀（ARM）授權技術，自行開發處理器，並與台積電簽約委託製造。1998年2月，台積電向高通交付了第一款基於ARM核心處理器的MSM晶片組，採用0.35微米製程，這是台積電第一次踏入處理器的領域。由於這款晶片的成功，高通決定專注手機晶片的設計與銷售，放棄手機製造，並於2000年將其手機製造部門出售給日本公司京瓷（Kyocera）。到了2002年，高通的MSM晶片的出貨量已累積到2.4億片。在高通2002年的年報中有如下的揭露：「QCT部門（高通的CDMA技術部門，負責銷售微晶片）外包所有晶片製造和組裝，以及大部分晶片測試工作，我們依賴少數有限的第三方來執行這項任務，其中有些部分只有單一來源，而我們與此單一來源並沒有長期合約。[44]」此一單一來源，指的就是台積電。這一聲明顯示即使高通了解單一供應源的風險，也無能為力，因為高階製程的產能不易獲得，直到2005年三星加入晶圓代工行列，高通才有了第二供應源。

雖然高通對「複數供應源」的商業策略非常認真，然而與台積電的合作關係一直穩固。台積電專精的CMOS電晶體因其低功耗的優勢，非常適合移動晶片，而高通晶片被認為是台積電從1998年開始，開發0.18微米節點以下的低功耗、低漏電製程技術的主要載具。自第三代通訊時代以來，CDMA技術成為主流技術，高通也成為全球領先的無晶圓廠晶片設計公司，也是台積電多年來的頂級客戶。2007年智慧型手機問世後，蘋果也加入無晶圓廠晶片設計陣營。蘋果的加入，也肇因於英特爾拒絕為其提供處理器，這是英特

---

[44] Qualcomm Annual Report 2002.

爾第二次錯失行動晶片的商機。英特爾在 CPU 太過成功,才會兩次無視行動革命到來的信號。成功是失敗之母,再回首,已百年身。

誠如孫元成說的,所有英特爾不做的,台積電都可以做。高通和蘋果都透過台積電的平台,取得自己需要的手機晶片,完全按照自己的理想圖設計,無須和英特爾這種大牌供應商商量或妥協。這些晶片開啟了行動通訊的新時代,也把台積電拱上一個新高點。雖然高通和蘋果的晶片,有許多功能重疊、相互競爭之處,但在同一個平台上製造,毫無窒礙,也沒有洩漏商業機密的疑慮,顯現純晶圓代工廠的信賴平台的強大威力。

純晶圓代工廠不與客戶競爭,但客戶卻可能與客戶競爭。英特爾是台積電最早的客戶之一,台積電對英特爾奉若神明,絕不挑戰英特爾。但隨著 x86 微處理器的另一家主要生產商超微半導體,從 2019 年起成為台積電的客戶,開始委託台積電製造 Ryzen-3000 系列微處理器,與英特爾 x86 系列競爭市場,不挑戰英特爾的立場,就此崩潰了。在此之前,2009 年超微將其製造廠分割獨立,成為格羅方德,承接晶圓代工業務,與台積電競爭;超微母公司則變身為一家晶片設計公司。切割當初,超微承諾將長期採購格羅方德的服務,但後來因為格羅方德技術落後,超微決定毀約賠款,轉向台積電下單。這項決定,使超微在處理器市場的競爭力快速提升,2009 年超微在 x86 中央處理器的市場占有率是 12.2%,到 2023 年時,市占率提升到 31.1%,充分顯示台積電的價值。2020 年,蘋果公司也決定結束與英特爾的長期合作,為蘋果電腦自行設計 CPU,並委託台積電製造。

台積電在 10 奈米製程節點以下的進步,推動了新一波半導體產品創新,以應對人工智慧和雲端服務等高效能運算(HPC)的需

求。2021 年，英特爾宣布將建立一個晶圓代工製造部門來與台積電競爭，顯示出即使強大如英特爾，也意識到完全垂直整合的商業模式無法持續，因為研發和製造須達到的規模經濟門檻愈來愈高。這一項決定，等於宣示了晶片設計和製造的分離，已經成為半導體產業的常態。

英特爾因為在新製程技術開發碰到一些困難，無法及時支應新世代處理器生產的需求，為避免市場繼續被超微侵蝕，自 2024 年起也委託台積電代工製造處理器 Lunar Lake。台積電欣然接受，並忠誠執行任務，老客戶超微和蘋果，也沒有抗議的聲音，顯示台積電的信賴平台，對所有晶片設計業者，都是開放的。從此時起，台積電已經成為所有邏輯晶片的「鑄件廠」，不分主流產品或支流產品，萬流歸宗，完全落實了米德—康威的願景。一個發想於矽谷的產業烏托邦，四十年後，終於在遠處海外邊陲的一個島嶼上，獲得實現。

第 4 章

DRAM 困境

DRAM 是由羅伯特・丹納德（Robert Dennard）於 1966 年在 IBM 公司任職時所發明的，使用的是雙極電晶體技術。到了 1970 年，英特爾成為第一家使用 MOS 電晶體技術將 DRAM 商品化的公司。DRAM 普及後，取代電腦傳統磁心成為記憶體裝置，是半導體產業演進中一個重要的里程碑。DRAM 很快就成為所有電子設備中數據存儲的必備元件，從大型電腦開始，逐步擴展到計算機、個人電腦、遊戲機和行動裝置。DRAM 是一個適合大規模生產的半導體元件，在此之前，半導體產業的主流產品是客製化晶片；從客製化晶片到 DRAM 的轉變，也將半導體產業從軍事主導的市場轉變為商業市場。

　　DRAM 是由一個電晶體和一個電容器組成的記憶單元，自從發明以來一直未改變，這個基本結構成為推動摩爾定律前進的技術平台。當 1970 年代 DRAM 剛剛問世時，主要用於大型電腦，但後來個人電腦提供更大的市場。英特爾首款商業化 DRAM 晶片的代號為 1103，僅內含 1,024 個電晶體，即 1,024 位元記憶體，它簡稱為 1K 記憶體。當時，一台記憶體為 256KB 的中型計算主機需要 2000 個 1103 晶片才能提供足夠的記憶容量；[1] 到了 1980 年代末，單獨一顆 4M 位元 DRAM，就可以提供兩倍以上的記憶容量。

　　個人電腦的普及擴大了對 DRAM 的需求，並邊緣化了大型計算主機，同時打破了原本由大型計算主機主控的半導體市場，給商業化生產廠商開啟了巨大的空間，也造成日本企業的崛起。經過半個世紀的演變，今天市面常見的 64GB（640 億位元）記憶體的 DRAM

1　Ross Knox Basset, 2002, *To the Digital Age: Research Labs, Startup Companies, and the Rise of MOS Technology*, Baltimore: Johns Hopkins University, p.195.

晶片，容量達當年代號 1103 晶片容量的 6,400 萬倍，兩者價格卻大致相同，這意味著每位元的記憶體成本已經降低到 1970 年水平的 6,400 萬分之一。隨著記憶體成本的降低，數位產品和服務已無所不在。商業應用的普及性和重要性不斷增加，加上 DRAM 技術的快速進步，重新定義了市場競爭，未能跟上技術進步腳步的企業，都在競爭巨輪的無情轉動下，從車台上跌落市場的懸崖。

DRAM 競爭的歷史，就是一部產業淘汰的歷史。在 1980 年代和 1990 年代，包括發明者 IBM 和商品化的先驅英特爾在內的美國 DRAM 製造商，大多已被淘汰，它們被日本公司取代。而這些日本公司又在 2000 年以後，被韓國公司淘汰。儘管韓國製造商直到 1980 年代初期才進入該市場，是產業的後輩，但它們卻成為最終的贏家。

台灣也未曾缺席，台灣企業從 1990 年代開始，嘗試參與 DRAM 領域的競爭，它們曾受到韓國半導體產業巨頭的警告，但是拒絕撤退。最終，台灣的產業界為它們的勇氣付出了高昂的代價。台灣企業在 DRAM 領域，採用了與邏輯晶片類似的商業營運模式，但是卻遭遇嚴重的挫敗。這項經驗，與邏輯半導體的驚人成就，形成鮮明的對比。在本章中，我們將回顧台灣在 DRAM 領域奮鬥掙扎的歷史，並試圖找出失敗的原因。

次微米計畫：發展自主的 DRAM 技術

在台灣發展半導體技術之初，政策制定者和半導體產業的先驅們，就對投資 DRAM 存有戒心，而決定把資源投注於客製化晶片（ASIC），以符合台灣中小企業為主體的產業格局。這一信念在工研院電子所於 1988 年撰寫的《超大型積體電路技術發展計畫報告》中

明顯表示出來，這份報告指出：「DRAM 做為 VLSI 發展的技術載具，其生產需要大量資金，以降低單位成本。我們認為，即使電子所努力開發我們自己的 DRAM 技術，也不會使私人公司投入大量資金進行量產，因為電子所既沒有 DRAM 設計的經驗，也沒有設計進入風險生產所需的驗證。因此，台灣產業的策略應該是自外國取得授權技術，進行 DRAM 生產。[2]」

在 1980 年代末期台灣電腦產業興起後，這個信念開始受到挑戰。當時台灣製造的 IBM 相容電腦橫掃全球市場，蓬勃的個人電腦產業創造了對半導體各種晶片的需求，包括中央處理器（CPU）、記憶體和各種邏輯元件。邏輯元件與台灣的晶圓代工模式相輔相成，是台灣電子生態系統的一環，但台灣個人電腦的生產卻完全仰賴進口的 CPU 和 DRAM，長期遭受供應不穩定的困擾。

邏輯元件做為個人電腦的附件或周邊設備，為台灣的晶片設計公司提供了動力，也同時幫助台積電填補了產能。台灣的晶片設計公司、台積電、個人電腦製造商的共生結構，發展極為順暢。在台灣個人電腦產業中從事晶片設計的公司，從 1986 年底（台積電成立之前）的 18 家增加到 1990 年的 56 家，總營收從新台幣 5.6 億元成長到新台幣 59 億元，增加了十倍。[3] 對於台灣的晶片設計業來說，靠近台積電這家全球最早的純晶圓代工廠，明顯擁有「近水樓台先得月」的好處。在這段時間內，至少有三家主要的本地晶片設計公司設立：矽統、瑞昱、凌陽，它們都是為個人電腦周邊設備創造邏輯元件。

---

2 工研院電子所，《超大型積體電路技術發展計畫報告》，頁 4，1988 年 10 月。
3 Tain-Jy Chen, 2008, "The emergence of Hsinchu Science Park as an IT cluster," in Shahid Yusuf, Kaoru Nabeshima, and Shoichi Yamashita (eds.), *Growing Industrial Clusters in Asia: Serendipity and Science*, Washington DC: Work Bank Publication, pp.67-90.

1987年台積電成立後，另外兩家民間的半導體公司在沒有政府的引導或資助下，相繼成立。第一家是華邦電子，成立於1987年。當時工研院電子所因應台積電成立，決定關閉示範工廠，示範工廠的許多員工即將面臨工作轉換，華邦創立時吸收了這批員工。示範工廠最初是RCA計畫所建立的試產線，計畫完成後，來自政府的資金終止，但示範工廠仍然繼續商業運轉。示範工廠以小型整合製造模式（IDM）營運，員工具有產品設計、晶圓製造，和行銷等專業知識。華邦電子是由華新麗華集團投資，起初是利用示範工廠的專業知識從事邏輯晶片的設計與生產，但後來轉向了記憶體，它專注於利基型DRAM，是少數幾家至今還能夠在DRAM市場的殘酷競爭中生存下來的企業。

　　另外一家公司是旺宏電子（Macronix），它是1989年由一群從矽谷返國的台灣工程師所創立，專注於唯讀記憶體等非揮發性記憶產品，最初由漢鼎創投提供資金創立，後來上市，由台灣的股票市場取得資金。旺宏電子的唯讀記憶體成功打入了日本的遊戲機市場，由於1991年續簽的第二階段美日半導體協議中，日本承諾將其半導體進口提升到國內消費的20%，[4] 有助於旺宏在日本市場的拓銷。旺宏電子與日本遊戲產業的主要客戶，如任天堂，建立了緊密的合作關係，一直持續至今。

　　華邦電子和旺宏電子的成立，顯示台灣民間企業在1980年代末期開始關注新興的半導體產業。在台灣早期工業化階段發展成功的傳統企業，如華新麗華等私人公司，正尋求進入新興半導體產業的

---

4 楊倩蓉，2022年，《吳敏求傳》台北：天下文化出版社，頁40。

機會,但它們不願成為政府主導企業的小股東,因此不太情願地投資聯電或台積電。[5] 由於台灣民間企業遠比日本或韓國的財閥規模小,因此選擇避開標準化的 DRAM 產品。儘管這種保守的策略使它們規避了主流 DRAM 市場的大起大落,但它們的存在似乎也對台灣半導體產業的整體成敗,不具關鍵性的影響。而且由於不生產 DRAM 的主流產品,像華邦電子和旺宏電子,也失去了與台灣個人電腦產業成長動力的連結點。

從 1984 年到 1986 年,全球 DRAM 市場經歷了一段長期的不景氣,導致美日的半導體貿易衝突,景氣下滑也促使第一家商業化生產 DRAM 的英特爾公司退出了這個產業。DRAM 市場在 1987 年後逐漸復甦,到 1988 年,全球個人電腦產業的需求激增,導致包括 DRAM 和 CPU 在內的微晶片嚴重缺貨。這場供需失衡打亂了供應鏈,對小型品牌商和 DIY 製造商衝擊最大,因為在晶片短缺期間,大品牌電腦公司獲得了優先供貨。

台灣是許多小品牌電腦和 DIY 產品的主要製造基地,因此業務上受晶片短缺的影響最為嚴重,台灣廠商向政府施加壓力,要求尋找緩解晶片短缺的方法。政府最終轉向工研院要求提供技術,促成未來在台灣生產 DRAM,以降低供應鏈的風險。在此背景下,工研院於 1989 年規劃「次微米計畫」,計畫目標是將晶圓製程技術提升到一微米以下的水準,並且開發自主的 DRAM 元件技術,這是台灣政府第三次資助工研院的半導體技術開發計畫。

不同於先前由政府資助的 RCA 計畫和 VLSI 計畫,「次微米計

---

[5] 華新麗華公司是聯電 1981 年創立時的小股東。

畫」是由政府資助的研究聯盟，類似於早先在美國啟動的 SEMATECH。政府對「次微米計畫」的補助金額為新台幣 65 億元，聯盟成員包括台積電、聯電、華邦和旺宏等，它們也都提供了小部分的研發配合款。這項研究聯盟的推動策略，顯示了台灣政府對技術發展立場的轉變，也與政治轉型相呼應，此時台灣正從一黨專政轉型到多黨政治。[6]

「次微米計畫」的目標是開發 0.5 微米節點的製程技術，以為量產 4M SRAM（static random access memory）和 16M DRAM 做準備。「次微米計畫」與「VLSI 計畫」不同，在「VLSI 計畫」中，晶片設計由外部合作廠商提供，做為開發製程技術的載具；而「次微米計畫」則是要設計自主的 DRAM 和 SRAM 元件，做為將來生產的基礎。依工研院電子所提案中所述，該計畫包括 4M SRAM 和 16M DRAM 的元件設計，以及多個技術模組的開發，包括微影技術，這些都將整合到一套完整的製程技術中。這項計畫開發的製程技術將優先轉移給聯盟成員，如台積電和聯電等，但產品設計能力則在為未來的衍生公司生產 SRAM 和 DRAM 晶片做好準備。[7]

「次微米計畫」於 1990 年正式啟動，當時電子所招募了約 300 名工程師來執行該計畫，包括盧志遠和盧超群兩兄弟。盧志遠是前貝爾實驗室資深工程師，他負責製程技術的開發；而盧超群是前 IBM 資深工程師，他以技術合作夥伴的身分加入計畫，負責 DRAM 和 SRAM 的元件設計。盧氏兄弟都是台大畢業生，哥哥主修物理，弟弟主修電機工程，他們的學習和留學歷程，也代表了 1970 年代台

---

[6] 台灣於 1987 年 7 月解除戒嚴，進入多黨政治的時代。
[7] 工研院電子所，《次微米製程技術五年發展計畫》，1989 年 8 月。

灣人才外流，以及 1990 年代人才回流的浪潮。正如盧超群以下所述：

「1990 年……我才 37 歲，……我已得美國 IC 教研界泰斗 Stanford Professor Meindl（James Donald Meindl）及 IBM、DRAM 及 Scaling 大師 Dr. Dennard（Robert Dennard）等調教，並也創新落實 IBM 3D-DRAM 及設計高速 DRAM/Logic 產品加製造，進入 0.35 微米 8 吋晶圓成功之紀錄。[8]」

這是全球 DRAM 產業的歷史性時刻，因為 DRAM 的電晶體結構正在從 NMOS 過渡到 CMOS，而 IBM 正處於這一轉變的中心位置，它既是 DRAM 技術的領導者，也是主要用戶。盧超群在 IBM 的寶貴經驗，正是次微米計畫所需要的。

電子所在新竹科學園區內建立了一條實驗性的晶圓製程生產線，而非在工研院院區內，準備在次微米計畫結束時，能將其轉變為一條商業化的量產線。在計畫開始之前，工研院電子所修改計畫，將原計畫採用的 6 吋晶圓改為 8 吋晶圓，因為團隊預期計畫結束時，8 吋晶圓將是產業界的普遍尺寸。計畫團隊先利用新開發的 0.7 微米製程，於 1991 年 5 月成功製造出一個 256K 的原型 SRAM，做為技術熱身。接著在 1991 年 11 月又成功製造出 4M 的 DRAM。隨後，他們在 1993 年 4 月應用 0.5 微米製程開發了 16M DRAM 的

---

[8] 盧超群，2021，「Dr. K.T. Li, 李國鼎資政：台灣科技工業偉人並對人類文明進步貢獻卓越」，收錄於李國鼎基金會，《台灣半導體世紀新布局》，李國鼎紀念論壇（2021/12/3）專刊，頁 23-25。

原型晶片,並在 1993 年 7 月開發完成了 4M SRAM 的原型晶片。[9] 1993 年 0.5 微米製程技術的實現,將台灣的製程能力帶到了產業的前沿。這是多年來透過工研院電子所計畫、大學教育,不斷累積起來的反向人才回流,並結合本地工程師能力的成就。盧超群回憶道:

「我們在大約一年的時間裡,從零開始,建造了台灣第一座,也是世界上第五座的 8 吋晶圓製造廠。我驚訝地發現台灣其實有大量資源,足以支持工廠建造和半導體設備布局的需要,這是自從台灣 1970 年代開始生產半導體以來,多年累積的專業知識。我們設計和建造廠房的方式,是世界上其他地方所沒有的商業機密。[10]」

換句話說,半導體製造所需的基礎建設,如建廠和設備布建,當時台灣已有相當能量,反映出台灣產業以製造為核心所累積的寶貴資源。

當「次微米計畫」於 1994 年 12 月結束時,計畫的技術成果以及符合業界最新標準的 8 吋晶圓製造生產線,以公開方式進行招標。以台積電為首與其他投資人合作的團隊,最後以新台幣 67 億元的出價得標。當時台積電的積極參與競標,被認為是一種策略性行動,以防堵聯電的競爭,因為當時兩家公司都面臨產能不足的問題。台積電在得標後表示,將致力於 DRAM 的全球競爭,一定把三

---

9 工研院電子所,1994,《次微米製程技術發展五年計畫(四)八十三年度期末查訪綜合報告》,1994/10/26。
10 訪談盧超群,台北,2023/7/26。

星打得「屁滾尿流」。[11] 台積電聯盟將工研院電子所的製造廠和技術轉化為一家新公司，名為世界先進（Vanguard），次微米計畫的主持人盧志遠加入了這家衍生公司，擔任副總經理，後來成為總經理。

世界先進成立是為了生產標準的 DRAM，但它並不是台灣第一家從事 DRAM 的公司。1988 年至 1989 年的半導體晶片短缺，對台灣個人電腦產業造成了毀滅性的打擊，廠商無法等待政府的臨渴掘井、推動研究計畫取得必要的技術，在世界先進成立之前，至少已有兩家民間 DRAM 公司成立。第一家是由美國德州儀器和台灣最大的個人電腦供應商宏碁以 50：50 合資，於 1990 年成立的德碁半導體公司，幾乎與次微米計畫啟動的時間相同。德州儀器提供成熟的 0.8 微米製程技術給合資公司，用於生產 4M DRAM 進行銷售。乘著 DRAM 景氣週期的上升旋風，德碁很快獲得了商業上的成功。

另一家公司是茂矽，最初由台灣工程師在矽谷創立，為一家無晶圓廠晶片設計公司。它曾在 1980 年代返回台灣，尋求政府投資其晶圓廠，但沒有成功。DRAM 的強勁需求，最後讓茂矽有機會在 1991 年獲得太平洋電線電纜公司的投資，建立了自己的晶圓廠，而太平洋電線電纜公司是早期成功的傳產企業，也是華新麗華在電線電纜產業的主要競爭對手。在建立了自己的晶圓製造廠後，茂矽還併購了另一家無晶圓廠晶片設計公司華智，它也是工研院「VLSI 計畫」的技術合作夥伴。在世界先進進入市場之前，德碁和茂矽都已經開始了 DRAM 的生產。如果啟動 DRAM 產業是唯一的政策目標，那麼政府資助的「次微米計畫」就是多餘的；然而「次微米計畫」

---

11 訪談游啟聰，工業局次微米計畫經辦人，台北，2023/6/13。

確實為台灣產業提供了以本土自主技術生產的機會，而不仰賴國外技術。可惜的是，這個機會稍縱即逝，沒有充分發揮效果，也未對台灣 DRAM 產業發展帶來關鍵性的影響。

李健熙的警告：阻止不了台灣進入 DRAM 的決心

台灣啟動「次微米計畫」和民間企業企圖進入 DRAM 產業之初，即引起了韓國領先的 DRAM 生產商三星的注意。1989 年，三星董事長李健熙造訪台灣，並與幾位台灣研究機構（工研院）與業界（宏碁）領袖會面。那年三星剛剛推出了 16M DRAM 的第一個原型，並計劃在 1991 年開始量產，比台灣的「次微米計畫」的時間表整整早了五年。在訪台期間，李健熙試圖說服台灣產業和研發機構領導人不要進行 DRAM 相關計畫，他說三星已經站穩腳步，台灣永遠無法追上。他透露三星在 1988 年獲得了巨大的利潤，足以彌補自進入半導體生產以來歷年累積的虧損。

李健熙列舉出了三項三星的競爭優勢，說明台灣將難以超越。第一，三星財力雄厚，可以應對 DRAM 的起落週期，而台灣的半導體公司是由國家出資，不景氣時很可能被政府拋棄。第二，做為一家私人企業，三星經營效率高、反應靈活、適應性強，而台灣公司在管理上必須與官僚周旋。第三，三星在技術上已經自給自足，吸收了日本半導體製造商的所有技術，而台灣公司需仰賴外國技術。李健熙指出，三星招募了日本半導體公司的資深工程師，在週末時赴韓國為三星提供諮詢，以實現技術學習。

當年 47 歲的李健熙，霸氣凌人，他口若懸河、信心滿滿。史欽泰回顧這次對話，認為在第一和第三點上他對台灣 DRAM 產業失敗

的預測是準確的，只有像三星這樣財力雄厚的私人企業，才能忍受長期虧損，而像台積電或世界先進這樣的企業，在市場不景氣時，無法寄望政府的財務支持。而且生產 DRAM 的公司，只有依靠自主技術才能維持長期發展，進口外國技術只能做為短期解方。不過，李健熙的第二點意見則是對台灣官僚體系的誤解，台灣政府投資台積電或世界先進，並不介入經營。

李健熙於 1987 年剛接掌了父親李秉喆的三星集團，當時三星以生產電視和其他電子產品的低成本代工聞名，台灣是其勁敵。這可能是為什麼李健熙對台灣進入 DRAM 產業心存警戒的原因。製造 DRAM 的事業由他父親於 1983 年開始，但是年年都賠錢，一直到 1988 年才轉虧為盈。李健熙接管三星之後，決心完成父親遺願，透過 DRAM 生產，終於成功將三星由一家廉價代工廠轉型為頂尖高科技公司。

李健熙向台灣朋友提議，如果台灣真的想做 DRAM，可以做三星的代工廠，他將提供必要技術，技術授權費是 1 億美元。他邀請台灣朋友親自造訪三星，以核實他所聲稱的內容不假。當時台灣半導體產業的三位關鍵人物：張忠謀（時任工研院及台積電董事長）、施振榮（時任宏碁董事長）和史欽泰（時任工研院副院長，負責次微米計畫）接受了李健熙的邀請，實地參訪三星工廠。他們對所見所聞印象深刻，但仍決定按照原定計畫，繼續推進各自的 DRAM 工作。[12]

施振榮在被問及訪問三星的感想時表示，他對三星在 DRAM 產

---

12 吳淑敏，2016，《十里天下：史欽泰和他的開創時代》，台北：力和博原創坊，頁 77-78。

業上的巨額投資和先進的生產線印象深刻。他回憶，當時李健熙提到，三星如果沒有韓國政府的支持，特別是朴正熙總統的幫助，就不可能取得今天的成功。這意味即使三星財力耗盡，還有韓國政府會提供財政援助。儘管受到李健熙的嚴厲警告，施振榮還是決定進軍 DRAM 生產，並無可避免的與三星同台競爭。

他的堅持有兩個理由：首先 DRAM 是個人電腦的關鍵零件，而個人電腦是宏碁的核心業務；其次，DRAM 是半導體技術進步的原動力。[13] 史欽泰也繼續推動工研院的「次微米計畫」，因為他的使命是創造自主技術，用以支持台灣工業發展，不是為了獲取商業利潤而製造 DRAM。至於這次訪問對台積電的經營策略是否有所影響，並不清楚，但直到今日，DRAM 一向不是台積電營運的重點。

宏碁與德儀合作成立的德碁半導體，和當時的三星相比，擁有德儀提供的優越技術，在競爭上應該有信心。德碁生產的 DRAM 由德儀和宏碁對半分配銷售，對於德儀來說，該合資企業相當於一個合約製造商，可以降低製造成本和增加產能；對於宏碁而言，等於擁有一個獲取技術的平台、快速進入市場的敲門磚。合資雙方，各取其利。除世界先進之外，台灣其他的 DRAM 公司也都遵循了類似德碁的商業模式。但無論各家公司的技術來源如何，母公司出身什麼產業，這個商業模式最後都以失敗告終。李健熙兌現了他 1989 年的警告，三星將擊敗所有台灣的競爭對手。

13　訪談施振榮，台北，2023/6/8。

DRAM 的大躍進：金融市場與租稅優惠的加持

在世界先進成立之後的前兩年（1995 至 1996 年），適逢 DRAM 景氣上升期，商業上取得了立竿見影的成果，獲得了可觀的利潤。但隨後兩年（1997 至 1998 年），DRAM 景氣反轉，立即遭遇了巨額虧損。[14] 在 1994 年至 1998 年期間，台灣又創立了三家民間的 DRAM 公司，可以看出私人投資家對半導體產業的熱情，它們分別是力晶半導體（1994 年成立）、南亞科技（1995 年成立）和茂德科技（1996 年成立）。南亞科技的成立尤其說明了台灣私人企業對半導體產業的情感轉變。南亞的母公司台塑曾在 1987 年被政府邀約，成為台積電不情願的創始投資人之一，但當台積電於 1994 年公開上市時，台塑決定出售全部股份，相當程度表明了它對於一家由政府主導的公司缺乏信心。1995 年，台塑獨資成立南亞科技，顯示其對半導體其實有著濃厚的興趣。

這三家新進入者都是從國外 DRAM 製造商取得技術授權，力晶從日本的三菱、南亞科技從日本的沖電氣、茂德科技則從德國的西門子（後來的英飛凌）取得技術授權。私人資金搶進這個高風險產業，也顯示了台灣的金融市場，特別是股票市場，在這個階段已經足夠成熟，可以承擔較大風險。從 1987 年至 1994 年，台灣證券交易所上市公司的總市值從新台幣 1 兆 3,860 萬元增加至 6 兆 5,040 萬元，成長超過四倍，[15] 股票市場在 1987 年以後，受到貨幣供給增加和台幣大幅升值的影響，變得十分熱絡。同時，台灣股票市場對「高

---

14 佐藤幸人（2005），頁 171-172。
15 資料來自台灣證券交易所，以年底交易價格衡量上市企業市值。

科技」產業有強烈的偏好，這與「低科技」或傳統產業截然不同，後者被投資人視為是歷史的傳奇，沒有未來。由於資金取得容易，新創公司對高科技產業躍躍欲試，他們並不認為技術是個問題，因為技術可以透過授權輕鬆取得。

這場「大躍進」，使得台灣迅速成為全球 DRAM 的重要製造基地。成熟的 DRAM 製造商很樂意將他們的技術授權給台灣，因為隨著技術的進步，新晶圓廠的投資成本呈指數級上漲。當時恰逢半導體產業從 6 吋晶圓過渡到 8 吋晶圓的時期，使一座新晶圓廠的建造成本高達十億美元。為了節省資本支出，一些利潤較差的 DRAM 製造商，不得不將它們昂貴的新設備專注於生產較先進的 DRAM，成熟的產品則外包生產。它們授權技術給台灣 DRAM 公司生產成熟的產品，並回購其中一部分，掛上自己的品牌銷售。這種商業模式使它們能夠在有限的資本支出限制下，維持市場占有率。由於資本和工程師的成本較低，台灣企業在 DRAM 製造方面具有相對優勢。

除了蓬勃發展的股市提供了資金的來源，台灣政府的租稅優惠也有利於降低投資成本。例如自 1990 年以來實施的「促進產業升級條例」，提供五年免稅優惠，對象包括半導體產業，優惠內容為：（1）屬新投資創立者，自其產品開始銷售之日或開始提供勞務之日起，連續五年內免徵營利事業所得稅，（2）屬增資擴展者，自新增設備開始作業或開始提供勞務之日起，連續五年內就其新增所得，免徵營利事業所得稅。自 1995 年起，企業可以選擇五年免稅或投資抵減（投資額的 20%），做為租稅優惠的替代措施。

這些獎勵措施對於資本支出密集度高的半導體產業非常有利。根據摩爾定律，晶片中固定空間裡的電晶體數量每兩年就會增加一倍，這只能透過縮小電晶體的尺寸來實現；為了縮小尺寸，需要投

資精度更高的新設備。台灣的半導體產業每年將超過40%的收入用於資本支出，遠高於產業平均水平的25%，[16]優惠的稅賦待遇有利於高資本密集的半導體產業。在2010年「促進產業升級條例」被廢除之前，半導體公司幾乎不用繳納任何稅款。因此，稅收獎勵制度對1990年到2010年DRAM「大躍進」投資，可說功不可沒。

台灣廠商維持較高的資本支出對營收的比例，正好與將生產外包給台灣的外國DRAM品牌企業的高研發比例相輔相成。外國品牌商與台灣合約製造商之間的策略合作，似乎是挑戰傳統IDM模式的絕佳組合。傳統IDM模式將元件設計和製程技術整合在一家公司內，策略合作則由品牌公司負責元件設計，但製程技術與合約商共享，將尖端產品的製造保留於內部生產，而合約商負責生產成熟產品。然而，品牌公司因外包而無法擴大製造規模，漸漸失去投資新晶圓廠的能力，而台灣的合約製造商則侷限於製造成熟產品，又困於低利潤而難以開發新製程技術。儘管這種聯盟看似一種雙贏的方案，但在與真正的IDM競爭時，品牌和合約商雙方都處於不利的競爭地位。

隨著製程技術的進步，品牌商因規模劣勢，最終被迫放棄製造尖端產品，以及對尖端製程的投資。台灣的合約商，由於製程技術來源阻斷或者升級緩慢，也失去了在製造方面的相對優勢。最後品牌公司因為缺乏尖端產品，失去了在景氣時獲得重要且顯著利潤的能力，陷入經常性的虧損，連投資新產品設計的能力都喪失，最終迫使它們完全退出市場。此時，台灣的合約製造商變成無助的孤

---

16 馬維揚、林卓民，2005，「影響世界各國主要半導體廠商的因素分析」，《台銀季刊》，56（3）：頁20-37。

鳥，完全失去技術來源。換言之，看似分進合擊的戰鬥組合，最終只能分別戰死沙場，首尾不相呼應。台灣企業做為合約製造商，僅僅短暫延長了利潤較低的品牌公司的產品壽命，並沒有改變摩爾定律不斷推進的產業整合大趨勢。結局是，所有獲利較差的品牌都從市場上消失了。

舉例來說，南亞科技於1995年開始採用日本冲電氣授權的0.36微米技術進行DRAM生產，於1998年改與IBM合作，使用0.2微米技術，2002年再轉向英飛凌公司，採用90奈米技術。英飛凌於2006年將DRAM部門分拆出來，成立了奇夢達，南亞改與奇夢達簽約。冲電氣、IBM、英飛凌、奇夢達最後都相繼退出DRAM市場，南亞科技於2012年開始與美光合作。[17] 在將技術的合作對象從奇夢達轉向美光時，南亞科技甚至不得不將基本的DRAM元件結構設計從溝槽式改為堆疊式，等於是拆了老家重蓋，使技術學習的成果，多數都化為泡影。

大量的資本支出與大規模的產能，使得台灣DRAM製造商在本質上面對景氣循環更加脆弱。當一波衰退週期來臨時，所有的DRAM製造商都會遭受損失，只有財力雄厚的企業才能渡過難關。台灣DRAM製造商經歷了1992至1995年的繁榮期，但在1996年DRAM市場衰退時即發生虧損。而1996年至1999年的「蕭條」期既長且深，全球DRAM市場銷售從1995年的408億美元，到1997年只剩215億美元。景氣衰退導致台灣DRAM製造商都進入了「五十億俱樂部」，這是當時台灣媒體創造的諷刺語，意指一年內損失

---

[17] 楊喻文，「南亞科從拖油瓶變金雞母」，《財訊雙週刊》，659期，頁78-82，2022/5/10。

高達新台幣 50 億元的公司，德碁和世界先進都是該俱樂部的成員。1999 年，世界先進退出 DRAM 產業，由台積電收購，轉型為晶圓代工廠。接著台積電於 2000 年正式完成對德碁的收購，後者也成為了台積電代工產能的一部分。

1996 年至 1999 年的 DRAM 景氣衰退期，與 1997 年至 1998 年的亞洲金融危機同時發生，也對全球主要 DRAM 製造商造成了重大影響。除三星之外，幾乎所有韓國 DRAM 製造商都破產，接受了由國家制定的產業重組計畫。日本主要的半導體公司 NEC、日立、三菱也決定將它們的 DRAM 部門分拆，合併成為一家名為爾必達（Elpida）的獨立公司。美國半導體巨頭德州儀器則將整個 DRAM 業務，包括晶圓廠和專利權，出售給美光。另一家業界巨頭 IBM 終止了內部的 DRAM 生產，並開始從商業市場外購產品。這一齣產業洗牌的大戲，正是發生在千禧年結束之前。

在世界先進 DRAM 業務消失之後，張忠謀被問到為什麼台灣在製造邏輯元件方面取得了明顯成功，但在 DRAM 領域卻一敗塗地？他表示，台灣在 DRAM 方面失敗是因為缺乏產品設計能力。[18] 意即台灣只擁有製造技術，沒有產品設計能力，應該遠離 DRAM，因為產品設計對於 DRAM 至關重要。即使對於台積電這樣以製造服務為核心能力、無需在產品設計上競爭的公司，DRAM 也被認為是高風險產品。台積電在 1997 年年報中表示：「多年來，台積電透過將記憶體製造的比例限縮在總營收的一定百分比以內，策略性地減少記憶體市場的曝險。這一政策證明是成功的，使本公司在 1996 年免於

---

[18] 佐藤幸人（2005），頁 171-172。

在記憶體市場有如自由落體般下滑的市況下，受到重創。[19]」

然而，千禧年末的景氣衰退並沒有摧毀整個台灣 DRAM 產業。有一些企業倖存下來，並不是因為它們營運效率比其他公司高，而是因為它們的規模較小。雖然它們的利潤率低，且在價格下跌時容易出現虧損，但它們免於承受研發新技術的壓力。如果它們能夠熬過景氣的冬天，那麼當景氣週期回升時，DRAM 供應出現短缺，它們將再次活躍起來。對於背後有大型企業集團支持的 DRAM 公司來說，這種可能性尤其高，就好像百足之蟲，死而不僵。

2000 年全球 DRAM 市場確實開始上升，不久之後，晶圓尺寸由 8 吋升級到 12 吋，新晶圓廠的建造成本飆高至約 100 億美元左右，阻礙了小型企業的投資。倖存下來的台灣 DRAM 製造商抓住機會擴大產能。2002 年，台灣政府啟動了「兩兆雙星」的產業政策，將半導體產業指定為政策支持的重點，企圖打造一個產值新台幣一兆元的半導體產業。當時，台積電和聯電已經成為全球邏輯晶片的領先製造商，兩者合計占據全球代工服務市場70%左右，[20]因此「兩兆雙星」政策被理解為針對 DRAM 產業而設計，主要目的是想促使銀行向相關公司提供更多貸款。

經過千禧年的震盪之後，全球 DRAM 產業變得高度集中，韓國的三星和海力士、美國的美光，以及日本的爾必達，成為僅存的市場領導者。台灣公司的角色則是為美光和爾必達提供製造服務，使兩家非韓系廠商，在製造成本方面能與韓國的競爭對手平起平坐。隨著市場集中度提高，南亞科技遂與美光策略結盟，力晶則和茂

19　TSMC Annual Report 1997.
20　根據資策會資料，台灣在 2001 年全球晶圓代工市場占有率 73%。

德、爾必達結盟，除了技術合作外，台灣廠商還和聯盟夥伴設立合資企業，共同投資 12 吋晶圓廠，產能由合作夥伴共同擁有，台灣方面負責製造，而美光和爾必達按市場價格支付產品費用。

例如，在爾必達和力晶的聯盟中，力晶負責生產用於個人電腦的普及型 DRAM 晶片，爾必達則生產用於數位消費性電子、伺服器和行動裝置的儲存晶片。普及型商品的價格較低，且容易受到景氣週期的影響。這個聯盟讓爾必達能夠節省資本支出，以維持對新一代產品和製程技術的研發投資，因這些投資也不斷飆高。它們將這個聯盟稱為「虛擬 IDM」，並相信它們可以在效率上超越三星和海力士等真正的 IDM。[21]

然而，殘酷的現實證明「虛擬 IDM」並無競爭力。隨著 2008 年至 2009 年發生全球金融危機，所有 DRAM 製造商均陷入財務困境，對台灣 DRAM 公司和日本爾必達而言，財務健康尤為險峻。台灣政府啟動了一項紓困計畫，企圖將所有台灣 DRAM 製造商整合為單一企業，名為「台灣記憶體公司」，與爾必達策略合作，進行未來 DRAM 技術的開發。但是，由於政府未能成功協調不同 DRAM 公司間的利益與衝突，整合計畫最後胎死腹中，間接也導致爾必達倒閉的命運。

全球 DRAM 產業迎來的終章是：力晶、茂德、爾必達於 2012 年全部破產，由美光收購了爾必達及其在台灣的合資企業，做為東亞的製造基地。從此，全球 DRAM 市場由三大巨頭主導：三星、海力士和美光。在 2024 年，三大巨頭的市場占有率分別為：41.4%、

---

21 Willy Shih, Chien-Fu Chien, Venkat Kuppuswamy, and Yen-Liang Koai, 2009, "Powerchip Semiconductor Corporation," *Harvard Business School Case* 9-609-063.

27.7%、24.0%，形成一個完美的寡占結構。台灣 DRAM 製造商南亞科技和華邦是全球金融危機中少數倖存的小廠，以 3.1% 和 1.3% 的市場占有率排名全球第四和第五。[22] 台灣企業在 DRAM 領域的三十年冒險，若說是一場空，也不盡正確；說是「慘業」，也流於偏見。今天台灣仍保有巨大的 DRAM 製造能量，可以左右地緣政治的天秤，只是當初夢想的自主技術與創新產品，仍然只是夢想。

DRAM 代工模式為何失敗：技術不能自外部取得

由於產業結構的獨特性，台灣企業進入 DRAM 產業時，採用代工模式並不奇怪。然而，代工模式在邏輯晶片領域取得了驚人的成功，但在 DRAM 領域卻完全失敗了。在 2008 至 2009 年全球金融危機後，南亞科技轉向傳統 IDM 模式營運，並存續到今天。在記憶體產業中，另外兩個更小的參與者，華邦電子和旺宏電子，自成立以來一直遵循著 IDM 模式，也在大起大落的景氣循環中，存活至今，顯示 IDM 是 DRAM 或記憶體產業的唯一可行模式。

正如卡弗·米德在 VLSI 時代初期所預見的，代工模式僅在晶圓代工廠擁有先進的製造技術，得以協助專注於產品創新的無晶圓廠晶片設計公司實現其創新時，才具有意義。只擁有過時技術的合約製造商只能為客戶節省成本，無法實現產品創新。從米德的定義來看，它們並不是他所定義的「晶圓代工服務」提供者。

在 1980 年代末期，當台積電製造 IDM 廠商所捨棄的剩菜──成

22　根據 Trendforce 數據。

熟產品時，這僅僅是企業生存策略，而不是一種顛覆性的商業模式；[23] 只有當無晶圓廠晶片設計公司占台積電客戶中的大多數時，代工模式才變得永續可行；而只有當前沿技術被用於製造無晶圓廠晶片設計公司的創新產品時，代工模式才開始對產業產生顛覆性的影響。這是一個三步驟的演進過程，由不斷變化的客戶群所驅動，從垂直整合製造商的成熟產品，到技術落後的無晶圓廠晶片設計公司，然後到最尖端的無晶圓廠晶片設計公司。客戶的演進，體現晶圓代工廠技術的進步，也體現產業生態的變遷。

然而，在 DRAM 的領域中，晶圓代工模式被困在 IDM 剩菜的第一階段，合約製造商只能生產過時產品，處在低技術的陷阱中，無法自拔。與邏輯晶片的情況不同，在 DRAM 產業中的 IDM 永遠不會成為一家無晶圓廠晶片設計公司，因為它們必須依靠大規模生產尖端產品才能在無情的商業競爭中生存，因為 DRAM 是一種標準化的產品，應用範圍廣泛。在 DRAM 的產業中，像 SSI 或鈺創科技這樣的無晶圓廠晶片設計公司，他們所設計的利基產品，其實比 IDM 的成熟產品使用更老舊的技術。換句話說，邏輯晶片領域的無晶圓廠晶片設計公司是推動技術革新的原動力，而記憶體晶片領域的無晶圓廠晶片設計公司則沒有相同力量。

卡弗・米德主張將產品設計與製造分離，不是為了推進半導體技術，而是為了促進產品創新。如果不分離，產品創新很可能就會被製造成本卡死，沒有量產潛力的產品永遠不會被市場看見，因為它們無法突破製造成本的門檻。然而，這一理論並不適用於 DRAM，因

23　2023/3/16 在《天下雜誌》舉辦論壇中，張忠謀與 Chris Miller 對談，張忠謀說他經營台積電早期的任務是企業生存。

為DRAM始終需要大規模生產，產品的變化微不足道。就DRAM技術的發展而言，IDM模式優於分離模式，因為前者使產品開發和製程技術開發之間的溝通協調成本更低，這也是為什麼「虛擬IDM」永遠無法在記憶體領域與真正的IDM競爭的原因。管理學者傑佛瑞·馬克爾（Jeffrey Macher）透過以知識為基礎的企業理論解釋了這一點，他認為，在技術開發過程中，當待解決的問題結構不明確且複雜時，整合模式優於分工模式。[24]

施振榮將德碁公司的失敗歸因於技術母廠德儀的研發與製造分離的策略。他說第一批移轉到德碁的製程技術是來自於位在日本茨城縣美浦的德儀晶圓廠，當時德儀仍然在美國達拉斯總部保留了一部分DRAM的生產線。但隨著時間推移，美國產能逐漸被移除，到了1998年，當德碁陷入嚴重財務困難時，所有德儀的晶圓廠都已搬遷到海外，包括台灣、日本和義大利，而達拉斯不再有DRAM製造產線，只有研發團隊。施振榮總結說：「產品研發與在晶圓廠實際應用的製程技術之間缺乏整合，減緩了產品技術發展的速度，使德州儀器落後於三星。[25]」

即使是全球最成功的專業晶圓代工廠台積電，也在嘗試成為DRAM的代工製造商時遭遇了困難。1990年代初期，英特爾決定介入DRAM生產，組織了一些無晶圓廠晶片設計公司，成立了一個DRAM聯盟，試圖對抗日本DRAM製造商。該聯盟設計了產品，委託台積電生產，應用台積電1.25微米的製程技術。此合作案持續

---

[24] Jeffrey Macher, 2006, "Technology Development and the boundaries of the firm," *Management Science*, 52(6): 826-843.
[25] 訪談施振榮，台北，2023/6/8。

了大約一年，但由於產品產量低而失敗。在台積電退出後，英特爾與聯電簽訂代工合約，聯電甚至在台灣「完全精準複製」（copy exact）英特爾的生產線，但也以失敗收場。此外，西門子也曾向台積電提出代工 DRAM 的邀約，台積電要求西門子移轉其專有的製程技術以執行代工合約，但西門子拒絕了，合約也沒簽成。[26] 台積電明白，其自有的製程技術，雖然在別處堪用，但用來製造西門子的 DRAM 產品設計，並不是最佳組合。

南亞科技從代工廠轉型為 IDM 的經驗，可以證實在 DRAM 產業中 IDM 的優越性。南亞科的技術合作夥伴一路從沖電氣轉向了西門子，再到英飛凌、奇夢達，最後轉向了美光。自從 2002 年與英飛凌合作以來，除了技術授權外，雙方合作還包括共同研發和合資設立晶圓廠。通過共同研發，南亞開始積累一些知識產權（IP），合資晶圓廠的產能主要用於生產成熟 DRAM 產品，並與合作夥伴共同分享產能。與此同時，南亞科還運用合作夥伴授權的技術生產較先進、價格更高的產品，以自我品牌進行市場銷售。所謂技術授權，主要是產品設計的授權，通常附帶有生產數量和可銷售地域限制。當產品進入新的世代時，就必須重新進行授權協商，取得新的許可。

在 1997 年至 2012 年期間，這種商業模式讓南亞科技累積虧損達新台幣 1,610 億元。[27] 對一般企業來說，可能必須放棄這項業務，但南亞科技的母公司決定繼續經營，因為大多數 DRAM 競爭對手，無論國內國外，到了 2012 年都已收攤退出市場。南亞科技於 2013

---

26 訪談曾繁城，2023/5/21。
27 楊喻文，「南亞科從拖油瓶變金雞母」，《財訊雙週刊》，659 期，2022/5/10，頁 78-82。

年由母公司注資，進行了資本結構重組，並且轉型為傳統的 IDM，將合資的晶圓廠出售給美光，興建獨資的晶圓廠，並向 20 奈米製程節點邁進。2016 年，它進一步重建了一個研發部門來開發自主技術。自 2016 年以來，隨著 DRAM 景氣週期長期回升，南亞科技賺得的利潤足以抵銷先前累積的虧損。

　　IDM 模式在商業營運中的優勢顯而易見。首先，它使南亞科擴大了客戶群，可以聚焦於自身的核心優勢。南亞科技大多數的客戶在台灣或中國，而靠近這些客戶使南亞科技能夠提供更好的服務，這通常表現在產品設計的差異化上。做為一家生產規模較小的企業，提供更好的服務對爭取客戶至關重要，例如南亞科技為一家台灣手機系統晶片供應商提供了一些客製化的記憶體。因為客製化，所以能夠提高銷售價格，縮小與市場領導者之間的差距。憑藉自有技術，南亞科技還能夠推出一些過去沒有的新產品。產品組合的多樣化，增加了公司在景氣低迷期間的財務韌性，不像過去集中於普及型產品，景氣下滑時只有挨打的份。

　　IDM 模式的另一個重要優勢在於提高研發效率。做為一個代工廠，技術開發集中於製程，只有在客戶提供經過認證的產品設計後，才可能開發新一代的製程技術，時間上沒有主導權，而且代工廠和客戶間的溝通成本很高。代工廠的角色是被動的，幾乎不可能要求客戶更改產品設計來適應它的製程技術，只能自己調整技術，有時難免削足適履。相較之下，對於一個 IDM 廠而言，製程技術的進步和產品研發是一個連續的過程，不只主控性提高，降低了研發失敗的風險，也使得研發支出因應景氣變動，有更大調節的空間。

　　南亞科在改變公司的經營模式後，它的研發團隊學到了一個可以逐步引進新製程技術的方法。例如，如果目標是將製程從 20 奈米

提升到 10 奈米，可以分成三個步驟來完成，在每個步驟中，將電晶體尺寸縮小 3.3 奈米。在第一個步驟中，使用現有的產品設計做為引進新製程技術的載體，利用新製程的實驗室數據，再回去修改產品設計，使新製程可以創造出最佳化的晶片。如果這時晶片性能的進步已經創造足夠的市場價值，新產品就可以上市銷售，否則它將只是實驗室一個過渡性產品。研發團隊繼續進行第二個步驟研發，進一步縮小 3.3 奈米的電晶體尺寸，使用經過驗證的新產品設計，依此類推。[28] 這種研發循環，類似英特爾著名的「tick-tock」模型，即每一代技術節點都是透過先改進製程技術，縮小原產品設計的電晶體尺寸（tick），然後在新製程上引入新的產品設計（tock），完成一個技術循環。這樣的運作方式可以極大化研發投資的效益，但是只有當公司同時擁有、並控制產品設計和製程技術時，才可能實現。

---

28 訪談李培瑛，台北，2023/3/17。

第 5 章

日本的興與衰

美國發明了電晶體和積體電路後，開始主導了半導體產業的發展方向，而日本緊跟其後，對美國的主導地位構成了實質威脅。這種威脅在 1980 年代中期最為緊迫嚴峻，導致雙方的貿易衝突。貿易衝突導致了 1986 年美日雙方簽訂了「美日半導體協議」（US-Japan Semiconductor Agreement），這項協議限制了日本出口半導體產品的數量，並為這些出口產品設定了價格底線。這項協議為韓國製造商提供了發展契機，得以在全球半導體市場占有一席之地，最終取代了日本在記憶體晶片的主導地位。與此同時，產業生態也因此重塑，使得半導體設備之製造與半導體元件之製造分離，並將元件製造的焦點從記憶體轉向邏輯晶片，從而開啟了一條將產品製造與產品設計分離的道路。台灣的小型半導體製造商順應這一大趨勢，為美國無晶圓廠設計公司提供製造服務，也漸漸在全球半導體市場占有一席之地。

1980 年代中期的美日貿易衝突，是全球半導體產業發展的分水嶺，無意中為韓國和台灣兩個後進的競爭者鋪設了一條較容易成功的道路。此時半導體技術已經成熟，展現在 VLSI 和 MOS 電晶體技術上。從 LSI 到 VLSI 的進步，是半導體技術發展的重要里程碑，因為一顆晶片中可嵌入的電晶體數量，從數千個躍升至數萬，乃至數十萬個。[1] 電晶體數目增加後，電路可發揮的空間變大，透過產品設計的創新，大幅擴增了半導體的應用範圍。

半導體結構朝向 MOS 技術收斂，意味著產業進步動能，更可能來自技術上的累積，而不是來自顛覆性的發明。而累積性的進

---

[1] Glenn R. Fong, 1990, State, strength, industry structure, and industrial policy: American and Japanese experiences on microelectronics, *Comparative Politics*, 22(3): 273-299.

步,表現在晶片的微細化上,因此技術進步的焦點集中在晶圓的加工程序,在晶圓製程上表現出色,就有機會成為產業的主導者。技術的進步雖是累積的,卻是十分迅速的,製造商必須不斷升級技術的能力,才能在無情的產業淘汰賽中生存。1990年代英特爾的執行長安迪・葛洛夫曾說:「只有偏執狂才能生存(Only the paranoid survive)。[2]」事實上,能夠掌握資源、不斷投資於製造設備和研發的企業,才能在半導體產業競爭中生存。本章將關注日本半導體產業的興衰,以及美國的國家政策和商業策略在這一過程中所扮演的角色。

日本超大型積體電路計畫:80年代超越美國的關鍵

戰後剛剛復興的日本工業,迅速抓住了電晶體發明所創造的商機,將它應用於無線電收音機等消費性電子產品上。由於貝爾是獨占企業,美國法律要求貝爾實驗室,必須將電晶體技術和專利提供給所有企業運用,包括日本公司在內。日本的電子業廠商,是最早從貝爾實驗室取得技術授權的,它們投入了大量資源開發製造電晶體的技術。製造技術是貝爾實驗室的商業機密,不在免費授權範圍內。日本的電子公司都是垂直整合模式的企業,即完全由內部設計產品、生產原材料、零組件、開發設備和製造產品。

在1950年代和1960年代,日本公司積極投資於電晶體和後來

---

[2] Andrew Grove, 1997, *Only the Paranoid Survive: How to Exploit the Crisis Points that Challenge Every Company*, New York: Harper Collins.

的積體電路研究,[3] 他們生產的電晶體及積體電路,主要用在自家的終端產品中,不單獨在市場上銷售。這個情形與美國產業不同,在美國的半導體產業中,主要的商業生產商,如快捷半導體、德儀、英特爾,在產業早期迅速崛起,直接在市場銷售半導體元件。日本廠商與美國最大半導體產業製造商 IBM 類似,一直到 1980 年代末期,IBM 仍自產半導體元件,自用於製造電腦,不對外銷售。不過當時日本企業的技術和 IBM 無法相提並論。

在 1950 年代和 1960 年代,日本製造商正在學習和追趕美國的技術,它們購買了美國的半導體設備、元件和材料,並與美國公司簽訂代工服務合約。與早年依賴國防工業支持的美國半導體企業不同,日本半導體企業從一開始就是以商業應用為主。在 1958 年,國防採購占美國半導體(包括電晶體和積體電路)銷售額的 38%,到了 1968 年,比例維持在 21%。如果只看積體電路市場,1962 年美國的國防採購則占了 100% 的比例,此後逐漸下降,但 1968 年仍保持在 38%。[4] 相較之下,日本企業主要依賴消費性電子產品,如收音機和計算機。

電晶體收音機是 1950 年代電晶體最重要的商業應用。1955 年,日本索尼(SONY)向消費市場發售了第一台電晶體收音機,僅比美國國防部向企業訂購的第一批收音機晚了三年。[5] 索尼的全電晶體收

---

3 相田洋,1996,《電子立國:日本の自伝敘》,東京:NHK 出版社,第 4 集,頁 100-157。

4 Daniel Okimoto, Takuo Sugano, and Franklin Weinstein, 1984, *Competitive Edge: The Semiconductor Industry in the US and Japan*, Stanford, CA: Stanford University Press, p.84, Table 4.

5 相田洋(1996),第 2 集,頁 170-171。

音機掀起了一股消費熱潮，隨後東芝、日立、NEC、富士通等公司紛紛跟進。日本的電晶體收音機席捲了全球市場，成為國家的象徵。拜收音機的熱潮之賜，1959年日本一共生產了8,650萬顆電晶體，成為全球最大的生產國。[6] 小小的電晶體在顯微鏡下，以精巧的手工接線組裝，需要有良好的手眼協調能力，當時大批穿著白色制服的日本年輕女工，在顯微鏡下勤奮而有秩序的工作，被暱稱為「電晶體女孩」（transistor girls），她們是1950年代日本的產業戰士，無疑是戰後日本工業復興的重要支柱。[7] 隨著1960年代日本工資的上漲，電晶體組裝線開始向海外移轉，首先是到台灣和韓國，這兩國和半導體產業有了第一次接觸。

美國發明積體電路之後，日本電子公司再次開創了商業應用的新領域，而美國相關的企業則因依賴軍事採購，在商業上反而著墨較少。從1960年代後期開始，日本新興的電子公司將桌上型計算機做為積體電路應用的殺手級產品。這些新興的小規模日本製造商，和傳統的日本財團無關，它們進口美國的微晶片來驅動它們的計算機，特別是在美國企業開發了用於手持計算機的單晶片之後。[8] 例如領先計算機市場的夏普，從洛克威爾（Rockwell）進口大部分微晶片，佳能（Canon）從德州儀器購買，理光（Ricon）則從昇陽電腦（Microsystems Inc.）購買。[9] 日本計算機製造商之間的激烈競爭，轉

6　Yui Kimura, 1988, *The Japanese Semiconductor Industry: Structure, Competitive Strategies, and Performance*, Greenwich, CT: JAI Press, p.51.
7　牧本次生，2021，《日本半導体復権への道》，東京：ちくま書房，頁160-161。
8　Kenneth Flamm, 1996, *Mismanaged Trade: Strategic Policy and the Semiconductor Industry*, Washington DC, Brooking Institution Press, pp.72-73.
9　Ross Knox Bassett, 2002, *To the Digital Age: Research Labs, Start-Up Companies, and the Rise of MOS Technology*, Baltimore: Johns Hopkins University Press, p.267.

化為美國半導體公司在設計 LSI 晶片上的較勁,大多數計算機晶片都是客製化的。剛成立不久的英特爾也在日本找到相對規模較小的計算機製造商大日本計算器株式會社(Busicom)為客戶,此合作關係促成了 1971 年世界第一款微處理器(microprocessor)的發明,這款微處理器原本是為 Busicom 創造可贏得日本計算機市場的祕密武器。

日美企業的商業合作,是一個典型雙贏的策略。夏普一位前主管曾如此回憶夏普於 1969 年推出最暢銷的手持計算機 Micro-Compact QT-8D 的情形:

「我們用飛機從 Rockwell 運來了 6,600 片 3 吋晶圓,這些晶圓中共含有 200 萬顆 LSI 晶片。我們優秀的女性操作員從晶圓上把晶片一顆、一顆切割下來,它們是 3 毫米大小的晶片,再將晶片放在引線框架上,在顯微鏡下,用金線連接晶片的 40 個焊點……五顆晶片加上一些其他電子元件,組成一台計算機,而這 200 萬顆晶片可製造 40 萬台計算機。夏普向 Rockwell 支付了 108 億日圓(約 3,000 萬美元)的晶圓費用,即平均每顆晶片 5,400 日圓,或每台計算機的晶片費用是 27,000 日圓。做為市場上的領導者,我們的計算機一台售價是 99,800 日圓。[10]」

這是一筆不錯的生意,Rockwell 的晶片占夏普計算機成本約 27%,而當時日本計算機席捲全球市場,成為早期推動 MOS 技術發

---

10 相田洋(1996)第 5 集,頁 212。

展的原動力。相較於雙極型（bipolar）半導體，MOS 技術在功耗方面具有優勢，適合計算機使用。

然而，這種友好的合作關係並沒有持續太久，因為日本半導體公司縮小了與美國同業的技術差距，而日本國內對半導體元件的需求快速增加，促進了國產化，並逐漸育成了日本的半導體設備和材料供應鏈。1976 年，日本通商產業省（簡稱通產省，現改名為經濟產業省）啟動了一項名為「VLSI 計畫」的大型研究計畫，目標是將國產技術推向新的里程碑。「VLSI 計畫」是受到 IBM 新一代電腦 Future Systems（FS）計畫的刺激，FS 計畫則是因 1973 年德力斯公司（Telex）對 IBM 提起的反托拉斯訴訟而被揭露出來。依照 FS 計畫，IBM 預計在 1980 年代初期開發一台配備百萬位元記憶體的新電腦，其記憶體容量是當時 DRAM 的一千倍。通產省希望提升日本在半導體設計和製造的能力，以跟進 IBM，為新一代電腦奠定基礎[11]。換句話說，日本政府計畫的最終戰略目標是電腦（指的是大型計算機，而非個人電腦），而不是半導體本身。「VLSI 計畫」將日本的半導體產業提升到了一個新的水平，隨著個人電腦的繁榮成長，日本主宰了全球 DRAM 市場。不過日本的半導體業者，許多也製造大電腦，但技術落差大，從未真正或企圖挑戰 IBM 的地位。

在 1976 年，通產省邀請了五家重量級公司，共同組成「VLSI 研究聯盟」，這五家公司都是「綜合電氣製造商」，有多條產品線，包括商用計算機，它們也都有自己專用的半導體廠。這五家分別是 NEC、日立、東芝、富士通、三菱。通產省在 1976 到 1979 的四年

11　相田洋（1996）第 7 集，頁 227-228。

期間，一共撥款了 740 億日圓的預算（約 2.36 億美元）資助 VLSI 聯盟 40% 的開銷，其餘 60% 則由聯盟成員自行負擔。[12] 該聯盟成立了一個中央實驗室，每家公司各自派遣科學家和工程師到此地進行共同研究，共同研究的成果可以帶回各自的公司進行商業化應用研究。

VLSI 聯盟基本上是「綜合電氣製造商」的聯盟，這些公司隸屬日本的主要財團，壟斷日本的消費電子市場。這個聯盟結構，對日本後來半導體產業發展有深遠影響。許多小公司被排除在聯盟之外，例如沖電氣，它是日本當時第一家採用商用電子顯微鏡的公司，也是全球最早購買電子束（e-beam）微影設備的公司之一。[13] 它有強烈的企圖心，卻沒有被邀請進入聯盟。後來沖電氣尋求和台灣的工研院電子所合作，由示範工廠協助它們代工製造產品。

「VLSI 計畫」推進了日本半導體製造商在 64K 和 256K DRAM 的製程技術，使日本企業比美國企業更早向市場推出這些半導體元件。這是一個很好的時間點，因為經歷 1974 至 1975 年的嚴重衰退之後，市場對半導體的需求在 1970 年代末期剛剛恢復。[14] 從 1970 年代末期到 1980 年代初期，隨著 64K 和 256K DRAM 的相繼推出，日本在半導體市場占有率大大提升。在「VLSI 計畫」推出之前，日本在全球市場的占有率為 28%，到了 1985 年，日本的市場占有率已超過美國，達到了 43%，並且還在持續攀升中，最後達到了 1988 年高

---

12 Flamm (1996), p.96.
13 史欽泰曾參觀沖電氣位於八王子的半導體工廠，對電子束微影設備印象深刻，回國後與該設備供應商簽了一份採購意向書，後來評估電子所無能力使用，請工研院方賢齊院長出面和對方解約。
14 Lawton (1997), pp. 214-216.

峰的 52% 全球市占率。1980 年代是日本市占率上升、美國市占率下降的十年，也是美日之間，貿易和政治激烈衝突的十年。

除了製程技術外，「VLSI 計畫」對日本半導體設備和材料產業的興起，也發揮了重要的作用，特別是在微影技術領域。垂直整合模式的日本製造商，傳統上傾向於在內部製造設備，或僅從集團內的關係企業採購設備，獨立的設備製造商很難在日本的產業結構中找到立足之地。以東芝為例，它自行製造了大約 50% 的半導體設備，日立的內製比例甚至更高。[15] VLSI 聯盟為一些獨立設備供應商提供了參與聯合研究的機會，如佳能和 Nikon，它們被聯盟委託開發微影設備，利用對美國 GCA（Graphic Corporation of America）的尖端設備進行分解和仿製，以開發類似的產品。聯盟提供開發成本的補貼，並保證購買開發出來的設備。後來它們成功製造了當時最先進的光學步進式曝光機（optical stepper），它們開發的鏡頭可運用於次微米的製程，這是「VLSI 計畫」所設定的目標。其他參與者包括：在光罩方面的大日本印刷和凸版印刷、在電子束設備有日本電子株式會社（JEOL）、離子佈植機的日本真空技術公司（Ulvac），晶片測試機的愛德萬（Advantest），以及在沉積和蝕刻設備的國際電氣（Kokusai Electric）等。[16]

「VLSI 計畫」使這些專業設備供應商，獲得和元件製造商並肩工作的機會。在 VLSI 計畫之前，日本國內自產的半導體設備僅占 20%，此計畫完成後，日本國產的半導體設備增加到了 70%。[17] 使日

15　Okimoto, Sugano, and Weinstein (1984), p.63.
16　Flamm (1996), p.105.
17　黑田忠廣，2023，《半導体超進化論》，東京：日本經濟新聞出版，頁 105。

本從1970年代的半導體設備進口國，到了1980年代轉變為出口國。當產業的技術進步是累積而成、而非跳躍式的創新時，設備製造商在製程技術的進步當中，扮演著關鍵的角色。在半導體早期創新的階段，設備是半導體元件製造商的商業祕密；當技術的進步以累積性為主時，生產設備則成為進步的驅動力。設備製造商必須吸收使用者的生產經驗來開發新設備，使製程技術一代又一代的升級。在日本企業集團中，彼此的緊密合作關係有利於知識交流，使技術的累積更快速有效。1980年代是產業的分水嶺，到了1990年，全球前六大半導體設備供應商中，就有五家是日本公司，第一大是東京電子（東京威力科創），第二大是Nikon；愛德萬、佳能和日立則分居第四、第五和第六，[18] 唯一進入前六名的美國設備商是應用材料（Applied Materials），排名全球第三。

Nikon和佳能在微影設備領域的崛起，是日本VLSI研究聯盟重要的成就。微影技術本來起源於美國，但由於成本和可靠性的優勢，Nikon和佳能從1980年代開始，逐漸主導了微影設備的供應。到了1990年，日本製造商在微影設備市占率達到了59%，遙遙領先美國製造商的29%。[19] 每當製程技術轉向新的節點時，微影設備通常是技術升級的第一個步驟。日本在微影技術上的領先，正反映了製程技術上的領先，這迫使美國半導體元件製造商，若想導入新的製程技術，搶先推出新一代產品，就必須與日本的微影設備供應商合作。換言之，美國產品的首發權，掌握在日商的手裡。

---

18 Dong Sung Cho, Dong Jae Kim, and Dong Kee Rhee, 1998, Latecomer strategies: Evidence from the semiconductor industry in Japan and Korea, *Organization Science*, 9(4): 489-505.
19 Larry Brown and Judy Shetler, 2000, *Sematech: Saving the US Semiconductor Industry*, College Station, Texas, Texas A&M Press, p.111.

日本半導體產業的發展是商業應用（含消費與工業應用）所驅動，美國則是由軍事應用驅動；市場條件不同，因此商業策略也不同。在商業應用中，成本效率是主要的考量因素，軍事應用則強調技術的優勢。日本半導體製造商透過提高製造良率和產品可靠度來提升競爭力，而美國製造商則透過產品創新來競爭，成本相對不重要。日本企業將大部分資源投資於製造能力的精進上，美國企業則相當程度忽略製造，正是製造能力的差距導致美國企業在 1980 年代失去了市場。當 MOS 電晶體製造的 DRAM 成為半導體市場的主流產品時，製造能力的高低決定了美日競爭的勝敗。

從傳統的雙極電晶體轉換到 MOS 電晶體，是 1970 年代末期半導體產業重要的技術變革，[20] MOS 的優勢是低功耗，但缺點是速度慢，而雙極電晶體則正好相反。從雙極到 MOS 技術的轉換，表明了在商業應用中，功耗成為關鍵的考慮因素。當 MOS 電晶體的尺寸不斷縮小時，電子流的傳輸速度不斷提高，彌補了它原先在速度上的劣勢。MOS 最終被證明是高密度電晶體的完美結構，為後來各種消費電子產品提供創新引擎。DRAM 是最早採用 MOS 技術製造成功的產品之一，用於取代大型電腦中傳統使用的磁芯記憶體。[21] 1980 年代後，個人電腦市場爆炸性成長，對 DRAM 的需求超音速的飆升，日本製造商以成本和品質壓倒了美國同業。在 IBM 個人電腦初試啼聲的 1981 年，日本製造商已經占據了全球 DRAM 市場的 69.5%，而包括摩托羅拉、英特爾、德州儀器在內的美國商用製造

20　Bassett (2002).
21　Dieter Ernst and David O'*Connor, Competing in the Electronics Industry: The Experience of Newly Industrializing Economies*, Paris: OECD Developing Center Studies, 1992, p.64.

商，僅占 30.5% 的市場。[22] 不過以上數據不包含自產自銷的 IBM，它仍是當時全球 DRAM 最大製造商。

從 1983 至 1984 年左右發生的技術變革，確定了 MOS 技術的特定結構，即 CMOS，對美日競爭力的消長，也有重要影響。CMOS 正是日本產業投入最多研發資源的領域，這項變革使日本半導體企業如虎添翼。在此之前，NMOS 是成本最低的 MOS 結構，也是美國半導體公司最擅長的技術。因為微影設備步進式曝光機的發明，使 CMOS 生產成本下降，NMOS 的優勢喪失。本來 NMOS 相較於 CMOS，在製程中使用較少的光罩，可以維持較高的良率，步進式曝光機使 CMOS 所需的光罩數目減少，兩者的成本差異變得無關緊要。[23] 此後 CMOS 遂成為邏輯和記憶晶片的通用電晶體結構，直到今天。台灣也因為 1975 年最初引進半導體技術時選擇了 CMOS，因而得利。

美日半導體協定：韓國 DRAM 產業漁翁得利

1980 年代初，日本廠商領先推出 64K 和 256K DRAM 進入市場後，美國和日本半導體產業之間的衝突開始加劇。激烈的商業競爭，加上 1984 至 1985 年間 DRAM 市場進入衰退期，使得許多美國半導體廠商面臨重大虧損。1985 年，美國半導體行業協會（SIA）根據《1974 年貿易法》第 301 條，對日本半導體製造商提起不公平競爭訴訟，SIA 還與美光一起對從日本進口的 DRAM 提出反傾銷訴

---

22 牧本次生（2021），頁 166。
23 Ernst and O'Connor (1992), p.66.

訟；幾乎同時，英特爾、超微和國家半導體也對自日本進口的EPROM（erasable programmable read only memory）提出反傾銷訴訟。一系列的法律訴訟迫使日本政府進入倉促的貿易談判，最終於1986年9月簽署「美日半導體貿易協定」，隨後美國政府撤銷了所有反傾銷和不公平貿易的訴訟，以回報日本在貿易協定中所做的讓步和承諾。

「半導體貿易協定」有效期五年（1986至1991年），期間日本政府同意限制對美國的半導體出口數量，並監控出口價格和生產成本，以確保出口價格高於生產成本，或反傾銷法所定義的「公允價值」（fair value）。而此價格下限也適用於第三方市場，如歐洲和亞洲。美國政府聲稱日方還同意在五年內，將國內半導體市場的進口比例提高至20%；但日本政府在1991年檢驗貿易協定成果時，否認存在此數字目標。

為了執行「美日半導體貿易協定」，日本政府在通產省之下成立了特別工作小組，透過出口許可證控制出口數量。這個工作小組收集了各個公司的生產成本數據，訂定出口的最低價格，以確保出口價格保持在「公允價值」之上，符合協定的承諾。工作小組甚至建立了市場需求和供給的模型，以預測價格的變化，據此向日本半導體廠商提供出口定價建議，並指導它們生產和投資的規畫。在通產省的行政指導下，日本半導體產業像卡特爾一樣，協調有序地運作了五年。[24]

此項細密的官民合作出口管制計畫，果然成功使美國市場的

24　Flamm (1996) pp.176-178.

DRAM 價格止跌回升。在貿易協定涵蓋的五年間，DRAM 的主流產品正從 256K 轉到 1M。過去，DRAM 市場的價格規則是：當新一代產品量產之後，前一代產品的價格即大幅下降。然而，貿易協定中規定，無論產品世代如何更迭，出口價格都應高於所謂的「公允價值」（生產成本加上合理利潤）之上。這個「公允價值」的規則阻止了前代產品價格的下跌，這為後加入的韓國 DRAM 製造商，提供了價格保護，當時它們只有能力生產舊世代的產品。「美日半導體貿易協定」因此成了韓國半導體產業的救世主。

例如在協定之前，三星一度停止 64K DRAM 的生產，為虧損止血，但在協定簽訂後，三星又重新恢復生產。[25] 此外，因日本廠商必須自我限制生產量，也讓三星有機會彌補市場的缺口。對日商來說，因為出口數量受限，會優先生產價格相對高的 256K 產品，放棄價格相對低的 64K 產品，這剛好為三星創造了市場機會。三星抓住這個機會，瘋狂擴大產能，到了 1991 年，已成為世界上最大的 1M DRAM 製造商，超越任何一家日本公司。在貿易協定的後期，DRAM 產品由 1M 轉向 4M，日本廠商在加速生產 4M DRAM 時，也無法大幅削減 1M 產品的價格，迫使它們將該市場拱手讓給三星。日本廠商稱此為「用利潤交換市場占有率」的策略，[26] 而這個策略為技術落後、急需提高市占率以求生存的韓國業者，提供了一條活路。在協定結束後，因為別的理由，韓國廠商的市占率持續上升，終於威脅到日商的生存。

協定無意中為韓國半導體廠商帶來商機，但長遠來看，它對美

25　Flamm (1996), p.168.
26　Flamm (1996), p.222.

國半導體製造商的命運似乎沒有重大影響,即使它可能在短期內避免更多的美國企業倒閉。當 1986 年簽署「半導體貿易協定」時,只有美光、國家半導體、摩托羅拉、德州儀器等公司持續生產和銷售 DRAM,IBM 則保持自產自用的經營模式,其他公司,如英特爾和快捷,先前就已經放棄 DRAM 的生產。當 1991 年「半導體貿易協定」到期時,儘管 DRAM 價格已經回穩,並沒有任何一家美國生產商重新進入 DRAM 市場。協定期間,摩托羅拉其實已經不自己生產 DRAM,而是由日本廠商代工,德儀也逐漸減少國內生產,增加海外(主要是日本)產量。

在貿易協定期間的 1989 年,當 DRAM 供不應求時,IBM 發起一個聯盟提議,企圖聯合一些個人電腦和半導體企業進行 DRAM 的合作生產,以緩解 DRAM 短缺的問題。IBM 承諾將其最先進的 4M DRAM 元件設計捐贈給該聯盟,由成員共同投資晶圓廠進行生產,但此聯盟從未實現。[27] 這顯示了美國此時已經失去了生產 DRAM 方面的相對優勢,而這個局面並無法透過貿易干預來扭轉。最終,德儀和 IBM 都在 1990 年代末期停止 DRAM 生產,美光成為碩果僅存的公司。

對日本生產商來說,在貿易協定的五年期間,產能擴張確實受限,可是很難將日本半導體產業最終的衰敗歸咎於這個限制,因為貿易協定並沒有限制研發投資。日商雖減少產能投資,但仍積極投資於研發,因此在協定期間,日商在技術上依然領先美國和韓國的競爭對手。1991 年協定結束時,日本廠商毫無爭議地仍居尖端的

27　Flamm (1996), p.225.

4M DRAM 生產的主導地位。其實協定使它們得以一個卡特爾運作，在通產省的行政指導下，最佳化它們的產品組合，利潤豐厚，有足夠能力投資於新產品開發。事實上，日本 DRAM 廠商的衰頹，是從 1991 年以後才開始，而且另有原因，將在稍後討論。「美日半導體貿易協定」在 1991 年結束後，簽署了第二階段協定，涵蓋 1991 年至 1996 年，但第一階段協定的核心條款，即出口和生產控制被取消了，改而強調兩國間的政策協調，使協定變成了無牙齒的老虎。

SEMATECH：重振美國半導體設備競爭力

半導體具有明顯的軍事應用潛力，自發明以來便得到美國國防部的諸多支持，但美國政府從未以產業政策的形式支持半導體發展。這裡的產業政策指的是政府針對提升產業全體或產業中某特定企業的競爭力給予支持措施。美國的政治哲學，正如獨立以來經濟發展模式所反映的，只有具競爭力的企業才適合留在市場上，競爭力不夠的企業應當自然淘汰。美國國防部雖然一直是半導體產業研究的支持者，和半導體元件的採購者，但國防部的目的是取得軍事應用的半導體技術，而不是創建或支撐一個產業。例如在 DARPA 的計畫下，美國國防部提供了一種成本加成的合約，用於購買由 DARPA 補助的研究計畫所開發的半導體元件；但國防部從未在半導體產業中「選擇贏家」（picking the winner），這是其他國家中常見的產業政策。1987 年成立的 SEMATECH，一般被認為是美國政府採取的第一個產業政策，旨在支持美國半導體企業贏得市場的競爭。[28]

28　Browning and Shetler (2000), p.viii.

這個不尋常的政策，背離美國的政治哲學，由國防部主導推動。國防部主要是擔心美國未來可能無法自主製造武器，必須依賴日本提供半導體元件，國防部無法接受這樣的情境。國防部於是與美國半導體產業協會聯手發起成立一項名為 SEMATECH 的研究組織，支持半導體企業研究改進製造技術，目標是從日本手中重新奪回半導體產業的領導地位。SEMATECH 於 1987 年 8 月正式註冊為一家非營利公司，創始成員包括 IBM、英特爾、德儀等 14 家美國主要的半導體公司，皆為垂直整合製造商（IDM）。SEMATECH 成立後的五年（1987 至 1992 年），每年都有高達 2 億美元的研究預算，其中一半來自國防部撥款，另一半來自參與成員的投資。1992 年後 SEMATECH 轉型為獨立自主的公司，後來也吸收非美國公司為成員，如台積電，營運至今。

　　正如其名，SEMATECH 的核心工作是製造技術，SEMATECH 的發起人認為，美國擁有半導體的大部分技術，日本唯一超越美國的領域是製造技術，反映在產品的品質和產量上，只要振興製造技術，美國就可以奪回產業的主導權。該組織的具體目標是開發下一代半導體元件的製造技術，使用 4M DRAM（由 IBM 提供設計）和 64K SRAM（由 AT&T 提供設計）做為載體，進行製造技術的研究，目的是要超越日本。當時日本在 256K 和 1M DRAM 的製造技術領先美國。SEMATECH 的研究重點包括三部分：製程技術、製造設備、電腦輔助自動化製造系統。在初步運作後，該計畫很快將重點集中到元件製造商和設備製造商之間的合作。換句話說，它將資源集中在改善美國產業的基磐，而不是特定技術。這個重要決定恢復了美國在半導體設備開發的競爭力，從日本手中奪回了領導權，這

也被認為是 SEMATECH 最具體的成就。[29]

在半導體產業的萌芽階段,大多數設備都是由元件製造商內部自行開發製造,只有當產業發展到一定的規模以後,獨立專業的設備供應商才開始出現。美國最早的獨立設備供應商之一應用材料(Applied Materials),成立於1967年,是在積體電路發明後的十年。半導體元件製造商通過元件設計和晶圓加工技術(製程技術)的創新,推動晶片的進化。它們委託設備供應商創建符合製造目的的設備,但始終小心保護它們的商業祕密,不與設備供應商分享,也很少回饋它們在實際運作設備後的經驗數據,讓供應商改良設備,反而經常為了更低廉的價格而更換供應商。換句話說,美國半導體元件製造商和設備供應商之間,幾乎沒有合作關係、知識分享、相互學習。

日本企業之間的關係與美國顯著不同。日本的設備供應商,如同其他上游供應商一樣,若不是財閥的關係企業,就是與半導體元件製造商維持長期的合作關係。早年,日本大多數半導體設備都是針對特定企業設計的,由半導體元件製造商和設備商共同開發,一旦開發完成、導入生產線後,設備所體現的技術就限制了元件製造商未來的技術路徑,從而鎖定了一種和設備商之間的長期夥伴關係。[30] 這種美國產業不存在的長期夥伴關係,為日本半導體設備商和元件製造商的知識共享與共同創新,奠定了重要基礎,也成為日本

---

29 Peter Grindley, David C. Mowery and Brian Sullivan, 1994, "SEMATECH and collaborative research: Lessons in the design of high-tech consortia," *Journal of Policy Analysis and Management*, 13(4): 723-758.

30 Yoshitaka Okada, 2000, *Competitive-cum-Cooperative Interfirm Relations and Dynamics in the Japanese Semiconductor Industry*, Tokyo: Springer-Verlag, p.94.

半導體設備一時領先美國的主要原因。

日本的半導體製造商願意嘗試可能會有缺陷的設備,並願意提供生產線數據回饋,以促成設備的改良。大多數日本設備供應商最初是進口商,或是向美國廠商取得授權來學習製造設備。但由於它們與國內用戶更緊密的合作,許多設備商後來都超越了它們原本的技術母廠。例如,東芝曾經從 GCA 購買微影設備,GCA 是微影技術發明者,東芝曾一度向 GCA 提供機器操作數據,給予改善機器功能的建議,但遭到 GCA 斷然拒絕。東芝於是將這些數據提供給日本的微影機製造商,促使佳能和 Nikon 生產出更優良的機器。[31] 做為元件製造商的長期合作夥伴,日本設備商通常會將它們開發出來的機器先提供給日本客戶使用,過一段時間後才會讓美國客戶購買。

SEMATECH 的任務是將美國半導體元件製造商和設備商聚集在一起,分享它們原本視為商業機密的知識,以開發下一代製造設備。正如代表聯邦政府擔任 SEMATECH 顧問的聯邦諮詢委員會(Federal Advisory Council)在 1989 年的報告中指出:「SEMATECH 打算在晶片製造設備的每個場域,維持或創建一個世界級的美國供應商。僅在特殊的情況下,會建立第二供應源,例如備選公司使用完全不同的技術架構,或者這項設備本身是高風險、高回報的投資機會。SEMATECH 整體的戰略目標,就是擺脫依賴外國設備供應的風險,這是企業無法單獨實現的。[32]」這項報告顯示,委員會認為設備是半導體產業的公共財或基磐建設,需要透過共同努力來創建或維繫。委員會也意識到,在開發和製造新設備方面存在規模經濟現

31　Brown and Shetler (2000), p.123.
32　Brown and Shetler (2000), p.104.

象,因此每個場域只有一個設備供應商,才是最佳的解決方案。

SEMATECH 隨後出面甄選美國設備製造商參與共同研究計畫,由半導體元件製造商分享它們的製造數據,幫助設備商改善設計,並為每一個開發的設備提出需求和規格,訂定統一標準,使設備都能以模組化的方式獨立進行開發,再整合成一個系統。標準化和模組化不僅有助知識的分享,也使得設備的開發與製造得以全球化。全球化加劇了設備市場的競爭,為產業的後來者,如台灣和韓國廠商,降低了進入半導體產業的門檻。它們沒有能力客製化自己的設備,但可以獲得市場上最佳的設備;這類設備的取得雖然有些延遲,但已經過先行者測試和改良,保證可以成功生產。

除了技術改進外,SEMATECH 還肩負進口替代的使命。SEMATECH 透過加強設備製造商與客戶之間的合作,幫助美國半導體設備產業奪回競爭力,許多美國設備製造商重新在市場上崛起,超越日本的競爭對手,包括應用材料、科林研發(Lam Research)、科磊(KLA)等。直到今天,美國半導體設備的全球市占率,仍高於日本。

但有一個顯著的例外,就是發明微影設備的 GCA,在 1980 年代中期之前,它是主宰微影機市場的製造商,但市場逐漸遭日商侵蝕。儘管它是 SEMATECH 特別關愛的公司,獲得預算上的特別資助,市占率仍無法止跌回升。到了 1990 年,美國在微影機市占率只剩下 29%,而日本的市占率則上升到 59%,GCA 最後也破產關門,走入歷史。[33]

33　Brown and Shetler (2000), p.111.

美國半導體產業的復興：英特爾的微處理器獨領風騷

1980 年代是美國半導體產業最黯淡的十年，與日本競爭對手的一連串貿易衝突，是這段灰暗歲月的縮影。1990 年代後，美國半導體產業戲劇性的東山再起，並迫使日本對手陷入被動的防衛戰，至今還未能恢復元氣。1992 年，美國半導體產業以 44% 的全球市占率，超過了日本的 43%，這是自 1984 年以來第一次**翻轉**。在 1992 年，儘管無晶圓廠晶片設計公司已經不少，但仍只是**產業配角**，垂直整合製造商才是主流。從 1984 到 1992 年間，引領美國產業復興的並非是無晶圓廠晶片設計公司，而是當年全球最大半導體元件製造商英特爾。它勇敢放棄 DRAM 製造，專攻微處理器，在 1992 年成為世界最大的單一半導體製造商。

從 1992 年開始，無晶圓廠晶片設計業加速發展，由美國新創公司一路主導到今天。到了 2020 年，美國全球市占率（以品牌收入計算）上升至 49.8%，而日本的市占率下降到僅剩 10%。[34] 自 1984 年以來，美國市占率的增加應歸功於英特爾和無晶圓廠晶片設計公司的平行成長。英特爾的微處理器，結合無晶圓廠晶片設計公司所提供多元而大量的特殊應用微晶片（ASIC），形成一個生生不息的產業生態，推動半導體晶片的成長，台積電則提供了這個生態系統的最後一塊拼圖。

相對於元件製造商，美國半導體設備供應商的復興需要更多時間。畢竟在 1990 年以前，美日以外的設備市場，仍相對渺小，美國

---

34 牧本次生（2021），頁 191。

國內製造復甦,才有設備需求。美國設備商的市占率從 1983 年高峰時的 66%,直線式下墜,到 1990 年跌到谷底,只剩 44%,1991 年才止跌回升。隨著美國半導體製造的復甦,應用材料公司重新奪回了世界最大半導體設備製造商的地位。[35] 除應材之外,像科林研發和科磊,在半導體設備市場的地位也明顯提升。

值得一提的是,美國半導體產業的復甦並非貿易保護的功勞,因為美國製造商收復的市占率,主要集中在微處理器和 ASIC 晶片,而非貿易保護標的的 DRAM。至於 SEMATECH 對美國產業的復興有何貢獻,除設備業外,仍有爭議。[36] 可以確定的是,英特爾是美國半導體產業復興的頭號功臣。自從個人電腦問世以來,半導體市場的結構發生了翻天覆地的變化,個人電腦成為驅動晶片成長的主力,而英特爾的微處理器則驅動了個人電腦的成長。英特爾於 1985 年決定停止生產 DRAM,將企業資源集中在微處理器上。[37] 此一決定不只使英特爾成為微處理器的王者,而且造就英特爾成為半導體製造的霸主,帶動美國全體產業的復甦。

在 1985 年以前,DRAM 一直是英特爾的主力產品,但 1985 年因日本產品的激烈競爭,英特爾發生巨額虧損,瀕臨崩潰邊緣。日本 DRAM 製造商則受益於個人電腦繁榮,市場蓬勃成長。英特爾雖有處理器的專利權,但因為產能不足,加上生產成本高,無法滿足市場急速增長的需求,因此授權日本 NEC 生產處理器,NEC 也逐漸蠶食英特爾的市場。英特爾放棄 DRAM 生產後,進行了一次重大的

---

35 Brown and Shetler (2000), p.187.
36 Lawton (1997), pp.206-207.
37 Gordon Moore, (Spring) 1996, "Intel: Memories and the Microprocessor," *Managing Innovation*, 125(2): 55-80.

企業改革，重整生產線，提升製造能力，這主要借鏡其日本的代工廠沖電氣和三洋的經驗，提升晶圓製造的良率。[38] 為了生產線的改革，英特爾也動員了 SEMATECH 的力量，當時英特爾的共同創始人羅伯特・諾伊斯（Robert Noyce）擔任 SEMATECH 的執行長，致力於強化美國元件製造商和設備商的合作關係。

除了英特爾之外，還有許多美國公司被迫退出 DRAM 生產，有些公司則透過外包日本廠商生產，以維持市場銷售。到了 1987 年，只有德州儀器和美光，以及自產自用於大型電腦的 IBM，在美國保留了一些 DRAM 生產線。[39] 德儀雖繼續內部的生產，但不斷擴大日本子公司的生產能量，以降低整體的製造成本。1998 年，德儀終於退出 DRAM 市場，IBM 則在 2010 年停止了所有內部半導體元件的製造，[40] 只有美光一直奮戰直到今天。美國半導體產業的復興並非來自「美日半導體協定」所寄望的 DRAM 生產的復甦，相反地，是透過美國企業從 DRAM 業務撤退而實現的。

在個人電腦出現之前，半導體元件主要用於大型電腦主機、電信設備和一些消費性電子產品，日本半導體廠商專長於消費性電子領域，它們大多擁有自己的內部專屬市場，和美國企業競爭不多，直到日本的 DRAM 慢慢打進大型電腦主機市場之後。當個人電腦快速發展，逐漸取代大型電腦主機後，日本的 DRAM 產業就更一飛沖天。除了電腦之外，日本企業也將新型的記憶體和邏輯晶片，運用

---

38 Christophe Lecuyer, 2019, "Confronting the Japanese challenge: The revival of manufacturing at Intel," *Business History Review*, 93(2): 349-373.
39 Andrew Dick, 1995, *Industrial Policy and Semiconductors: Missing the Target*, Washington DC: AEI Press, p.58.
40 IBM 於 2010 年將半導體生產線，連同半導體專利，全部售予格羅方德。

於它們一向擅長的消費產品，開發了許多新型的消費性電子商品，如錄放影機、光碟播放機等。這些產品也可以累積相當大的銷售數量，支撐晶片的生產。

美國國會於 1988 年成立國家半導體諮詢委員會（National Advisory Committee on Semiconductors），負責評估美國半導體產業的競爭力。該委員會認為日本控制了「量產型電子產品」（high-volume electronics）的生產，成為日本半導體產業的巨大優勢，但對美國則形成巨大的風險。該委員會在 1991 年向總統提交的報告中表示：「量產型電子產品是計算、通訊、汽車、軍事和工業電子等關鍵半導體元件的基礎，主導了元件的開發、成本、品質和製造。從半導體儲存元件到封裝、光學、介面等關鍵技術，美國都處於危險之中……遠東的生產商——尤其是日本，主宰了這個新興的量產型電子產業，它們所開發的最新一代的消費產品，如攝影機、電子靜物相機（electronic still camera）、光碟播放器和手持電視等，正不斷滲透進入家庭和辦公室。[41]」該委員會將上述的量產型消費性電子產品視為當時半導體晶片量產的驅動力，然而超乎委員會預料的是，這些「量產型電子產品」在接下來的十年內，完全無法和個人電腦的殺手級力量相比擬。日本在半導體產業領先的根基，也隨著個人電腦的興起而漸次被掏空了。

從英特爾 1985 年發表新一代 32 位元微處理器 i386 開始，便決定採取獨家製造銷售微處理器的策略，拒絕對外授權生產，取消提

---

41 National Advisory Committee on Semiconductors, 1991, "Toward a national semiconductor strategy: Regaining market in high-volume electronics," *Report to the President*, vol. ii (February 1991), Arlington, VA: USGPO.

供第二採購源的政策。傳統的第二採購源策略是為了分擔產品開發成本,並加快市場滲透速度。對英特爾來說,這是一場豪賭,因為新的策略很可能會引來像 IBM 或德儀這樣的產業巨頭推出競爭性的產品,甚至原本英特爾授權的日本公司 NEC,也會自立門戶,從夥伴變成對手。幸運的是,這個策略推展順利,部分原因是英特爾的技術優勢穩固,部分原因是英特爾所創建的個人電腦產業生態系統,使潛在對手難以競爭。

這個生態系的特點是美國個人電腦品牌商與台灣製造商攜手合作,以超低價格和極大的靈活度主導了全球個人電腦的市場,他們結合的力量鞏固了英特爾在微處理器市場三十年的壟斷地位。隨著微處理器功能不斷演進,這個生態系統也阻止了日本量產型電子製造商在個人電腦生產和銷售上取得任何重大突破,使日本半導體製造商無法在微處理器或應用於個人電腦上的邏輯元件,挑戰美國的地位。1990 年代開始,半導體大規模生產的主要驅動力從量產型消費性電子轉向個人電腦後,也將半導體產業的主導權從日本轉回了美國。1991 年的委員會報告,做了一個漂亮的歷史總結,卻完全迷失了未來。

日本 1990 年代的失落:錯用不同於全球的電腦系統

1990 年,日本產業日正當中。在半導體領域,它占據全球主導地位,日本半導體占全球 46.3% 的市場,如果只計算 DRAM,市占率更高達 58.5%。當年,有六家日本半導體製造商躋身全球前十大之列,其中 NEC、東芝和日立位居前三名。然而到了 2000 年,日本半導體全球市占率降至 28.45%,只剩下三家日本公司仍位居產業前

十名之列（同 1990 年的前三名），其餘三家已榮光不再。[42] 1990 年代無疑是日本半導體產業「失落的十年」（the lost decade），太陽西斜，昔日的耀眼光芒逐漸黯淡。

解釋日本半導體產業衰退的理論很多，例如大衛・安格（David Angel）認為，是因為美國在 1980 年代挫敗後，半導體製造能力顯著改善，以及日本在設計密集型晶片（即 1990 年後急速成長的邏輯晶片）方面的成功有限，兩相結合的結果。[43] 日本最後一家主要 DRAM 製造商爾必達在 2012 年破產，被美光併購。在破產前，該公司社長坂本幸雄說，日本半導體企業缺乏專業化，對日本產業來說是致命的打擊。他表示：「與美國半導體製造商自 1990 年以來日益專業化相比，日本企業仍然在單一公司內製造全部的電子產品，包括微晶片、消費性電子、電腦、電梯、行動電話、電信等等，日本公司同時製造記憶體、邏輯元件、類比、離散元件是很常見的情況。產品線不集中，意味著對開發製程技術缺乏專注，而製程技術的成本愈來愈貴。由於缺乏專注，使得日本企業在新技術上的研發投資效率低下，最終導致落後。[44]」

坂本幸雄並沒有解釋為什麼日本半導體製造商未能專業化，因為半導體研發和製造的規模經濟本應迫使它們在資源限制下集中精力於少數領域，而非像過去一樣包山包海。不過，他提到日本企業

---

42 吉岡英美，2010，《韓国の工業化と半導体產業：世界市場におけるサムスン 電子の發展》，東京：有斐閣，頁 10-11。
43 David Angel, 1994, *Restructuring for Innovation: The Remaking of the US Semiconductor Industry*, New York: The Guilford Press, p.6.
44 坂本幸雄，2022，「日本半導体の誤り」，在日本 National Press Club 演講，2022/4/19。

通常由三到四位高階主管做重大決策,而在美國企業中,類似的決策是由單一個人決定。[45] 在日本企業中,建立共識是決策中不可或缺的程序,[46] 這個程序使日本企業很難裁撤效率低下的部門,而將資源集中於較有競爭力的部門,日本企業在應對市場變化時,只能慢慢調整產品線。事實上,日本半導體大企業直到 2000 年以後,才開始進行企業重組和產品線專業化,但此時大勢已去。

但上述觀點是基於企業策略或企業行為的討論,同樣的策略和行為在 1980 年代曾使日本半導體企業看似天下無敵,可見問題一定出在總體經濟環境。總體環境必定發生了重大變化,使得同樣的公司,在 1980 年代如出柙猛虎,到 1990 年代就成了病貓。我們認為,日本半導體產業因為高品質和高產量,在個人電腦產業的初期繁榮階段,一度受益,但後來日本決定建立一個不同於美國的個人電腦系統,因而失去了個人電腦市場以及半導體產業,最終輸掉了系統競爭。日本這項不明智的決定讓台灣個人電腦產業成為全球生產的中心,為台灣強大的半導體產業奠定了堅實的基礎。

在個人電腦產業的起步階段,日本政府與國內主要的半導體生產商,都是綜合性電子公司,決定建立獨自的個人電腦工業標準。這項決定可能是過度自信的結果,因為日本在「量產型」消費性電子產品方面取得了輝煌的成就,如映像管電視、攝影機、對講機、電動遊戲機等產品,日本曾經為每一種產品設定了工業標準,並取得了市場主導地位,因此認為個人電腦也可以如法炮製。

---

45 同上。
46 Peter Drucker, 1971, "What we can learn from Japanese management?" *Harvard Business Review*, 1971/3/1.

日本個人電腦標準的主要推動者是 NEC，它曾是全球最大的半導體製造商。NEC 於 1982 年推出第一台個人電腦：PC-98，使用 Intel 的 8086 微處理器搭配自行創建的磁碟作業系統（DOS）。基於 NEC 的技術架構和它專有的基本輸入輸出系統（BIOS），這兩者與 IBM 或蘋果公司的系統皆有所不同。值得注意的是，IBM 早在 1981 年 8 月就將它的產品架構打造為開放系統，此時「IBM 相容」的個人電腦才正開始湧入全球其他市場。但是，在日本這些「IBM 相容」個人電腦無法處理日文輸出入系統，NEC 提供了特殊的「硬體—軟體組合」功能，可以處理日文專有的假名和漢字。

　　第二代 PC-98 是採用 NEC 自家開發的微處理器 NEC V30，但後來的幾代又回歸到英特爾的 80286 及其後續系列的微處理器。PC-98 系列在 1980 年代主宰了日本的個人電腦市場，市占率達到 60%，這得益於大量針對日本用戶客製化開發的軟體應用程式。隨著個人電腦銷售的成功，NEC 在 1985 年至 1992 年間，也靠著供應 NEC-98 電腦專用的記憶體晶片和顯示卡等產品，得以維持全球最大半導體製造商的輝煌地位。

　　然而 1992 年以後，情況開始發生變化。當時 IBM 日本分公司推出了新版的作業系統 DOS/V，這個作業系統僅透過軟體功能，就可讀取和處理日文，無需 PC-98 的特殊軟硬體架構，或其他品牌為日語特別設計的技術支持。如此一來，IBM 的個人電腦超越了語言障礙，將日本用戶與美國、歐洲用戶連接到同一個人電腦平台上。憑藉網絡優勢，IBM 相容電腦開始滲透日本市場。1995 年，微軟推出了新的作業系統 Windows 95，它甚至可以像 IBM 相容的個人電腦和蘋果個人電腦，一樣操作 PC-98 機器，毫無窒礙。微軟有效地將日本個人電腦連接上微軟的共通應用程式開發介面（API），也使得

NEC 建構在 DOS 系統上的龐大軟體庫瞬間變成廢物。PC-98 架構的獨特性因此完全消失，市占率也不斷下降。[47]

2003 年，NEC 決定停止生產 PC-98 系列，日本市場完全被 IBM 相容電腦和蘋果的個人電腦所吞噬。日本從此失去了個人電腦產業，也失去了對半導體晶片需求最重要的驅動力。日本在個人電腦產業的失敗，並不是由於技術落後或缺乏投資，而是因為決定採用獨立於一個更大系統的技術架構。這一決定使日本電腦走不出國門，也阻擋了他國參與日本市場以及其他資源進入日本產業的可能。日本的獨立系統無法與美國的大系統競爭，美國並非特別厲害，但善用第三國（如韓國和台灣）的資源。海納百川，所以成其大。

失去了自己獨有的市場，日本半導體製造商也失去了邏輯晶片的機會，不得不與韓國競爭 DRAM 市場，而該市場由日本以外的個人電腦品牌所控制。我們將在下一章詳細說明日本和韓國之間慘烈的 DRAM 戰爭。回過頭來看，垂直整合型的企業結構，曾經是日本大企業的競爭武器、令人羨慕的無形資產，1990 年後卻變成了企業的負擔。1999 年，日立和三菱將它們的 DRAM 部門獨立出去，合併成一家新公司，取名為爾必達。隨後它們又在 2002 年將其系統 LSI 部門獨立出來，共同成立了一家新公司，名為瑞薩電子（Renesas），專門從事微控制器的設計和製造。接著 NEC 也分拆半導體部門，併入了爾必達和瑞薩電子。這些舉措標誌著日本半導體企業垂直整合結構的正式終結，轉變為像美國企業一樣的專業化公司。

---

47 Joel West and Jason Dedrick, 2000, "Innovation and control in standards architectures: The rise and fall of Japanese PC-98," *Information Systems Research*, 11(2): 197-216.

為了說明個人電腦對日本半導體產業的重要性,讓我們來看看當今世界上是誰在採購半導體?根據顧能公司(Gartner)提供的統計數據,2020年,全球前五大半導體晶片用戶依次是:蘋果、三星、華為、聯想和戴爾科技,[48]它們都是個人電腦製造商,有些也兼製造智慧型手機。它們都曾從英特爾採購微處理器,而蘋果和華為都是台積電智慧型手機晶片代工製造的主要客戶,也都是三星記憶體晶片的客戶。目前世界半導體製造排名前三大的廠商為:台積電、三星、英特爾,只有三星的半導體部門仍與其下游部門保持垂直整合。今天沒有一家日本企業躋身前五名的半導體製造或用戶之列,這個結果清楚地說明:錯過個人電腦以及後來智慧型手機的大浪潮,使得日本半導體產業失去主流市場的機會。

---

48 牧本次生(2021),頁57。

第6章

韓國財閥十年磨劍

韓國半導體業的崛起，如同其經濟發展，充滿奇蹟。只有許多幸運因素同時具備才可能實現，包括國家政策、私人企業家精神和國際政治。2023 年，韓國半導體廠商攻占了 DRAM 全球市場約 70% 的市占率，韓國三星和台灣台積電，是全球唯二擁有 10 奈米節點以下的晶圓製程技術公司。三星在 1979 年才進入半導體產業，台積電則於 1987 年成立，這些成就無疑是驚人的，但兩家企業的商業模式卻全然迥異。

儘管韓國基本上遵循與台灣相似的經濟發展模式，但其半導體業的商業模式卻截然不同。韓國在記憶體晶片領域取得了顯著的成功，而台灣在這方面一直掙扎。相對地，台灣在邏輯晶片領域表現優異，韓國企業在這方面的成功則相當有限。韓國企業採用了傳統的 IDM 模式，是如今世界上少數倖存的垂直整合製造商，而台灣半導體業者很早就選擇了純晶圓代工服務模式。即使在 DRAM 產業，大多數台灣製造商也只提供晶圓代工服務，不經營自己的品牌，IDM 模式似乎不是台灣的商業基因。此外，儘管國家干預是台灣和韓國經濟發展中的共同特徵，但台灣政府對半導體產業的干預程度明顯高於韓國。這一切都可以從韓國和台灣在產業組織上的差異來解釋，特別是韓國的財閥與台灣的中小企業之間的對比。[1]

雖然產業組織對國家經濟的影響眾所皆知，[2] 但研究文獻中較少探討跨國企業間的競合關係如何影響半導體產業的發展。從結果

1　Sung Gul Hong, 1997, *The Political Economy of Industrial Policy in East Asia: The Semiconductor Industry in Taiwan and Korea*, Cheltenham, UK: Edward Elgar, pp.128-147.

2　Robert Feenstra and Gary Hamilton, 2006, *Emergent Economies, Divergent Paths: Economic Organization and International Trade in South Korea and Taiwan*, Cambridge University Press.

看，韓國在記憶體晶片領域的崛起，伴隨著日本在同一領域的衰頹，日本的市場地位明顯被韓國取代，這到底是不是美國政策的陰謀？或者美國只是想削弱日本半導體的地位，但政策執行之下韓國意外受惠？本章中我們將說明後者較接近事實。

在 DRAM 的領域，韓國的成功與台灣的掙扎，顯示了大財團的優勢。這些優勢包括能夠承擔風險、承受短期損失，以及在企業集團的內部市場中有能力極大化技術創新的商業價值。DRAM 似乎就是為了發揮這些優勢而為財團量身訂做的產品，因為 DRAM 具有資本密集度高、研發強度強、價格波動幅度大、產品應用範圍廣等特徵。這些特徵對財閥有利，並不適合台灣中小企業的產業型態。因此，與韓國相比，台灣政府必須更積極地為半導體新創企業提供支援。財閥的優勢僅在垂直整合製造時得以有效發揮，這也解釋了為什麼韓國從未追求將半導體設計與製造分離。財閥的主導地位讓韓國的無晶圓廠晶片設計公司沒有發展的空間，也就沒有晶圓代工的需求。雖然韓國的財閥力量輾壓台灣相對小規模的 DRAM 製造商，但韓國製造與設計不能分離的弱點，為台灣的晶圓代工產業清除了對手。

韓國半導體產業的誕生：由私人財閥主導發展

與台灣一樣，韓國的半導體產業始於 1960 年代對半導體元件（主要是電晶體）封裝的投資。第一個投資案是在 1966 年來自美國公司快捷半導體，隨後是西格尼蒂克（Signetics）和摩托羅拉於

1967年的投資。³電晶體封裝後的成品則再出口到母國（美國）銷售，這些投資操作僅是為了利用亞洲廉價的勞動力。1960年代以後，積體電路開始取代電晶體，只有把電晶體成本壓得更低，才有市場出路，因此在亞洲進行封裝，成為仍有電晶體生產線企業的生存之道。

接觸電晶體封裝，對韓國本地企業家來說固然是很好的學習，但這種為多國籍公司抬轎的經驗，對於本土半導體產業的發展來說並不重要，因為電晶體封裝留下的技術基礎，相當有限。只有當本土企業開始涉足半導體製造時，產業才會開始扎根。就像台灣，多國籍企業對韓國半導體產業的起步，影響有限。從電晶體封裝，到積體電路的晶圓製造，技術上是很大的跳躍，需要特殊的力量才能實現。

1960年代，韓國與台灣同樣採取出口擴張的發展政策，實現了快速經濟成長。進入1970年代以後，兩國都轉向了進口替代政策，重點放在重工業。韓國的商工部（現稱產業通商資源部）在1973年到1979年間推動了「重化工業發展計畫」，重點涵蓋六個戰略性產業：鐵鋼、化工、有色金屬、機械、造船、電子。其中電子產業的發展策略有兩個面向：出口產品的多樣化和進口電子元件的本土化。⁴出口多樣化是為了降低市場風險，而本土化生產電子元件的目的包括降低風險和提升產品價值。在此之前，韓國的電子產業依賴從日本進口電子元件，進行加工生產，由於日本供應商總是優先供

3　Jeong Ro Yoon, 1989, *The State and Private Capital in Korea: The Political Economy of the Semiconductor Industry 1965-1987*, Ph.D. Dissertation, Harvard University, Department of Sociology, pp.47-48.
4　Yoon (1989), p.89.

應國內的需求,半導體元件短缺的情況經常發生。因此,晶圓製造和記憶體晶片被納入韓國商工部的電子元件本土化計畫中。

電子元件本土化計畫面臨最大的挑戰是技術障礙。韓國商工部透過創立合資企業引進國外技術,在國家的財政補助下,促成了數家製造半導體元件的合資企業,包括亞南電子(Anam)與日本松下國際合資、韓國電子(Korea Electronics)與日本東芝合資、韓生(Hansaeng)與美國快捷半導體合資、金星與美國西方電器(Western Electric)合資等。[5]大多數合資企業只持續了幾年,就半途而廢。韓國的「重化工業」計畫的財政資源主要用於支持鋼鐵、化工、造船等重工業,對電子元件的支持相當有限。[6]

等到1980年代,大型財閥的正規軍紛紛進入半導體業,局勢才獲得扭轉。三星(1979年進入)、金星(1980年進入)、現代(1981年進入)這些當時韓國最大的財團,先後進入半導體產業,最終順利登上了世界的舞台。其中金星和現代在1998年的亞洲金融危機後,合併為海力士(Hynix),隨後於2002年被SK集團收購,成為SK海力士;三星和SK海力士是當今世界上兩家領先的DRAM製造商。從本質上來講,韓國半導體產業發展的主導者是私人企業,國家在過程中只扮演了政策引導、鼓吹的角色,在財務上最多只是間接支持,和台灣直接由政府投資產業的情形大不相同。

台韓兩國政府介入的時間點十分接近,台灣政府為獲取半導體技術,於1975年啟動了RCA計畫,韓國政府則於1976年成立了韓國電子技術研究院(Korea Institute of Electronics Technology,簡稱

5　Hong (1997), p.93.
6　Hong (1997), p.88.

KIET，類似於台灣的 ERSO），從事引進外國技術和培訓韓國技術人才的工作。KIET 在矽谷設有聯絡辦事處，做為技術情報蒐集站，並擁有試驗性生產設備。在 1978 年，KIET 與美國公司 VLSI Technology 合作，建立了一條 16K DRAM 的試驗生產線，然而，技術從 KIET 向私人企業擴散的效果相當有限。[7] 台灣的 ERSO 較韓國 KIET 的角色要吃重的多。

相比之下，台灣政府於 1980 年成立了聯電，以應用透過 RCA 計畫獲取的技術，韓國則沒有類似的衍生公司。即使半導體技術已經準備就緒，並被證明在商業上是可行的，台灣的私人企業既無能力、也不願承擔巨大的投資風險，一直到 1990 年代，台灣的民間投資者才自願參與這種高風險的投資。相較之下，韓國財閥比台灣更早十年，就已經投入同樣的冒險。財閥的存在，使得韓國與台灣在半導體產業的發展路徑，大不相同。

韓國半導體產業在 1980 年財閥積極參與後，就開始起飛，蓬勃發展。就半導體產業而言，財閥有三個重要的優勢：規模經濟、擁有內部市場、容易取得金融資源。這三個優勢，使財閥有能力承擔風險、降低風險，和分散風險。而這些優勢如何彼此相互作用、護駕韓國財閥在半導體產業的冒險，將在下一節中討論。

---

7 John Mathews, 1995, *High-Technology Industrialization in East Asia: The Case of the Semiconductor Industry in Taiwan and Korea*, Taipei: Chung Hua Institution for Economic Research, p.127.

財閥的奮起：三星十年磨一劍，建立 DRAM 王國

　　韓國的第一家半導體製造公司韓國半導體（Korea Semiconductor Inc.）成立於 1974 年，為韓裔美國工程師姜基東創立，由韓國工程與製造公司（Korean Engineering & Manufacturing Co., KEMC）與一家美國矽谷的新創企業國際積體電路公司（Integrated Circuits International）共同合資，姜基東是後者的前員工。韓國半導體公司主要生產電子錶的微晶片。在 1975 年，三星的創辦人李秉喆從 KEMC 手中買下了韓國半導體公司 50% 的股權，開始涉足半導體業務。1977 年，三星進一步買下了整個公司，並將它轉化為三星集團的子公司。[8] 此後，它開始為微波爐、按鍵電話、電視機和其他三星生產的消費性電子產品製造 LSI 微晶片，當時公司採用的是 5 微米製程技術。1979 年，此半導體子公司被合併到三星電子，以發揮垂直整合的優勢。

　　1979 年朴正熙總統遇刺後，新任總統全斗煥領導的新政府，將經濟發展目標從「重化工業」轉向半導體，這項轉變可能是受到日本半導體產業成功的刺激。韓國政府為半導體產業制定了一個全面性的發展計畫，做為第五個五年（1981 至 1986 年）經濟計畫的重要一部分，透過銀行優惠貸款和直接補貼，以專款支持半導體產業發展。[9] 為回應政府號召，三星在 1982 年宣布計畫投資 1,300 萬美元將現有的 LSI 生產線改建為 VLSI 生產線，並宣布半導體將是三星的未

8　Hong (1997), p.92.
9　Mathews (1995), p.129

來主要投資標的，並專注於 DRAM。[10] 金星、現代和大宇財團緊隨三星之後，宣布了類似計畫，只有大宇計畫沒有實現。大宇於 1984 年進入半導體產業未久，就遭遇 DRAM 市場的嚴重衰退，因此擱置了投資計畫。

此時韓國財閥已經長大，羽毛豐滿，它們不向國營的研究機構 KIET 尋求技術協助，而直接到矽谷獲取技術資源。例如，三星在矽谷建立了一個研究實驗室，配備了晶圓製程設備，可以進行試驗性生產。經過搜尋和評估，三星於 1983 年取得美光的 DRAM（64K）元件的設計授權，搭配 Zytrex 的 MOS 製程技術授權，在六個月內，就成功在矽谷的試驗生產線上製造出首批 64K DRAM，凸顯出快速技術學習的能力，此技術隨即移轉回韓國本土生產。

取得初步成功後，三星與美國和日本企業簽訂了一系列技術授權合約，以擴大技術基礎。在生產初期，三星繼續從美光和 SSI 等產業領先者獲得元件設計的授權，但在製程技術上三星基本上皆自力開發。其他財閥也採用了類似的市場進入策略。金星從美國超微獲得元件設計授權，而現代則從華智購買 64K DRAM 元件設計，從茂矽購買 64K SRAM 元件設計。華智和茂矽這兩家公司，皆由華裔工程師在矽谷創立，一直在台灣尋求資金，企圖建立晶圓廠產能，但都沒有成功，最後決定出售產品設計權。[11] 這兩項交易，刺激台灣政府決定投資一座晶圓廠，也就是後來的台積電。

三星在 1983 年推出 64K DRAM 後，很快在 1984 年就推出了下一代 256K DRAM，隨後又在 1985 年推出了 64K SRAM，1986 年推

---

10 Hong (1997), p.100.
11 Mathews (1995), p.132.

出了 1M DRAM，[12] 這個旋風式的追趕速度，令人震撼。當三星在 1986 年推出 1M DRAM 時，它的製程技術已經離世界的前沿不遠。1984 年 4 月 18 日，IBM 才宣布第一個商業生產的 1M DRAM，將放在新的大型電腦 Model 3090 上。IBM 的產品並不外賣，當時 DRAM 的商業市場由日本半導體製造商主導，在全球的市占率幾乎達到 80%，而美國最大的 DRAM 製造商英特爾已經在 1985 年退出記憶體市場。三星堂堂進入 DRAM 產業，正標誌著一個新時代的開端，過去美日競爭的格局即將被日韓競爭所取代。

1980 年代初期，韓國財閥幾乎同步進軍半導體產業，並一致選擇 DRAM 做為業務重點，這樣的商業決策只能用財閥的獨特性來解釋。韓國政府在 1960 年代與財閥建立了良好的政商合作關係，使得財閥在 1980 年代初期有能力主導產業的轉型，完成政治的任務，當時全斗煥政府的政治基盤非常不穩。韓國官商齊心進入半導體產業的決心，可能是受到日本在此產業巨大成功的啟發。日本財閥雖然在 DRAM 領域最為成功，但其半導體產品線十分多元化，包含微處理器、微控制器等，且各家企業不盡相同。但韓國財閥在進入半導體產業時，明確選擇了 DRAM，且各家都相同，毫無例外。因為 DRAM 是適合大規模生產的標準化產品，而這正是韓國財閥的核心能力。韓國財閥決定投入 DRAM，本質上是選擇投入大規模生產，這也意味需要大量的資本。[13]

只有財閥才能負擔得起這種高風險模式，主要是因為它們能夠

12　Hong (1997), p.100.
13　Dong Sung Cho, Dong Jae Kim, and Dong Kee Rhee, 1998, Latecomer strategies: Evidence from the semiconductor industry in Japan and Korea, *Organization Science*, 9(4): 489-505.

利用整個國家的金融資源。[14] 例如，三星自 1983 年開始投入 DRAM 生產，到了 1988 年已累計投資 8 億美元；由於這段期間市場正值低迷，三星生產的產品屬於成熟產品，而且品質不佳，幾年下來的投資報酬幾乎為零。幸運的是，1987 年「美日半導體貿易協定」生效後，DRAM 的價格開始上漲。1988 年因為日本製造商削減了生產和出口量，當時三星主力產品 256K DRAM 的市場價格幾乎翻了一倍！乘著隨後而至的 DRAM 景氣繁榮期，三星 DRAM 的營收在 1989 年達到 4 億美元，1990 年更進一步膨脹至 6 億美元，與 1984 年僅有 1,200 萬美元的營收相較，簡直雲泥之別。只有財閥有能力忍受長期的虧損，同時保持長期的投資承諾，絲毫不受動搖。

例如在景氣低谷的 1985 年，三星的董事長李秉喆，在虧損不斷擴大的情況下，仍決定如期進行企業內部 1M DRAM 的研發投資，不延後時程，並且在 1986 年推出 1M 的原型產品，只比當時領先的日本企業晚了兩年。等到 1990 年 1M DRAM 成為市場主流產品時，三星趕上了景氣的上升週期，獲得很好的財務回報。[15] 當時三星 1M DRAM 的研發支出估計為 235 億韓元（約 2,700 萬美元），對那時的三星來說，無疑是一個巨大賭注。[16]

韓國財閥最初幾年將資源集中在製程技術的追趕，輔以授權方式取得元件設計技術，但當三星縮小了 1M DRAM 階段製程技術的

---

14 John A. Mathews and Dong-Sung Cho, 2000, *Tiger Technology: The Creation of A Semiconductor Industry in East Asia*, Cambridge: Cambridge University Press, pp.125-6.
15 Michael Hobday, 1995, *Innovation in East Asia: The Challenge to Japan*, Hants, England, p.83.
16 吉岡英美，2010，《韓国の工業化と半導体產業：世界市場におけるサムスン電子の發展》，東京：有斐閣，頁 43，表 1-2。

差距時,也失去了下一世代 4M DRAM 元件設計授權的可能來源,因此被迫將元件設計內部化。韓國政府於 1986 年啟動了「VLSI 計畫」來支持半導體元件設計,這是一個以日本 VLSI 計畫為藍本的研究聯盟,計畫涉及三家主要的半導體企業:三星、金星和現代,由 KIET 負責協調,但韓國財閥間的合作困難重重。

KIET 向這三家聯盟企業分享技術,但三家企業豪門深似海,很難分享技術。它們基本上個別獨立進行研發,競爭 4M DRAM 的產品設計速度,勝者將獲得國家資金支持,投入量產。這項計畫最終的優勝者是三星,它在 1988 年成功開發出 4M DRAM 元件的原型,並於 1991 年投入量產,[17] 至此,三星已經與日本 DRAM 製造商並駕齊驅,元件設計與製程技術兼具,成為全球領先的 DRAM 製造者。1993 年,以營收來說,三星成為全球最大 DRAM 廠商,而且從此未讓出過這個位置。如果不計產品類別,三星是當年世界排名第七大的半導體公司。同年美光第一次對三星提起了反傾銷訴訟,美光是 1983 年三星起步時的技術提供者,此舉象徵美光認為三星已經從夥伴變成對手。三星十年磨一劍,從零開始,十年間建立了一個 DRAM 帝國。

至少有兩個因素是促成韓國財閥進軍半導體產業的推進器,第一個是金融自由化,第二是電信自由化,這兩個因素在台灣都不存在。先來談金融自由化。財閥有做出相似的市場進入決策的傾向,因為它們評估商機的方法類似,並且在類似的競爭優勢下經營,該競爭優勢的基礎是財務實力。韓國在 1980 年代初自由化了國內金融

---

17 Mathews (1995), p.135.

市場,主要是開放銀行業,使財閥可以更優先地獲得國內和國際金融資源,這使得財閥能夠在半導體事業中進行豪賭。韓國財閥對半導體業務的投資大部分都是透過向銀行貸款融資。[18]

與韓國財閥在 DRAM 製造方面的積極投資相較,台灣企業大約晚了十年才開始涉足 DRAM 產業,而且以韓國標準來看,規模偏小。台灣政府也在 1980 年代中期開展了 VLSI 計畫,但主要集中在開發製程技術和 IC 設計上,很少投注於發展元件設計技術。而台灣直到 1989 年才推動金融自由化,比韓國晚了約十年,而且儘管銀行業自由化,國營銀行仍牢牢控制國內貸款市場。自 1990 年以來,台灣的私人企業主要依賴股票市場,而不是銀行貸款,來為它們的半導體投資提供資金。文獻中已經有廣泛認知,銀行貸款是一種相對較適合長期投資的耐性資本(patient capital),而股票市場則尋求短期回報。台韓間金融市場的差異,解釋了為什麼韓國半導體企業比台灣同業更能忍受 DRAM 產業大起大落的沖刷。

再來談第二個推動因素,電信產業的自由化。韓國在 1980 年代初,開始推動電信產業自由化政策,例如,三星被允許收購原本國有的韓國電信公司 49% 的股權,為其新開發的半導體晶片提供了內部市場。金星和大宇也獲得進入電信產業一些利潤豐厚的部門,這在個人電腦崛起之前,是微晶片的主要銷售市場。[19] 這些內部專屬市場為財閥們提供了穩定的現金流,用來支持它們對半導體技術的投資。相對地,在 1996 年以前,台灣的電信業一直由國營事業壟斷,1996 年以後,傳統電信產業的需求對半導體發展已經不再重要。

18　Hong (1997), p.103.
19　Mathews (1995), pp.126-127.

簡言之，韓國早期就進行的金融和電信產業自由化，創造了有利財團的生態系統，提高了財閥的風險承擔能力。動員內部市場和外部金融資源，對財閥進入這個資本密集、價格波動激烈的產業不可或缺，而財閥在企業不同部門之間實行交叉補貼，對於它們能在景氣低谷期間承受財務壓力至關重要。相較韓國政府在1960年代和1970年代工業發展初期，挑選贏家（picking the winner）的作為兼具政府支援與管制作用。到了1980年代建立半導體產業時，對財閥則是採取開放寬鬆的態度，間接支援較多，而且管制甚少。[20]

1990年代韓日爭鋒：一場財務資金的戰爭

韓國的產業結構與台灣截然不同，但與日本非常相似。韓國的財閥（chaebol）與日本的財閥（zaibatsu）是同名兄弟，營業型態都是高度垂直整合和水平多元化，韓國也遵循與日本半導體企業相同的商業模式，以IDM進行生產，且以DRAM為主力產品。在進入市場的早期階段，韓國廠商曾擔任日本DRAM廠的合約代工商，日本廠商希望藉此降低製造成本。從1990年代開始，野心強大的韓國DRAM製造商開始正面挑戰日本客戶，並最終贏得了這場競爭。從市場統計數據中，可以看出韓國的實力急遽上升，全球DRAM的市占率從1986年的1.9%，直升機式上升到了1999年的40%，而日本的市占率則從78.1%急遽下墜到29.5%。[21] 這是一個技術飛躍式成長

---

20 S. Ran Kim, 1996, "A Korean system of innovation in the semiconductor industry: A governance perspective," SPRU-SEI working paper (December 1996), University of Sussex.
21 吉岡英美（2010），頁42。

的奇蹟故事，日本半導體是敗於韓國之手，而非美國之手。1990年代成為韓國興起、日本衰敗的分水嶺。

1990年代的天王山之戰，韓國如何勝出？簡單的解釋是，韓國企業集團的財務資源優於日本。在金融市場自由化後，韓國企業的金融實力不斷擴張，而日本卻日漸萎縮。日本在1990年代進入了經濟失落的十年，此時期由於一系列總體政策的失誤，金融部門失去了創造信用的能力。1989年日本股市在最後一個交易日達到了歷史上最高點，日經指數收在38,915，此後一路下跌。銀行業受到長期不良貸款的糾葛而陷入癱瘓，[22] 形同殭屍銀行，使得日本DRAM製造商無法獲得急需用於投資新晶圓廠設備的貸款。傳統上銀行貸款是日本企業最重要的融資來源，失去外部資金來源，削弱了日本半導體公司資本支出的能力。以1970年至1979年期間為例，銀行貸款平均占日本半導體公司融資的34%，美國公司則僅占7.5%；同一期間，美國公司的內部自有資金占融資的70.5%，而日本公司則為51.2%。[23] 因此，銀行融資一向為日本企業的長期經營提供「耐心資本」，也被視為是1980年代日本半導體產業崛起的重要因素。

日本銀行的信貸緊縮來得不是時候。1990年代初期，晶圓尺寸才正要從6吋升級到8吋，IBM於1989年建造了第一座8吋晶圓廠，隨後其他廠商也紛紛跟進。投資新設備的財力對於DRAM競爭至關重要，一座典型的8吋晶圓廠建造成本為10到20億美元，這對許多財務吃緊的日本DRAM製造商來說，成為了無法跨越的障礙。

22　Ricardo Cabbalero, Takao Hoshi and Anil Kashyap, 2008, "Zombie lending and depressed restructuring in Japan," *American Economic Review*, 98(5): 1943-1977.

23　Okimoto, Sugano, and Weinstein (1984), pp.142-143.

表 6.1　韓國半導體公司的銷售與資本支出（單位：百萬美元）

年份	銷售額	市占率（%）	資本支出	資本支出／銷售額（%）
1991	2,600	-	1,060	40.8
1992	3,800	-	1,195	31.4
1993	5,260	6.4	1,660	31,6
1994	8,510	7.7	2,360	27.7
1995	16,250	10.7	6,575	40.5
1996	11,270	7.95	7,300	64.8
1997	9,910	7.23	5,120	51.7
1998	8,360	6.03	2,400	28.7
1999	11,225	7.25	3,341	29.8
2000	17,670	8.14	4,980	28.2
2001	9,580	6.89	2,550	26.6
2002	11,225	7.98	2,320	20.7

資料來源：工研院，《半導體工業年鑑》，及多項出版品。
注：市占率指韓國銷售占全球銷售比率。

1990 年代是三星、樂喜金星（LG）和現代等三大韓國 DRAM 製造商瘋狂投資產能，超越日本競爭對手的關鍵十年。

表 6.1 列示了 1991 年至 2002 年間，韓國半導體公司的銷售額和資本支出，此時正是韓國半導體企業建立 8 吋晶圓產能時期。其後在 2002 年左右，晶圓尺寸開始由 8 吋轉向 12 吋。從表中可以看出，韓國公司在大多數年份中，資本支出都保持在銷售額的 30% 以上。1993 年至 1995 年為 DRAM 市場的繁榮期，韓國企業積極投資，於 1996 年投資占營收比達到了 64.8% 的高峰；相對而言，西方企業的典型資本支出比率約為 20%。韓國 DRAM 製造商甚至在經濟衰退期間，仍然保持熱絡的資本支出，例如，三星在 1992 年至 1993 年

DRAM 市場低迷期間，建造了第一座 8 吋晶圓廠，為 1994 年的產能提升做好準備。相較之下，日本 DRAM 製造商開始建造 8 吋晶圓設備的時間，至少比三星晚了一年，而且建造的規模都比較小。[24] 韓國財閥遙遙領先資本支出，直到 1998 年亞洲金融危機時才畫下句點。金融危機導致 LG 和現代破產，但三星卻頂住了風暴。

亞洲金融危機過後，韓國政府提供了一套紓困方案，其中包括產業整併計畫，以重塑半導體產業。在此過程中，LG 被合併到現代集團，成為海力士，後來由另一個財閥集團 SK 注入新資本後，更名為 SK 海力士（SK Hynix）。金融危機之後，韓國金融部門重組，也迫使財閥減少外部貸款，更加依賴內部資金來挹注資本支出，其中三星的資本支出比率，在金融危機過後迅速恢復到 30% 以上。[25] 1990 年代結束時，韓國在 DRAM 產業中的產能積累，已經大到足以穩住產業地位，日本企業再也無法追上。

1998 年的亞洲金融危機，其實部分是由 1996 年的 DRAM 衰退期所觸發，不僅韓國廠商紛紛破產，許多日本和台灣的 DRAM 製造商也難逃相同命運，被迫退出市場。DRAM 市場景氣在 2000 年開始復甦時，寡占的產業格局也已經成形。2000 年時，三星是全球領先的 DRAM 供應商，全球市占率高達 20.9%，其次是美光的 18.7% 和海力士的 17.1%，前三家公司合計共占全球市場銷售額的 56.7%，其他企業已經淪入小聯盟。小聯盟中領頭的英飛凌市占率為 9.4%，兩家日本供應商 NEC 和東芝，分別占 6.6% 和 6.1%。[26] 此後隨著晶圓

---

24 吉岡英美（2010），頁 106-108。
25 吉岡英美（2010），頁 45-47。
26 吉岡英美（2010），頁 41，表 1-1。

尺寸進一步提高至 12 吋時，經濟生產規模更為擴大，前三大企業進一步擴大了市占率，寡占格局更加穩固，小聯盟的供應商也逐漸被邊緣化。

當生產規模成為決定競爭力的主要因素後，晶圓廠和產品開發成本的不斷上升，使寡占結構長期化，不僅阻斷了新進入者，也驅逐了邊緣企業。英飛凌於 2006 年將 DRAM 部門分離出來，衍生成立了奇夢達，但該公司只存活了三年，2009 年即解散收攤。NEC 和日立於 1999 年將其 DRAM 部門分割出來，成立了爾必達，2002 年三菱加入爾必達，成為日本唯一的專業 DRAM 公司，在 2012 年破產之前掙扎奮鬥了十年。東芝是最後一家將其半導體部門分割獨立的公司，在 2018 年靠美國投資基金支持，成立了鎧俠（Kioxia）。鎧俠是日本現存唯一一家記憶體晶片製造商，但其主要產品是快閃記憶體，而不是 DRAM。

財務因素相當程度上解釋了日本 DRAM 產業的衰落。例如，當爾必達於 1999 年成立時，其技術與三星相比，落後大約六個月；但隨著時間的推移，由於缺乏對新設備和研發的投資，技術落後的距離愈來愈大。根據爾必達社長坂本幸雄的回憶：

「我們於 2001 年從 NEC（經由合併）獲得了第一條 12 吋晶圓生產線，但這只是一條每月處理 3,000 片晶圓的試驗線，無法量產。母公司和主要銀行拒絕為爾必達注入新資金，我非常努力地爭取了來自英特爾、金士頓（Kingston）和日本開發銀行的一些股權投資，加上商業銀行的貸款，湊了 1,128 億日圓的預算（約 10 億美元），勉強能夠支持我們在 2003 年於廣島建立第一條

12 吋晶圓的量產線，每月產能為 1.5 萬片晶圓。[27]」

　　2003 年以後，爾必達利用 DRAM 的景氣上升週期，以內部自有資金，逐步將其 12 吋晶圓產能擴大到每月 10 萬片。產能擴張使其市占率曾一度提升到 19.9%；然而在研發方面的投資，仍受到嚴重限制，阻礙了爾必達在設計和製程技術的進步。當 DRAM 的景氣週期於 2008 年開始下行時，爾必達面臨了巨大的財務缺口。2009 年，日本開發銀行投注了 300 億日圓（約 3.2 億美元）的新股本來救援爾必達。此外，管理階層還從外國的投資基金獲得了 500 億日圓（約 5.32 億美元）的救命投資，然而這筆資金只夠用來追趕新技術的研發支出，沒有剩餘的錢可用於購買資本設備。[28] 此時，爾必達在技術上已經遠遠落後於三星。

　　2009 年日本開發銀行的救援計畫附帶了一個企業重建條款，要求爾必達將其泛用 DRAM 的生產線轉移到它在台灣的合資企業（瑞晶和茂德），並將位於廣島的生產線轉型為生產行動應用的高價值 DRAM。然而，由於爾必達技術已經落後，在新產品推出困難、舊產品無法釋出的情況下，重建計畫僅實現了一小部分，廣島工廠 70% 的產能仍集中在泛用 DRAM 生產上。重建計畫失敗，最終也導致了爾必達在 2012 年倒閉。[29] 從 2009 到 2012 年爾必達做困獸之鬥、奮力一搏時，日本政府和商業銀行，始終見死不救。

27　訪談坂本幸雄，東京，2023/6/26。
28　訪談坂本幸雄，東京，2023/6/26。
29　Koki Inoue, 2012, "Elpida and the failure of Japan Inc.", *Nippon.Com Website*, 2012/5/8.

韓國的技術追趕：十年內超越日本

韓國學者李根等研究韓國的技術追趕過程，得出的結論是：半導體產業技術的週期特別短暫，為跳蛙式的技術發展提供了良好的機會。[30] 三星在半導體產業的發展正是一個技術跳蛙的完美例子。1984 年當三星推出第一款 64K DRAM 產品時，它的技術比已經開始試產 1M DRAM 的日本對手落後了至少兩世代，或大約四年；1993 年當三星開始量產 16M DRAM 時，它已經與日本對手同步。這顯示三星的技術追趕，大約在 10 年內就完成了。1993 年到 2000 年是技術超車時期，到了 2001 年，當三星向市場推出 0.12 微米節點製程技術的 576M Rambus DRAM 時，它的技術已明顯領先同業，同時在全球 DRAM 市場上占有率也達 27%。[31] 2000 年代，三星市占率進一步提高至 30% 以上，然後在 2010 年代提高至 40% 以上。

三星除了多年來採取積極的設備投資策略，以維持業界最大的生產能量外，為了確保市場領先地位，技術投資才是關鍵要素。日本學者吉岡英美指出，自 1980 年代以來，半導體設備產業結構的變化，有利於三星的技術追趕，[32] 在 1980 年之前，設備製造商通常與技術領先的元件製造商共同開發新設備，而後者有優先購買設備的權利。製造商在實際生產中使用該設備，並將重要的數據反饋給設備製造商改進設備的設計，這個過程稱為「除錯」（debugging），對設備的最佳化至關重要。從「除錯」的過程中獲得有關設備操作的祕

---

30 Kuen Lee and Chaisung Lim, 2001, "Technology regimes, catching-up and leapfrogging: Findings from the Korean industries," *Research Policy*, 30(3): 459-483.
31 Samsung Electronics 2001 Annual Report.
32 吉岡英美（2010），頁 84-89。

密參數,被稱為「配方」(recipe),這些參數是商業機密,只在設備的共同開發者之間共享,而元件製造商通常比設備製造商知道的更多。共同開發完成的新設備,通常會延遲一到兩年才對其他元件製造商開放,而且非合作廠商無法取得完整的「配方」。在這種情況下,後來者要追趕技術是非常困難的。

然而,1980年代以後,由於新設備開發的成本不斷上升,這種做法在財務上變得不切實際。設備製造商被迫將新開發完成的設備,在很短的時間內就賣給未參與共同開發的客戶。而且因為美國和日本設備製造商之間的激烈競爭,進一步迫使它們願意透露「配方」給潛在客戶,以爭取銷售優勢。這個市場生態的轉變,使得產業中的後來者能夠縮短獲得最新設備的時間,以及與設備操作相關的參數。儘管它們在收到設備的時間仍有落差,但收到的設備可能更精良,因為已先通過「除錯」的過程。

新設備開發成本的不斷增加,也促成了設備產業市場更集中,到了1990年代中期,幾乎所有的設備都只出自少數幾家專業製造商。例如1996年,最主要幾個頂級設備製造商在步進式微影機(lithography steppers)中占全球市場92%,在乾式蝕刻機(dried etching machine)中占85%,在電漿化學氣相沉積技術(plasma CVD)中占98%,在濺鍍物理氣相沉積技術(sputtering deposition)中占84%,在光阻劑(photo-resistant)中占89%。[33] 設備製造商的產品專業化和市場集中度提高,慢慢將相關知識的累積從元件製造商身上,轉移到了設備商身上,這種移轉使後來的半導體製造商更容

---

33 吉岡英美(2010),頁96。

易獲得必要知識。1980年中期以後,美國半導體廠商陸續退出DRAM生產,像應用材料、科林研發和科磊等美國設備製造商,不能不注意到三星是一個愈來愈有價值的客戶。1990年代以後,當日本DRAM製造商因為的財務困窘而縮減資本支出時,日本的設備製造商也開始與三星技術合作,共同進行設備開發。設備商提供了韓國半導體產業的技術入門磚。

然而,並非所有的技術知識都體現在設備中。隱性知識(tacit knowledge)仍然只能從知識工作者那裡獲得,對於參與追趕產業升級遊戲的發展中國家來說,獲取隱性知識是一項艱鉅的挑戰。[34] 三星透過聘請美國和日本半導體公司的退休工程師或其研發團隊,進行產品開發和技術學習,來克服這項獲取隱性知識的挑戰,根據報導,三星甚至以高額報酬僱用日本半導體公司的員工在週末到三星的工廠進行現場指導。[35]

為什麼韓國不是威脅:DRAM不構成戰略疑慮

我們必須要問,為什麼韓國DRAM廠商的崛起,沒有像日本廠商在1980年代一樣,遭受美國的政治干預?三星最早在1992年就遭遇美國的反傾銷訴訟,1998年亞洲金融危機後,韓國DRAM廠商也因涉嫌非法政府補貼,受到反補貼稅的調查。但是,這些案件都

---

34 Dieter Ernst & Bengt-Åke Lundvall, 1997. "Information Technology in The Learning Economy -Challenges for Developing Countries," DRUID Working Papers 97-12, DRUID, Copenhagen Business School, Department of Industrial Economics and Strategy/Aalborg University, Department of Business Studies.
35 吉岡英美(2010),頁156-157。

是由它們的寡占競爭對手美光公司所發起，而非美國政府，屬於商業競爭手段，不是國家政策。而且這些案件最後只導致危害不大的懲罰性關稅，並未影響韓國 DRAM 產業的發展進程。

1992 年美光對韓國 1M 及 1M 以上儲存容量的 DRAM 所發起的反傾銷訴訟，最後只對三星徵收 0.82%、現代公司徵收 11.45%、金星徵收 4.97% 的關稅，這些關稅幾乎沒有什麼傷害性。[36] 2002 年針對韓國政府補貼的反補貼案件，主要調查的產品是 128M 和 256M 的 DRAM，美國國際貿易委員會（USITC）於 2003 年做出這樣的裁定：「韓國政府在 1998 年亞洲金融危機後，在重組財閥企業的過程中，政府指導的銀行紓困構成補貼，而且對美國廠商造成了實質傷害。」SK 海力士公司必須繳交 44.29% 的反補貼稅，三星則並未被課徵反補貼稅，因為韓國政府對三星的補貼估計僅有 0.04%。[37] 隨後，SK 海力士將此項裁定，提交世界貿易組織（WTO）的爭端調解機制，獲得世界貿易組織降低反補貼稅的判決。美國國際貿易委員會的調查，證明了三星的半導體業務在亞洲金融危機中毫髮未傷，而且危機之後，也幾乎沒有得到政府援助，而在 DRAM 景氣恢復後迅速反彈回升。三星度過金融危機的能力再次證實了它在 DRAM 產業中的獨特地位。韓國政府出手救了 SK 海力士，可能成了 2000 年以後，壓倒日本產業的最後一根稻草。SK 海力士雖然技術不如三星，但其龐大的產能，長期壓抑了 DRAM 產品的價格，使競爭者沒有喘息的空間。

36　Flamm (1996), p.225.
37　US International Trade Commission, 2003, "DRAMs and DRAM Modules from Korea", Investigation no. 701-TA-431, August 2003, Publication 3616.

一個可以合理解釋美國對韓國製造商「寬容」的原因是：DRAM 不再構成美國的安全威脅。在 1980 年代中期，DRAM 是半導體技術的領導產品，也是市場主流產品；但此後出現微處理器、微控制器和其他大量的邏輯元件，被認為較 DRAM 更具戰略意義，而美國企業一直牢牢控制著這些產品。韓國的 DRAM 大部分用於出口，做為電腦和行動裝置的基本元件。儘管韓國的財閥，特別是三星，也積極製造個人電腦和手機，但是美國不擔憂韓國廠商會利用它在 DRAM 領域的壟斷地位，在個人電腦或手機市場中獲得競爭優勢。

1980 年代中期的情境大不相同。DRAM 產品的激烈競爭導致美國半導體企業以驚人的速度倒閉，產業領袖認為美國半導體不久就會縮小到無法支撐健康的產業基磐，設備和材料供應商將逐漸從美國消失。甚至當時最具領導地位的半導體公司 IBM，也擔心日本廠商最終會透過 DRAM 生產的壟斷地位，奪取美國在電腦產業的領導權。[38] 正是這個對失去電腦產業領導地位的擔憂，促使美國政府和產業界聯手組織了 SEMATECH 聯盟，發動了對日本的半導體貿易戰。

1980 年代中期後，美國半導體設備和材料供應商逐漸增強競爭力才緩解了這項擔憂。設備和材料這兩個領域自 1990 年以來，日益全球化和集中化。韓國半導體製造商雖然在 DRAM 領域表現出色，但是在設備和材料方面，仍相當程度依賴美國和日本的供應商。此外，大型電腦逐漸被個人電腦取代，而美國自從個人電腦問世以來，一直就是產業的主導者。隨著微處理器的發明，美國在個人電

---

38 Browning and Shetler (2000), p.15.

腦技術演進中處於號令地位。直到今天，個人電腦仍然是 DRAM 主要出路。儘管韓國 DRAM 的市占率不斷上升，但如果微處理器不提高效能，DRAM 也無用武之地，DRAM 充其量只是微處理器的重要附件。

相較於 1990 年後崛起的韓國，日本在 1980 年代中期被視為美國威脅，因為當時日本製造商在半導體生產和設備皆占據了主導地位。美國產業界了解到，儘管他們在創新上保持領先，但在製造效率方面卻慘輸日本。美國試圖透過 SEMATECH 提高製造能力，以削弱日本在製造的優勢，但並未成功。美國最後透過與韓國和台灣的聯盟才擊敗了日本，因為韓國和台灣企業的製造效率彌補了美國缺口，抵銷了日本的競爭優勢。聯盟使韓國得以取代日本，成為主導 DRAM 的製造商，並讓台灣的晶圓代工業因此興起，阻斷了日本在邏輯元件的機會。美國利用這一聯盟最大限度地發揮創新能力，重新獲得微晶片市場的領導地位，日本則淪為設備和材料供應商，以支持分散、但日益複雜的全球化製造生態系統。這個聯盟在過去三十年裡維持了半導體產業界的和平，風平浪靜，直到近年中國崛起，才又吹皺一池春水。

第 7 章

微處理器重塑賽局

1971 年美國英特爾公司發明了微處理器，成為半導體產業演進上的一個分水嶺。在此之前，半導體主要用於大型電腦和電信等傳統產業。積體電路取代了傳統的真空管或電晶體元件，做為設備升級的元件，從而增強了運算能力和通訊能力，然而產業的基本結構並沒有改變。大型電腦和電信產業的獨占企業，即 IBM 和 AT&T，也是半導體晶片的最大製造商和買家。它們在企業內部生產微晶片，並利用本身在電腦和電信市場的壟斷力，推進半導體的應用、制定產業的標準。IBM 和 AT&T 都位於美國東岸，因此通稱「東岸陣營」。

　　與「東岸陣營」擁有自家出海口的廠商相比，「西岸」矽谷的商業製造商（merchant producer），如快捷半導體、英特爾、超微半導體、國家半導體等公司，都是新創企業，沒有自家的出海口，它們在半導體的創新，催生了一批新產業，如電子錶和桌上型計算機等。不過，這些新產業對半導體整體需求的影響有限，因為隨著技術的成熟，這些創新產品很快就成為大眾化的廉價商品，驅動它們的微晶片價格也隨之下降。這些新產業雖然帶動了一時昌盛的需求，短時間內引領風潮，卻未能成為長期推動半導體技術進步的可靠力量。

　　微處理器的發明改變了一切，也逆轉了西岸與東岸陣營之間的相對力量。微處理器催生了個人電腦、無線通訊、人工智慧等現代化產業，最終也拆解了 IBM 和 AT&T 的獨占舞台。個人電腦和手機很快都成為巨大的產業，為半導體元件創造了源源不絕的龐大需求，超越了原有獨占企業 IBM 和 AT&T 的電腦和電信市場。更重要的是，個人電腦和手機，產品雖然不斷更迭，但至今為止，尚未演變成廉價的大眾商品。相反地，因為不斷增強的計算能力和傳輸能

力,其價值不墜而生命得以延續。這主要是一代又一代推陳出新的半導體元件,功能愈來愈強大的緣故,而消費者永不飽和的需求,成為推動半導體技術進步的永續力量。

微處理器驅動的技術變革大致可分為 1971 至 2000 年以及 2000 年迄今兩個時期。在第一個時期中,微處理器在計算和控制方面的應用,產生了一系列由微晶片系統驅動的新型電子元件,典型的系統組成為:位於中心處的 CPU,周圍是一些記憶體和周邊元件。自 1985 年以來,英特爾一直專注於設計和製造 CPU,記憶體晶片和其他周邊零組件則由業界其他公司供應。從微處理器問世的 1971 年到 2000 年大約 30 年間,以個人電腦的演進為軸心,半導體產業上演了一段大洗牌。隨著個人電腦對計算能力不斷增加,所有組件都按照英特爾共同創辦人摩爾(Gordon Moore)於 1965 年提出的「摩爾定律」,日益朝微小化邁進。隨著微小化程度的提高、規模經濟不斷擴大,最終在每個領域都只有少數公司能夠積累足夠的規模來滿足極端微小化的需求,使英特爾、三星和台積電,分別主宰了微處理器、DRAM 和周邊零組件三個不同領域的製造。

當台積電在 1987 年選擇周邊零組件領域做為業務核心,不去碰觸微處理器和 DRAM,與其說是明智的遠見,不如說是不得已的選擇。周邊零組件是微處理器的附屬機構,以微處理器為基礎,延長和擴大其功能,只有在微處理器成長時才會跟著成長。因此台積電的策略始終「馬首是瞻」,也就是跟著英特爾走。英特爾發明了「摩爾定律」,隨後制定了實現它的路線圖。在個人電腦領域,英特爾與微軟共同定義了產業規則,並鋪設了技術進步的道路。台積電的角色則是提供製造能力,以滿足個人電腦周邊零組件的創新。由於所有周邊零組件與英特爾的微處理器是共生關係,台積電始終是

英特爾的盟友,為了鞏固聯盟關係,台積電成立時曾邀請英特爾入股,但被拒絕了。

2000 年以後,微處理器的發展進入第二個時期,其應用範圍擴展到無線通訊、網路、雲端運算和人工智慧等領域,雖然英特爾仍主導個人電腦的微處理器,但其他領域的處理器都是由其他廠商提供。與英特爾不同,其他廠商都是無晶圓廠晶片設計公司,沒有自己的生產線。高效能的處理器需要高度微小化,而這只有透過台積電、三星和英特爾擁有的尖端製程才能實現。在個人電腦時代,三足鼎立,彼此互補,到了第二個時期則變成競爭關係。微處理器的發明和演進,可以說主導了半個世紀半導體產業發展的秩序。

微處理器的起源:英特爾的大金礦

全球第一款微處理器 Intel 4004 最初是一家日本計算機公司,名為大日本計算器株式會社(產品商標 Busicom),委託英特爾客製化設計的。當時,日本計算機市場競爭激烈,該公司希望生產一款存儲有預設程式的計算機,以戰勝對手,而晶片就是為了驅動那一款計算機而設計。英特爾是一家矽谷新創企業,由一些原本任職快捷半導體的主管於 1968 年創立,1969 年即收到 Busicom 的訂單。那個時代,小型半導體公司為客戶設計和製造客製化晶片很普遍,由客戶承擔設計和製造的費用。這是英特爾的夢幻產品 DRAM 剛被發明的時候,但是 DRAM 尚未普及,因為它仍然比傳統的磁芯記憶體昂貴。

Busicom 其實也提供了邏輯設計圖給英特爾,但英特爾覺得原始架構過於複雜,將使製造成本超出預算。由泰德・霍夫(Ted

Hoff）領導的英特爾設計團隊，提出了一個簡化設計的架構，利用一個中央的算術單元（後來被稱為 CPU），接收預存於嵌入的唯讀記憶體的程式指令，進行反復計算，來達成 Busicom 要求的功能。元件設計則是由剛從快捷半導體跳槽到英特爾的弗德里克・法金（Federico Faggin）利用其發明的矽閘極 MOS 技術實現的。[1] 當時是 LSI 時代，還沒有什麼電腦輔助設計，法金必須以手工繪製整個電路設計和元件布陣圖。1971 年在晶片完成交付後，英特爾很快就意識到這個晶片設計可以轉換為計算機以外的廣泛用途，執行由預存程式所定義的各種計算和控制功能。英特爾與 Busicom 進行談判，買回了這項原始設計的權利，從而開發出一系列的微處理器。

世界上第一款 CPU，編號 Intel 4004，是在一片 1/8 英吋 ×1/6 英吋的微小晶片上嵌入了 2,300 個電晶體而成，最初被英特爾稱為算術單元（arithmetic unit）。它的周圍有另外三顆晶片，分別是唯讀記憶體（產品代碼 4001）、隨機存取記憶體（產品代碼 4002），和移位暫存器（shifting registry）及輸入／輸出埠（input/output port，代碼 4003）。英特爾取回設計權後，Intel 4004 在市場上售價為 200 美元。[2] 它是「晶片上的計算機」概念的具體體現，只需要加入隨後開發的作業系統（Operation System），使程式設計師能夠直接與中央處理單元（CPU）對話，以及創造一個基本輸入／輸出系統（BIOS）介面，就能建立一台今天大家熟知的「個人電腦」。

Intel 4004 是一款 4 位元處理器，接著英特爾於 1972 年推出了 Intel 8008，以及 1974 年的 Intel 8080，後兩款都是 8 位元處理器。

1　Michael Malone, 1995, The *Microprocessor: A Biography*, New York: Springer-Verlag, pp.7-10.
2　Gerard O'Regan, 2016, *Introduction to the History of Computing*, Switzerland, Springer, p.121.

1978年又推出了一款 16 位元處理器 Intel 8086，並於 1979 年推出了 Intel 8086 的 8 位元版本，稱為 8088。到了這個時候，競爭對手已經大量出現，包括摩托羅拉、國家半導體、Zilog、MOS、Cyrix 等公司。微處理器的應用，最初還是在計算機領域，首先是桌上型計算機，然後是手持型（口袋型）計算機，以及各種新型的消費性電子產品，如電動遊戲機等。[3] 這些應用的影響力，雖然精采繽紛，卻不足以改變半導體產業的格局。半導體產業必須等待個人電腦這個殺手級應用到來，才迎來翻天覆地的變化。

但即使是它的發明者英特爾，雖知道微處理器的潛力，也沒有預料到個人電腦是它真命的舞台，帶來對產業的顛覆性的影響。英特爾的共同創始人之一，也是在 4004 發明時擔任副總裁的摩爾回憶道：

「當第一批微處理器問世時，全球一年的電腦市場總量約為 10,000 台。如果我們只用更便宜的處理器來取代這 10,000 台電腦的運算單元，微處理器將會是一場商業災難……我們開始積極尋求將我們的處理器置入各種可以想像的電子設備中，結合大量的廣告與強力的行銷，企圖收割『設計勝利』的果實……一直到 1970 年代中期，我們仍然不確知微處理器將會帶來什麼影響，如果這個產業中有其他人知道，他一定沒告訴我們……當史蒂夫・賈伯斯（Steve Jobs）來告訴我蘋果公司正在做的事情時，我只將之視為微處理器應用的數百種可能之一，並沒有意識到它會是一

3　Malone (1995), pp. 132-138.

個如此重要的新方向。[4]」

摩爾甚至否決了員工於 1975 年提出的一項商業計畫,亦即將鍵盤和顯示器與 Intel 8080 處理器結合起來,製成一款銷售給工程師使用的「桌上型電腦」。[5]

微處理器的未來並非決定於大公司的「設計勝利」,而是一些名不見經傳的小公司。當愈來愈多的「家用電腦」或「微型電腦」被不知名的公司和新創公司開發出來時,微處理器的出路,才變得清晰起來。這些名不見經傳的小公司推出的產品包括:MITS 公司 1975 年推出的 Altair 8800、蘋果於 1976 年和 1977 年推出的 Apple I 和 Apple II、康懋達國際(Commodore International)1977 年推出的 PET、無線電窩(Radio Shack)推出的 TRS-80,以及 1979 年雅達利推出的 Atari 400／800,[6] 它們都在專業用戶、遊戲玩家、學生等特定市場中獲得了一些成功,但這些產品的普及程度仍然有限。直到 1981 年 IBM「個人電腦」(personal computer)的推出,才帶來了全新的產業革命。個人電腦或 PC 的稱呼也是由 IBM 所創造,在此之前多稱為微型電腦或家用電腦。

做為主機大型計算機帝國的霸主,IBM 相當程度忽視了個人電腦的出現,直到 IBM 意識到這個看似不成器的小東西,已經構成帝

---

[4] Gordon Moore and Kevin Davis, 2004, "Learning the Silicon Valley Way," in Timothy Bresnahan and Alfonso Gambardella (eds.), *Building High-Tech Clusters: Silicon Valley and Beyond*, Cambridge: Cambridge University Press, pp. 29-30.

[5] Tim Jackson, 1997, *Inside Intel: Andy Grove and the Rise of the world's Most Powerful Chip Company*, London: Dutton Book, p.201.

[6] O'Regan (2016), pp.128-134.

國的威脅。IBM 在 1981 年決定推出 IBM 個人電腦時，決定採用 Intel 8088 做為微處理器，並使用微軟創建的 MS-DOS 做為作業系統。更重要的，它採取開放平台的方式，將其個人電腦架構開放給產業界自由使用，只有 IBM 專有的 BIOS 需要授權許可。

IBM 原本在大型電腦業務中，所有軟硬體、元件皆採取專有化的策略，不對外授權。它在個人電腦業務，卻一反傳統作風，採取開放平台策略，是希望儘快以最低成本將 IBM 個人電腦普及於市場，希望在為時已晚之前，從蘋果、Tandy 和康懋達國際等先行者手中搶回市場控制權。然而，這項策略最終證明是 IBM 犯下的經典錯誤，因為個人電腦產業最終由英特爾和微軟（即所謂 Wintel 體制）控制，不是 IBM。儘管「IBM 個人電腦」品牌確實在市場上取得了快速的勝利，但最終被自家的相容電腦所取代。[7] IBM 以長期累積的商譽和消費者的信賴，開啟了個人電腦時代，但江山卻因此拱手讓人。

美國知名的《時代》雜誌（*TIME*）很快就意識到個人電腦的出現，將影響經濟活動和日常生活，因此在 1983 年，將個人電腦選為「年度風雲人物」。個人電腦在 1980 年代迅速崛起，其直接受益者是日本的 DRAM 製造商，因為每台個人電腦都需要大量記憶體，一個微處理器可以在個人電腦主機板上創造多達 50 個儲存晶片的需求，[8] 而日本提供了符合個人電腦產業所需的低成本和高品質產品。在大型電腦時代，記憶體大多量身訂做，只從少數來源採購，而且

---

[7] James W. Cortada, 2021, "How the IBM PC won, then lost, the PC market", *IEEE Spectrum*, 2021/7/21.

[8] Malone (1995), p.188.

供應合約期限很長。個人電腦的製造商,通常從複數來源採購記憶體,且只簽訂短期合約,甚至沒有合約,隨時更替供應商。這是因為個人電腦是消費性商品,記憶體為標準化產品,成本正是競爭的關鍵。

在大型電腦時代,電腦製造商需要與 DRAM 供應商磋商新一代產品的設計,在密切且長期的合作關係中共享知識。事實上,在那個年代,IBM 不僅主導了大型電腦市場,也是電腦記憶體的主要供應商。摩爾曾估計,IBM 在 1970 年代控制了 60% 至 70% 的電腦記憶體市場,其中大部分的記憶體來自自家內部的生產,外部供應商如英特爾,千辛百苦才可能獲得一點商機。[9]

在個人電腦時代,新一代的電腦是由英特爾定義的,而不是 IBM。DRAM 已經標準化,個人電腦的供應商很少需要與 DRAM 供應商分享設計知識。典型的商業策略是對儘可能多家 DRAM 供應商進行資格認證,最大限度地提高採購的靈活性,並最大限度地降低供應中斷的風險。隨著個人電腦專用 DRAM 需求的大量增加,商業競爭激烈,使得 DRAM 價格快速下跌,進而導致英特爾因 DRAM 業務虧損一度瀕臨破產。1985 年,儘管 DRAM 的市場需求很大,英特爾仍然破釜沉舟,毅然決定退出 DRAM 市場,專注於微處理器的開發與製造。這個決定使英特爾成為此後四十年半導體產業的王者。

英特爾採取了兩種策略來贏得個人電腦產業的控制權。其一是透過推出一代又一代、計算速度和功能不斷提高的新型微處理器,來維持定義產業標準的權力,而且堅持微處理器的單一供應源政

---

9 Bassett (2002), p.222

策,不對外授權生產。第二個策略是最大程度地支持IBM相容電腦的製造與銷售,以降低IBM品牌在市場上的談判籌碼,包括採購微處理器時的議價能力。

1981年Intel 8088成功亮相後,英特爾很快在1982年推出了16位元微處理器80186和80286,分別為IBM個人電腦XT和AT提供引擎。1985年,Intel又推出了一款32位元微處理器80386,配合Windows的作業系統,成為有史以來最暢銷的電腦CPU。與含有29,000個電晶體的Intel 8088相比,80386內嵌275,000個電晶體,[10] 僅僅四年的時間,電晶體密度就增加了近十倍! 1989年,英特爾推出了含有120萬個電晶體的80486微處理器。電晶體數量的增加,大大提高了微處理器的計算速度和效能。x86系列從此成為業界標準,儘管在後續幾代中,產品代號改為Pentium和Core,最近幾代的Core處理器在一個晶片中含有超過十億個電晶體。雖然市場存在其他微處理器的競爭者,例如曾為蘋果麥金塔(Macintosh)等產品效力的摩托羅拉系列微處理器,但由於IBM個人電腦及其相容電腦的市場滲透度高,憑藉大幅成長的出貨量,英特爾穩坐個人電腦產業的主導地位。

英特爾的第二項策略是透過向IBM相容電腦的廠商提供技術支援,從而降低其他廠商進入個人電腦設計的障礙,以極大化微處理器的銷售。在微處理器80386公開發布後,康柏電腦(Compaq)在1986年成為第一家推出以386為CPU的個人電腦供應商,幾乎比IBM早了一年。[11] 英特爾不僅向相容電腦製造商提供了重要數據,

---

10　Malone (1995), p.196.
11　Malone (1995), p.197.

還支援以其微處理器為基礎的晶片組（chipset）。有了晶片組，設計人員就不需要了解太多關於 CPU 以及支援元件的相關知識，就可以自行設計個人電腦。如此一來，催生了許多小規模的相容電腦製造商和白牌業者。這項策略還孵化了一個主機板產業，主要集中在台灣，做為 IBM 相容電腦的後勤工廠。英特爾一方面利用 IBM 相容電腦來削弱 IBM 的品牌力，而白牌或 DIY 市場的創建，則是為了削弱所有品牌商的議價能力。大家都被削權，只有英特爾獨大。

微處理器的發明和擴散重塑了半導體產業的格局。微處理器的應用重新定義了半導體產業的權力結構，只有那些生產微處理器，或者扮演微處理器主要輔助角色的 DRAM 廠商，才能維持垂直整合製造商的地位，產業中的其他企業都退位，只能成為無晶圓廠晶片設計公司。因為英特爾主導著個人電腦的微處理器，其他處理器製造商必須找到自己的利基市場，否則就必須與日本製造商在記憶體領域白熱競爭。除了 1978 年由產業早期的 DRAM 製造商 Mostek 的前工程師所創立的美光以外，最終沒有一家美國半導體企業有能力維持 IDM 的營運模式。

在這場微處理器革命中，倖存下來的美國 IDM 企業，找到了通訊和汽車等利基市場的避風港。德州儀器憑藉數位訊號處理器（digital signal processor, DSP）在通訊產業找到一席之地，而摩托羅拉則以應用於工業控制的微控制器為基礎，蓬勃發展。IBM 設法保持其自家內部的 DRAM 和 CPU 的獨享市場，直到 2015 年決定停止所有半導體製造業務，轉型為一家提供資訊服務的公司。

歐洲也發生了類似的產業洗牌。基本上，只有廣泛定義的微處理器，包括 CPU、嵌入式微處理器（如 DSP）和微控制器，以及微處理器的核心輔助元件 DRAM，才有足夠生產量維持 IDM 營運模

式,其他都只能選擇無晶圓廠晶片設計型態。關鍵因素在於不斷增加的晶圓廠成本,需要大量的生產量來分攤。而半導體產品的其餘部分都變成了周邊產品,位於 IDM 核心之外,它們共同形成了台灣半導體晶圓廠的客戶群,不過其數目也隨著微處理器的功能增強不斷成長。

微處理器產業的競爭非常激烈,到了 1990 年,英特爾已經明顯成為贏家,儘管摩托羅拉、IBM 和 AMD 繼續為個人電腦提供替代性的 CPU,但隨著時間過去,它們的角色日益邊緣化。英特爾透過定期推出新一代 CPU,成為半導體技術的領航者,它在架構設計、產品設計和元件製造三方面的整合能力,彰顯了其強大的技術力。那些沒能力與英特爾競爭的企業轉向了某種解構模式(disintegrated model)以求生存,這個解構模式催生了大量的無晶圓廠晶片設計公司,以及少數晶圓代工廠、少數處理器架構相關的智慧財產權(IP)提供商,並且共同構成了一個可與 x86 陣營競爭的替代生態系。

台積電是「非英特爾陣營」裡元件製造服務的提供者,而 ARM 則是提供與處理器架構相關的智慧財產權。此外還有無數負責產品設計的無晶圓廠晶片設計公司,在未擁有製造工廠的情況下提供晶片,由 ARM 提供 IP 來幫助它們設計產品,因此 ARM 可說是無晶片(chip-less)或者無產品設計(design-less)的公司。當半導體產業由個人電腦驅動時,「非英特爾陣營」只是次要的玩家,陪英特爾玩不可能勝利的遊戲。然而,大約在 2000 年左右,半導體產業的驅動力從個人電腦轉向通訊和人工智慧時,就逐漸風雲變色,「非英特爾陣營」的實力愈來愈強大。

ARM 成立於 1990 年,是從英國一家小型電腦公司艾康電腦(Acorn)微處理器部門分拆出來的衍生公司。ARM 三字代表進階精

簡指令集機器（Advanced RISC Machines），它採用了 RISC 來設計微處理器。第一款 ARM 處理器於 1985 年問世，為嵌入式處理器，與 Acorn 電腦中的 MOS 公司微處理器 6502（也用於 Apple II）並駕運行，其設計理念是以更低的功耗提高計算速度，以便與 IBM 相容電腦競爭。

ARM 處理器在市場上很受歡迎，不同的客戶對不同的應用有不同的需求，所以不一定需要 Acorn 軟體的支援。為了回應這樣的需求，ARM 從 Acorn 分拆獨立，與電腦業務分隔。ARM 沒有選擇成為無晶圓廠晶片設計公司，在市場上銷售晶片，而是選擇了獨特的商業模式，即在不銷售晶片的情況下銷售設計 IP。ARM 處理器的低功耗特性，在行動通訊時代，形成獨特的優勢，更優於英特爾的 x86 處理器。ARM 處理器的共同發明者蘇菲・威爾遜（Sophie Wilson）表示，這個優勢是意料之外的收穫，因為最初會開發低功耗的處理器，其實只是為了節省產品成本，以便與 IBM 相容電腦競爭。[12] 低功耗的優勢不僅在行動通訊非常關鍵，在人工智慧晶片設計上也極為重要。

平台模型：建構完整且互補的生態系

微處理器的發明和擴散重塑了半導體產業的結構，個人電腦的普及增加了對微處理器和 DRAM 的需求，進而導致市場集中度提升。微處理器、作業系統和 DRAM 的標準化，是促成市場集中度提

---

12 "Oral History of Sophie Wilson, 2012 Computer History Museum Fellow," *Computer History Museum*, interviewed by Douglas Fairbairn, 2012/1/31.

高的強大力量。創新競爭激烈,以至於每一代個人電腦的壽命都相當短暫。創新需要龐大的研發投資,但不同世代產品之間有相容性,才能滿足客戶對新穎、且熟悉產品的渴望,創新於是找到了需求。只有產品標準化,才能同時滿足兼具新鮮感和熟悉感的消費需要。因此,x86 家族和其他類似產品系列(如 Apple),掌握了市場的主導地位。標準化產生了網絡效應,使得贏者全拿,輸家無情地被市場淘汰。

自從 Intel 4004 於 1971 年首次亮相以來,不論老牌公司或新創公司,許多企業紛紛推出了自己的微處理器,市場上群雄並起。到了 1979 年微處理器第一個十年結束時,至少有 16 家競爭對手進入市場,其中英特爾、摩托羅拉、德儀和 Zilog 成為明顯的市場領先者。[13] 在接下來的十年裡產業重新洗牌,英特爾和摩托羅拉在個人電腦業務中激烈競爭。1981 年英特爾贏得了 IBM 個人電腦的採用,而摩托羅拉則藉由其深受歡迎的 68000 微處理器,為蘋果麥金塔提供頭腦,市場呈現兩雄並立的態勢。

接著在 1990 年代,IBM 與英特爾開展了世紀對決。當英特爾支持的 IBM 相容電腦不斷壯大,開始侵蝕 IBM 個人電腦的市場基礎時,IBM 決定展開反擊。IBM 於 1991 年與摩托羅拉和蘋果公司合作,組成了所謂的「AIM 聯盟」,利用 IBM 提供的 POWER 微處理器架構,企圖創建一個新的微處理器平台來對抗 x86。第一款由摩托羅拉設計和製造的 POWER 微處理器 601 於 1994 年問世,做為蘋果公司新麥金塔的 CPU,IBM 也提供了自己設計製造的 POWER 微處

13　Malone (1995), pp.148-149.

理器版本，以豐富 AIM 陣營的產品線。

然而事實證明，IBM 個人電腦的開放架構過於強大，連 IBM 自己都無法拆它的台。各種軟體應用程式在開放系統中的成長速度極快，比蘋果麥金塔的封閉系統中豐富多元，因此 IBM 個人電腦及其相容電腦的出貨量，遠遠超過了麥金塔系列。個人電腦出貨量遙遙領先，直接加速了英特爾微處理器創新的速度；儘管麥金塔在其忠誠粉絲中仍然受歡迎，但摩托羅拉和 IBM 卻無法以同樣的速度提供新一代的微處理器，以滿足蘋果對產品更新的需求。2005 年，蘋果公司終於決定放棄 POWER 晶片，轉而採用英特爾的 x86 微處理器系列，這意味 POWER 個人電腦架構的終結，英特爾從此一統江山。在此前一年，也就是 2004 年，摩托羅拉就宣布停止半導體製造業務，並將半導體部門分割獨立成為一家無晶圓廠晶片設計公司，名為飛思卡爾（Freescale）。

英特爾平台是一個生態系統，由位於核心的英特爾微處理器和周邊零組件共同組成。為了保持平台的生命力，核心的英特爾必須向系統提供兩項重要的元素，亦即完整（integrity）和互補（complementation）。完整意味著核心和周邊零組件必須以相容的方式進行創新，完整結合，以發揮整個系統的威力。如果只有英特爾的微處理器升級，而系統的其他元件停滯不前，平台將不會進步。

Intel Architecture Lab 經理巴拉．卡丹比（Bala Cadambi）曾對於平台完整性提出如下詮譯：

「英特爾致力為個人電腦提供引擎，就像本田致力於為汽車提供引擎一樣，英特爾引擎的容量每 18 至 24 個月就會增加一倍，這就是摩爾定律。它以效率、可擴展性（scalability）、功率

和多媒體等方面的功能來增加個人電腦的性能。我們必須確保平台的其餘部分能夠實質跟上⋯⋯因此，我們希望平台——即微處理器周圍的所有東西，都能夠同步前進，不斷改進和擴展，使微處理器完全發揮潛力。[14]」

為確保完整性，英特爾必須負責消除阻礙周邊產品創新的系統障礙。英特爾於 1991 年成立了 IAL 實驗室來承擔這項責任，而不是找最初創建 IBM 個人電腦架構的 IBM 協助。IAL 的第一個成就是提供了一種新的匯流排結構，即周邊組件互連標準（peripheral component interconnect, PCI），以取代已經過時、且開始阻礙微處理器與周邊組件（包括硬碟、顯示卡等）之間傳遞數據的舊式匯流排。除了後來成為了 I/O 介面新標準的 PCI 外，英特爾還創建了晶片組，使周邊組件與微處理器之間的連接變得容易。成功推出 PCI 和晶片組，對於英特爾從零組件供應商轉型為平台領導者，可說是極為關鍵的生態建設。[15]

再來是互補性，為了確保互補性，平台領導者必須鼓勵並支持周邊組件的創新，以刺激個人電腦需求的持續成長。在 IBM 大型主機的封閉系統中，所有創新都必須由核心公司獨立進行；而開放平台的創新，則可來自系統的非核心成員。由於系統是開放的，任何希望透過自己的創新，加入該平台的人，都可以自由地進行，系統也將自動吸收它們，以獲得新的能力。許多應用創新，可以增加個

---

[14] Annabelle Gawer and Michael Cusumano, 2002, *Platform Leadership: How Intel, Microsoft and CISCO Drive Industry Innovation*, Boston, MA: Harvard Business School Press, pp.17-18.

[15] Gawer and Cusumano (2002), p.25.

人電腦的價值,包括:印表機、掃描器、數位相機、顯示卡、遊戲機等等。英特爾的責任是確保平台能促成這些應用創新的實現,並鋪設創新功能可納入系統的管道。

在1990年代中期發明的通用序列匯流排(USB)是增進互補性很好的例子。[16] USB允許任何外接元件或設備隨意插入個人電腦,而在此之前的結構是:每個外部元件都需要一個特定的連接口。USB的發明無疑增加了個人電腦與外部元件/設備之間的可及性(accessibility),以鼓勵創新和競爭。基於此,英特爾為許多系統外的公司創造了商機,透過USB接口向個人電腦平台提供擴充元件或設備。USB使周邊零組件和系統更容易相容,促進了創新,增強了個人電腦的能力,使微處理器的銷售增加。平台領導者英特爾是所有周邊創新的最終受益者。

由於網絡效應,贏者通吃,個人電腦產業的平台競爭的結果,造就了英特爾成為唯一的霸主。儘管勝利者在微處理器的核心業務中獨得所有利益,輸家都已退出江湖,但這位勝利者並不是孤單一人站在產業的高崗上,它被數目龐大的周邊零組件供應商圍繞著、支撐著,如眾星之拱月,英特爾也希望星星愈多愈好。

這些周邊零組件供應商,許多是小型新創公司,需要各種類型的半導體元件來驅動其產品或服務,但英特爾雖提供平台,卻無法提供這些元件。它們對元件的需求,催生了新的IC設計產業,即無晶圓廠晶片設計公司,而無晶圓廠晶片設計公司必須仰賴台灣的晶圓代工服務,才能將設計轉化為實體元件。簡言之,個人電腦產業

---

16 Gawer and Cusumano (2002), pp.41-43.

平台的出現，開啟了台灣半導體產業的商機。台灣半導體產業的生態系統包括個人電腦的周邊、IC 設計，和晶圓代工服務三部分，它們的出現似乎是同時而自發性的，且都依附於英特爾所創建的平台。因此，可以說若無英特爾平台，就沒有台灣的次生態系統，也不會有台灣半導體產業。

周邊的力量：從個人電腦到智慧型手機的競爭

台灣是微處理器應用領域的快速追隨者。1972 年，就在 Intel 4004 發明一年後，台灣的環宇公司推出了首款自主研發的桌上型計算機，採用了美國 Mostek 公司的計算機晶片，這款計算機問世時的售價為新台幣 8,000 元，在當時可說是奢侈品。1973 年，另一家公司榮泰電子在台灣推出了第一款手持計算機 Qualitron，採用了德儀提供的 4 位元微處理器。[17] 隨後，當 8 位元微處理器問世後，一系列手持式科學計算機也相繼問世，價格也比較親民，這是台灣的大學生開始以敲科學計算機代替拉計算尺做作業或考試的 1970 年代。

不要小看計算機，在美國和日本之外，台灣是少數具有設計和製造計算機能力的國家，這種經驗為台灣在即將到來的個人電腦時代預先做了充分準備。當 1970 年代中期，計算機百家爭鳴，價格戰將它變成大眾商品時，台灣成為世界上少數有能力繼續製造這些產品的地方，儘管多數產品是美國和日本品牌，台灣只是代工。[18] 手持

---

17 中研院近史所，2023，《施振榮先生訪問紀錄：宏碁經驗與台灣電子業》，口述歷史叢書 103 號，台北：中央研究院，頁 5-7。
18 計算機的價格戰一般認為是德儀引發的。德儀於 1976 年發售科學型計算機 TI-30 型，定價 25 美元，比當時的專業用計算尺還要便宜，其他廠牌計算機售價都還在 100 美元以上。

計算機的商業模式，和後來的筆記型個人電腦神似，儘管後者擁有更強大的運算能力，這也是為什麼今天台灣的筆電大廠都有計算機代工的背景。

　　台灣第一台微型電腦（個人電腦）是宏碁於1981年開發設計的，採用Zilog微處理器Z80，並由日本冲電氣公司代工製造的ASIC晶片支援。Z80是由弗德里克・法金從英特爾跳槽到Zilog後所開發的，基本上是Intel 8080處理器的改進版，精煉的改進使其更容易進行編程，並被Radio Shack採用於TRS-80機器，這台TRS-80在很多人眼中被視為歷史上第一台真正的「個人電腦」。[19] 這台宏碁電腦取名為「小教授」（Micro-Professor），旨在成為學生和研究人員編寫電腦程式用的訓練機（microprocessor trainer），必須用組合語言（assembly language）輸入，這是世界上歷史最悠久的微處理器練習機之一。

　　1982年，宏碁推出了Micro-Professor II，採用了當時最低價的MOS 6502處理器，本質上是一款Apple II的仿製機，但配備有中文版選項的BASIC作業系統。同一年，康柏公司剛剛發布第一款IBM相容電腦Compaq Portable。宏碁試圖效仿康柏，但由於缺乏BIOS技術而受阻，BIOS是IBM唯一不開放的技術。1984年宏碁取得工研院電子所開發的BIOS技術，開始出貨IBM相容個人電腦；然而第一次出貨，即在美國海關被擋下，因IBM指控工研院電子所的BIOS侵權，宏碁不得不向美國開發商購買替代BIOS技術。[20] IBM

19　Tim Jackson, 1997, *Inside Intel: Andy Grove and the Rise of the World's Most Powerful Chip Company*, London: Dutton Book, p. 132.
20　訪談施振榮，台北，2023/6/8。

隨後派工程師和法律人員到工研院和電子所工程師談判，IBM 的結論是：電子所的技術能力沒有問題，只是對著作權一無所知。IBM 建議電子所改寫 BIOS，再由美國的顧問公司認證。電子所依 IBM 的建議，全部改寫 BIOS，再通過驗證。從此台灣有了自己合法的 BIOS，稱為 ERSO BIOS，還開啟了與 IBM 進一步合作的管道，例如合資成立「前瞻公司」，IBM 也提供電子所工程師法務、BIOS 和智財權的相關訓練。

1983 年台灣開始設計生產 IBM 相容電腦，1984 年電子所就解決了 BIOS 的問題，到了 IBM AT 來臨時，技術差距已剩幾步之遙。在 IBM PC 採用英特爾處理器成為常態時，技術的趨勢就很容易預測。到了 Intel 386 代時，台灣個人電腦的設計能力，可以說已和美國同步。掌握了 BIOS 自主技術，當 CPU 升級的時候，晶片組跟著變化，就能自主性調整 BIOS。工研院電子所在執行 BIOS 研究計畫過程中，與企業和學校合作，訓練了很多人才，這些人才擴散到產業界，不論在主機板、顯示卡、鍵盤領域，都能清楚掌握介面技術，跟上產品開發的需求。

工研院電子所除了開發自己的 BIOS 之外，也從微軟取得作業系統 DOS 的授權、再轉授權給台灣廠商。做法是電子所先付一筆較高的費用給微軟取得前置授權（upfront licencing fee），含有一個再授權的權利，電子所以兩美元一份的費用授權給台灣廠商使用，讓它們可以很快進入市場。透過主動建立產業鏈中的短缺塊（missing link），幫助台灣電腦業把握了 IBM 相容電腦的全球市場。另外，電子所花了一千萬元成立一個檢驗實驗室，提供廠商進行產品電磁波干擾檢驗，解決了廠商在產品開發完成後，必須把產品送到美國檢驗的困擾。這是國家設立的財團法人對新興產業的重要基礎建設。

其實宏碁並不是台灣唯一一家趕上微處理器列車的公司。在 1970 年代末期，台灣的街頭出現了一個巨大的遊戲機產業，由台灣的機器製造商提供盜版的日本遊戲機台，供學生們娛樂。它們解構最新推出的日本遊戲機台，透過逆向工程，在台灣立刻複製其印刷電路板（printed circuit board, PCB），然後將包括微處理器在內的電子元件插上 PCB，再加上機械和塑膠件，迅速組裝完成一台山寨版機器。這是一個非法、但利潤豐厚的產業，一時瘋迷全台，尤其是台北，遊戲產業創造了對微處理器的巨大需求，其中 MOS 6502 處理器最受歡迎。

1982 年 3 月，台灣政府突然宣布全面禁止街頭大型遊戲機，理由是許多學生因沉迷遊戲而蹺課，危害教育。遊戲機產業為 6502 微處理器庫存尋找出路，於是轉向生產盜版的 Apple II 電腦，後者使用相同的微處理器。[21] 未經授權的 Apple II 電腦，因為知識財產權的限制而無法出口，只能在台灣市場流竄。然而，這一事件使得台灣產業獲得製造個人電腦的經驗，因此在知識財產權的問題解決以後，台灣廠商也已經準備好進入 IBM 相容電腦市場。

取得合法製造 IBM 相容電腦的機會，台灣很快成為個人電腦的製造王國。在 1981 年 IBM 剛推出個人電腦時，台灣僅出口了價值 36 萬美元的個人電腦，到了 1989 年，台灣個人電腦出口金額達 14 億美元，僅僅十年間就成長了 4,000 倍。[22] 個人電腦製造業聚集台灣，催生了大量的個人電腦周邊元件，為這種日益強大的機器提供了附加價值。周邊元件採取加購或隨機贈送的形式，價格低廉，

---

21 訪談施振榮，台北，2023/6/8。
22 楊丁元、陳慧玲，1998，《業競天擇》，台北：工商時報出版，頁 188。

通常由一些本地設計的 ASIC 所驅動，需要低廉的設計與製造成本。

因為個人電腦的周邊需求，台灣才有機會進入了半導體產業的「元件設計」領域，超越了早期半導體元件只能用於電子錶和按鍵式電話的時代。按鍵式電話曾經短暫地繁榮了聯電的業務，但這顆引擎很快失去動力，因為隨著半導體技術的進步，電子錶和電話都成為大眾化商品，價格不斷下跌。相較之下，個人電腦周邊元件的價值雖然不高，但不會跌價，只是功能不斷提升，生命得以延續，這得益於微處理器的不斷創新與升級。

個人電腦所有周邊元件，都是個人電腦平台價值的延伸，周邊元件的創新擴大了核心微處理器的能量、增強系統的價值，因此永遠受到平台領導者的歡迎。這種生態系統降低了中小企業挑戰產品創新的風險。然而，中小企業創新在市場上可能只有短暫的價值。例如，台灣的全友電腦在 1984 年率先推出了應用於個人電腦的掃描器，成為一款熱門的周邊產品，很快吸引了其他 20 多家公司推出類似產品，包括惠普和 SONY 等巨頭。發明者全友電腦，無力與這些產業巨頭競爭，無法保持市場地位，因為這些巨頭擁有互補性資產，能最大限度地發揮掃描器做為圖像處理機的價值。[23] 但掃描器的市場因競爭和產品多樣化而擴大，因此對於驅動掃描器的 ASIC 晶片需求也隨之擴大，為台灣的 IC 設計業提供了商機。其他個人電腦周邊設備，如印表機、顯示器、鍵盤、滑鼠等，都對 ASIC 創造了新的需求。

個人電腦的周邊設備和附加元件（add-on）的出現，自 1980 年

23　David Teece, 1986, "Profiting from technological innovation," *Research Policy*, 15(6): 285-305.

代初期崛起，開啟了台灣的 IC 設計產業，台灣很快成為僅次於美國、世界第二大的 IC 設計中心。從表 7.1 可以看出，台灣的 IC 設計公司在 1980 年代初期開始出現，到了 1986 年已有 18 家設計公司，銷售收入總計為新台幣 5.6 億元（約合 1,600 萬美元）。台積電於 1987 年成立後，無晶圓廠設計公司的數量迅速增加，到了 1990 年，台灣的無晶圓廠設計公司的數量已增加到 56 家，銷售收入總計達到新台幣 59 億元（約合 2 億 1,800 萬美元）。儘管台灣的無晶圓廠晶片設計公司規模較小，可是因為它們很早就進入市場，遂構成台灣半導體生態系統的重要成分，也孕育了台灣獨特的代工模式。1997 年台積電年報顯示，其 26% 的收入來自台灣客戶，僅次於來自美國的 42%，其他地區的收入相對較少，如日本為 11% 和歐洲為 8%。[24] 台積電雖然自始就是全球性企業，但穩定的本土客源，仍有壓艙石的作用。

到了 2000 年，台灣的晶片設計公司數量增加到 140 家，總銷售收入達到新台幣 1,152 億元（約合 35 億美元），2010 年晶片設計公司的數量增加到 266 家，總收入達到新台幣 4,548 億元（約合 150 億美元）。粗略地說，台灣的晶片設計公司每十年數量翻一倍，銷售收入從 1990 年到 2010 年增加了 70 倍，到了 2024 年，台灣的晶片設計公司總銷售估計達到新台幣 1 兆 2,617 億元（約合 460 億美元），其中三家進入了世界前十大（參見 227 頁表 7.2）。經過 30 年的發展，晶片設計業意外地與半導體製造業一起成為兆元產業（以新台幣計算）。直到 2000 年以後中國的晶片設計業崛起之前，無晶圓廠

24　TSMC Annual Report 1997.

表 7.1　台灣 IC 設計公司家數、收益、出口

年份	家數	總收益（十億元）	出口比率（％）
1986	18	0.56	-
1987	30	0.8	-
1988	50	2.2	74
1989	55	5.4	43
1990	56	5.9	36
1991	57	7.3	51
1992	59	8.6	50
1993	64	11.7	54
1994	65	12.4	35
1995	66	19.3	39
1996	72	21.8	36
1997	81	36.3	48
1998	115	46.9	43
1999	127	74.2	38
2000	140	115.2	41
2001	180	122.0	49
2002	225	147.8	51
2003	250	190.2	55
2004	260	260.8	63
2005	270	282.3	65
2006	267	323.4	66
2007	272	399.7	67
2008	256	374.9	67.5
2009	263	385.9	66.5
2010	266	454.8	67.0
2011	285	484.7	68.0
2024（e）	270	12,617	20.1

資料來源：《台灣半導體工業年鑑》；2024（e）為工研院產科國際所（2024/05）提供之預估值。

表 7.2　2023 年世界前 10 大無晶圓廠晶片設計公司

排名	公司名稱	國家	銷售額（百萬美元）	主要產品
1	輝達（Nvidia）	美國	55,268	AI 晶片
2	高通（Qualcomm）	美國	30,913	手機晶片
3	博通（Broadcom）	美國	28,445	網路晶片
4	超微（AMD）	美國	22,680	微處理器
5	聯發科（Mediatek）	台灣	13,888	手機晶片
6	邁威爾（Marvell）	美國	5,505	網路晶片
7	聯詠（Novatek）	台灣	3,544	顯示驅動晶片
8	瑞昱（Realtek）	台灣	3,053	消費性晶片
9	威爾（Will）	中國	2,525	影像處理器
10	MPS	美國	1,790	類比晶片

Source: Trend Force, May 2024.

晶片設計公司模式只在台灣和美國開枝散葉。台灣的純晶圓代工服務為全球晶片設計產業提供了一個開放的平台。而日本、歐洲或韓國都沒有國際一流的無晶圓廠晶片設計公司，也就沒有純晶圓代工商業模式的思維。

　　台灣的晶片設計公司提供的產品，大多數是針對個人電腦應用。從表 7.1 可以看出，在 1989 年至 2001 年期間，台灣晶片設計公司的出口比率保持在 50% 以下，這表示超過一半的收入來自國內的銷售。相反地，有超過 90% 台灣製造的個人電腦用於出口，因為台灣是世界個人電腦品牌廠商的主要代工廠。所謂「國內銷售」，簡單來說就是台灣設計和製造的晶片，先被整合到品牌商的個人電腦系統或周邊設備中，例如掃描器和顯示器，然後再出口。換句話說，它們其實不是內銷，而是間接出口。由台灣設計的 ASIC 所驅動

的周邊設備和附加元件，增強了台灣個人電腦的出口價值。但台灣IC設計公司的出口比率，從2002年開始超過50%，這是由於台灣個人電腦製造商開始將生產線移轉至中國的緣故，台灣設計的晶片被運送到中國的生產線進行整合。生產地的移轉提高了台灣在個人電腦製造的市占率，也促成台灣晶片設計產業進一步擴大。

大多數周邊設備或附加元件，都是使用成熟微晶片的低價值產品，也無需代工服務商提供先進的製程技術。因此，台灣晶圓製造技術的進步動力，不是來自於台灣本土，而是美國的無晶圓廠晶片設計公司。如同台灣業者，當它們僅需要成熟技術時，才與台灣的晶圓代工廠合作。但它們更有機會提升產品的層級，推升先進技術的需求，最終達到了技術最前沿，而台灣的晶圓代工廠因附驥尾而得登龍門。

今天台積電最重要的客戶之一輝達，就是最好的例子。它從電腦遊戲顯示卡起家，使用成熟技術，在與台積電合作之後，開始攀登技術階梯，成為GPU的領航者，並在AI時代成為晶片之王。過去顯示卡只是個人電腦的周邊附件，如今GPU則是機器學習不可或缺的工具、高效能電腦的核心，透過提供最先進的人工智慧晶片（通常將多個GPU和CPU組合在一個晶片中），輝達已成為當今最有價值的半導體公司。在2023年中，輝達的AI晶片也是台積電所製造價值最高的晶片。[25]

1993年成立時，輝達是一家無晶圓廠晶片設計公司，第一份合約是為日本遊戲機製造商SEGA開發圖形處理器。經過一年多的努

---

25 2023年輝達的AI晶片H100售價15,000到40,000美元，當時英特爾的CPU售價不超過600美元。

力，1995年卻遭遇巨大打擊，當時微軟發布了新的作業系統Windows 95，宣布將向遊戲開發者提供應用程式介面DirectX，讓它們的產品可以連接到個人電腦上。但輝達一直採用的是「前向紋理映射」（forward texture mapping）技術做為其三維圖形處理的基礎，這與DirectX的「反向紋理映射」（invert texture mapping）架構不相容，造成開發出來的晶片除了SEGA外，可能無人問津。

輝達決定暫停已完成一半的項目，從零開始研究。六個月後，就在新創投資資金即將耗盡前，成功創建了一款流行的圖形處理器，名為RIVA 128。[26] RIVA 128與DirectX相容，在上市一年內，銷售量就超過百萬套，並被戴爾電腦（Dell）和捷威科技（Gateway）採用為標準配件。這項成功說明了Wintel個人電腦平台的威力。然而像輝達這樣的公司，如果沒有台積電的支持，不可能有可靠的產品供應源。台積電透過低成本和快速交貨，讓RIVA 128得以一舉成功。更重要的是，台積電願意為這些名不見經傳的新公司所設計的產品生產製造。

對於一家晶圓代工廠而言，生存最重要的因素就是產量，必須聚集足夠的產量，才能承擔晶圓廠的巨額投資。在個人電腦時代，顯示卡是少數可提供大量生產的產品之一。除了輝達，台積電另一個主要客戶冶天科技（ATI），也專門從事顯示卡製造。當顯示卡成為許多個人電腦品牌標準配件時，其需求量就與個人電腦一樣大，只是單價不高而已。

台積電在1990年代的另一項重要產品是CPU晶片組，這裡台

---

26 黃仁勳2023/5/27台大畢業典禮演講。

灣的無晶圓廠晶片設計公司也扮演重要的角色，如威盛電子。晶片組製造商圍繞著英特爾和 AMD 提供的 CPU 設計支援功能，將它們以整體單一套件出售，降低了個人電腦設計的技術門檻。這種創新也開啟了台灣獨特的電腦主機板產業。晶片組是 1990 年代的明星產品，為台灣的 IC 設計產業找到數量夠大的主流產品，奠定了產業初期的基礎。

威盛電子成立於 1992 年，為一家無晶圓廠晶片設計公司，以設計製造低價位個人電腦的晶片組為主要業務，客戶是台灣的主機板製造商，它們提供主機板給低階個人電腦品牌和 DIY 供應商。這些晶片組簡化了主機板的設計，從而降低了個人電腦產業的進入門檻，英特爾很快注意到了其價值，也提供了自家設計的晶片組。儘管台灣的晶片組製造商如威盛電子、矽統科技、揚智科技等在晶片組市場上與英特爾競爭，但英特爾將它們視為盟友而非敵人，因為它們的晶片組促進了英特爾核心產品 CPU 的銷售。台灣的晶片組也增加了主機板設計的多樣性，滿足更多設計人員的需求。例如，英特爾 Pentium 4 晶片組只支援 Rambus 記憶體，而威盛電子的晶片組還支援 DRAM 或 DDR 等傳統記憶體。

可是當 2000 年，台灣在晶片組市占率超過 50% 時，喧賓奪主，使得英特爾和台灣晶片組製造商的聯盟關係出現裂痕。因為台灣晶片組製造商的生產彈性高，和主機板廠商近水樓台，又很靠近台積電和聯電等代工廠，占有先天優勢。2000 年威盛電子的晶片組銷售額超過新台幣 300 億元，足以包下一個 8 吋晶圓廠整年的產能。這使得英特爾神經緊繃，同年英特爾在美國興訟，提告威盛電子侵犯了 Pentium 4 處理器的相關專利。

這場訴訟最終以庭外和解收場，雙方達成交叉授權協議。然

而，這場訴訟以後，英特爾利用它在 CPU 市場的壟斷力量，透過折扣、綁約等促銷方式，誘使品牌製造商採用英特爾自家的晶片組，或者脅迫它們不得採用競業的晶片組，否則斷供 CPU。儘管這些做法最終在 2010 年被美國聯邦貿易委員會（FTC）判定違法，但這項裁定對挽救台灣日益衰敗的晶片組產業，為時已晚。[27]

從 2009 年開始，英特爾將「北橋」晶片組納入其 CPU 的一部分，實質上內部化了晶片組市場，建立晶片組的進入障礙。威盛電子試圖透過收購經營不善的美國 CPU 製造商 Cyrix，來彌補 CPU 的空缺，然而，威盛電子／Cyrix 的組合，對市場領導者英特爾並不構成威脅。最終，台灣所有晶片組製造商都在英特爾壟斷勢力下，退出競爭。

台灣另一家晶片組製造商揚智科技的故事也很類似。揚智科技 1984 年在矽谷創立，當時名為國善，是一家無晶圓廠晶片設計公司，被宏碁收購後才更名為揚智科技。早期主要的產品是 DRAM 和 EPROM 等記憶體，但在 1990 年代初轉向了電腦晶片組。除了支援英特爾和 AMD 微處理器的晶片組外，揚智科技還基於 RISC 架構創建了晶片組，做為 x86 陣營外的選擇。1993 年，它創建了一款名為 PICA（性能增強的輸入輸出和 CPU 架構）的晶片組，由美普思科技（MIPS Technology）的微處理器 R4000 或 R4400 提供引擎，並在 Windows NT 上運行。PICA 野心很大，想成為英特爾晶片組的替代選項，但即便母公司宏碁，也在英特爾的壓力下不得不放棄使用

27　2010/8/4，FTC 命令英特爾將其給予晶片組廠商的專利授權延長到 2018 年，並不得阻止第三方購買晶片組競爭廠商之產品。

它。[28] 國善和威盛電子的案例說明了做為平台周邊配角的優點，以及容易被平台領導者霸凌的風險。

　　進入 2000 年代以後，受惠於中國資訊終端市場的蓬勃發展，多媒體應用成為台灣 IC 設計產業的新動能，這一浪潮由聯電兩個衍生公司——聯發科和聯詠科技帶頭前進。1995 年，當初聯電決定轉型為純晶圓代工廠時，這兩家公司從聯電的 IC 設計部門分拆出去，形同棄子，但今日發展較母公司更顯風光。聯發科由蔡明介領軍，他曾是聯電執行副總裁，負責督導聯電的產品設計部門。他最初於 1983 年從工研院電子所轉到聯電任職，目標是提升聯電做為 IDM 製造商的產品設計能力。獨立以後的聯發科，做為一家無晶圓廠晶片設計公司，初始從事唯讀記憶光碟（CD-ROM）控制晶片的業務，這是當年用來取代軟性磁碟機的新型態電腦周邊。聯發科在 CD-ROM 領域複製了晶片組的概念，提供用於 CD-ROM 的單晶片控制器，廣受台灣廠商歡迎。到了 2000 年，聯發科在全球 CD-ROM 控制器市場已有超過 50% 的市占率，包括了日本和韓國客戶。[29]

　　聯發科接著進入數位多功能影音光碟（DVD-ROM）的市場，它的控制晶片在眾多小型 DVD 播放機製造商進入中國市場後，引發了一場 DVD 革命，這種易於使用的晶片組帶動了 DVD 播放器的價格破壞，使價格從 500 美元狂降到 50 美元以下，將 DVD 播放器的原始發明者日本製造商趕出了中國市場。到了 2003 年，聯發科超越威盛電子，成為台灣第一大 IC 設計公司，取代威盛成為台積電在台

28　訪談施振榮，台北，2023/6/8。
29　Willy Shih, Chen-Fu Chien, Jyun-Cheng Wang, 2010, "Shanzai, Media Tek and the "White Box" handset market," *Harvard Business School Case*, 9-610-081.

灣的最大客戶。

個人電腦市場自 2000 年起成長速度放緩,並於 2011 年達到飽和。根據 Gartner 的市場統計,2001 年全球個人電腦總出貨量達 3 億6,540 萬台的高峰後,銷量停滯或下滑。從那時起,儘管工業用途的個人電腦大致保持同一銷售規模,但消費者開始用智慧型手機和平板電腦替代傳統的個人電腦。無晶圓廠晶片設計產業的動能,同時轉向智慧型手機和其他行動裝置。到了 2013 年,智慧型手機的出貨量超過 10 億台,幾乎是個人電腦的三倍,而且單價逐漸接近。半導體晶片的競爭是一場數字遊戲,當個人電腦被智慧型手機取代後,其主導半導體產業發展的地位也跟著易主。

聯發科於 2004 年進入手機晶片領域,透過設計單晶片系統(SoC)以滿足中國「山寨」手機製造商的需求,那時通訊載具正從功能型手機轉型到智慧型手機。聯發科的 SoC 包括一個應用處理器(application processor)和其他功能性晶片,整合程度很高,降低了手機設計的技術門檻,提高了設計速度。相較於市場領導者高通,使用高通 SoC 平台設計一台手機,通常需要一個 50 人的團隊,花上六個月時間才能完成;而聯發科的 SoC 則可以讓一個 20 人的團隊,在三個月內就能完成相同任務。

聯發科 SoC 的簡潔性仍然是晶片組概念的體現,透過為客戶整合更多的線路設計,使產品的開發工程複雜度降低。SoC 簡化了電路設計和介面,共通性提高,卻也限縮了歧異性,客戶被迫必須在手機的功能和其他特性上進行獨特的創新,才得以創造差別化的產品。因此,這一平台在中國誘發了一個充滿活力的產業,出現了多采多姿的山寨手機,聯發科也因此被冠上「山寨王」的渾號。

這些山寨手機通常品質低劣,許多都是模仿蘋果和三星。然而

因為進入門檻低，市場競爭激烈、產業洗牌之後，最終產生了幾個中國本土的大品牌，成為蘋果和三星的競爭對手。中國智慧型手機市場快速成長，在 2021 年已經位居全球第一，手機總出貨量達到 3 億 2,900 萬台，同時把聯發科拱上當年全球第四大無晶圓廠晶片設計公司的位置。

後個人電腦時代：掌握手機晶片者為王

個人電腦市場的飽和，開始重塑微處理器產業的權力格局。英特爾因為專注於個人電腦的 CPU，以致於錯過了智慧型手機處理器的發展。智慧型手機的處理器市場由高通、聯發科、蘋果、三星、華為等公司主導，它們利用 ARM 提供的開放架構，自行設計晶片。除了三星之外，其他各家都採用了無晶圓廠商業模式，借助台積電的晶圓代工能力，生產自家產品。

就像個人電腦 CPU 的發展一樣，智慧型手機處理器也在每一代中不斷進步，單一晶片中內嵌更多的電晶體，擁有更強大的功能和更快的處理速度。由於手機本身尺寸和持久性的嚴格需求，智慧型手機晶片的技術要求更加嚴格，做為晶圓代工服務的廠商台積電負責提供製造技術，以實現其目標。與英特爾不同，提供架構、產品設計和製造技術都在同一家公司，行動晶片的三項功能則由 ARM、無晶圓廠晶片設計公司、台積電分別擁有，最後由台積電承擔整合這三項能力，完成製造產品的使命。

當蘋果在 2007 年推出第一代 iPhone 時，英特爾拒絕提供處理器來為這款未來明星產品提供動力，因為它認為手機晶片是低價產品，遠遠不及個人電腦微處理器，為蘋果操刀將浪費企業資源。僅

僅在兩年之前，即 2005 年，蘋果才決定放棄 POWER 個人電腦，轉而採用英特爾微處理器，來驅動其麥金塔電腦。英特爾在智慧型手機時代未能與蘋果合作，在後來的發展歷史上被證明是一項巨大且致命的決策錯誤，因為個人電腦市場很快就達到飽和，而行動裝置迅速取代了個人電腦，成為半導體產業成長的主要驅動力。[30]

手機晶片價格雖然仍小於電腦的微處理器，但數量遠遠超過。2021 年，智慧型手機的銷量達到了 14 億 3,000 萬台，而個人電腦的銷量則為 3 億 4,100 萬台。自 2011 年起，個人電腦數量一直呈現穩定下降的趨勢，直到 2020 年至 2022 年，由於遍及全球的新冠疫情（COVID-19）迫使人們在家工作，才出現了反彈回升。蘋果最初採用三星製造的應用處理器來驅動 iPhone，但很快就決定自行設計晶片。對蘋果來說，採用無晶圓廠晶片設計模式，外包給晶圓廠代工是很自然的選擇。代工最初交給三星，後來是委由台積電製造。

轉向台積電是因為蘋果和三星在智慧型手機市場的競爭，最終在 2011 年爆發了法律訴訟，兩家公司就商業合作中相互侵犯知識財產權互控。這件訴訟凸顯了純晶圓代工模式的優點，台積電成立以來即承諾不會推出任何自家產品，自從台積電於 2014 年開始製造 A8 晶片（用於 iPhone 6），隨後即成為後續幾代 A 系列晶片的獨家晶圓代工廠。因蘋果晶片加持，台積電市值已可匹敵英特爾。在行動通訊時代，只有強大的英特爾與三星仍然站在 IDM 的陣營，其他半導體公司都採用了無晶圓廠晶片設計模式。

除了用於智慧型手機的應用處理器外，電腦產業的演進也促進

---

30 Timothy Lee, 2016, "Intel made a huge mistake 10 years ago. Now 12,000 workers are paying the price." *Cox.com website*, 2016/4/20.

了無晶圓廠晶片設計模式的成長，有助於晶圓代工服務提供商的發展。特別是 AI 技術的進步，增加了對高效能計算的需求，這也使得在單一晶片中必須嵌入更多電晶體。輝達做為 AI 晶片的領先提供商，自從進軍半導體產業以來，便與台積電建立合作關係。圖形卡曾是個人電腦的周邊零組件，附屬在微處理器上處理圖形。然而，當 GPU 成為提高 CPU 運算速度的通用產品時，它可以進行各種編程，例如影像辨識、機器學習、雲端運算等。在 AI 時代，GPU 在處理能力、技術成熟度和市場價值方面，已經可與 CPU 相提並論。一般的 AI 晶片，同時擁有多個 CPU 和 GPU，兩者相輔相成，已非從屬關係。

ARM、無晶圓廠晶片設計公司、純晶圓代工廠之間的三方聯盟，不僅阻止了英特爾對行動通訊產業的反攻，還開始挑戰英特爾在個人電腦領域的主場優勢。2020 年，蘋果推出了自己設計的微處理器 M1，用於驅動其筆記型電腦 Mac 系列，並自詡這是「掌握核心技術的戰略」。M1 的出現，象徵蘋果與英特爾在微處理器 15 年來合作關係的終結，並宣示 x86 陣營終於出現強勁對手。M1 處理器基於 ARM 架構，並利用台積電 5 奈米製程節點技術製造。蘋果表示，當時英特爾市場上最先進的微處理器是使用 10 奈米節點技術，M1 晶片在耗電和持久性方面都占了上方，證明了 ARM 架構固有的省電優勢。[31] 當 AI 被導入個人電腦時，省電更成為關鍵，2024 年高通發表第一款用於個人電腦的微處理器 Snapdragon X，也運用了 ARM 架構和台積電的製造能量。

31　Kif Leswing, 2020, "Apple is breaking a 15-year partnership with Intel on its Macs-Here is why," *CNBC Website*, 2020/11/11/10.

第 8 章

摩爾定律開關黃金路徑

1965 年 4 月，時任快捷半導體研發實驗室主任的高登·摩爾在《Electronics》雜誌發表了一篇文章，題為〈把更多元件塞入積體電路中〉，當中寫道：「在生產成本最低化的前提下，（電晶體）的複雜度以每年大約兩倍的速度增加，短期內這一速度可望持續下去。[1]」他的預測後來被稱為「摩爾定律」。簡單來說，摩爾預測，隨著技術的進展，每塊半導體晶片（面積大約不變）中所含的電晶體數目將以恆定的速度增加；當時他認為每年倍增，但後來根據實踐，被修正為每兩年或 18 個月翻一倍。當初這個科學性十分薄弱的預測，變成後來半導體產業發展的規律，直至今天。

值得注意的是，摩爾所指的複雜度或電晶體的密度，是指在任何技術條件下，生產成本最小化時的電晶體密度。換句話說，根據技術的條件，這是最佳的密度，若是嵌入較少的電晶體，或是試圖將更多的電晶體擠入晶片中，都將導致晶片的成本升高，不合乎市場原理，生產者將喪失競爭力。摩爾的預測，是觀察 1962 年至 1965 年半導體晶片的發展軌跡而得。摩爾僅用四個數據點，縱軸是對數化的電晶體數目，橫軸是時間，在圖表上呈現了一條直線，他就大膽地推斷這種趨勢將持續十年。在 1965 年微晶片中所含的電晶體數量為 50 個，摩爾預測到 1975 年時，這個數字將增加到 65,000 個。如果這是統計學的家庭作業，老師恐怕也要打個大問號，但這個預測影響半導體產業至為深遠。

隨著晶片中電晶體密度的增加，積體電路可以執行更多工作，速度也更快，在上述文章的前段，摩爾還說：

---

1 Gordon Moore, 1965, "Cramming more components onto integrated circuits," *Electronics*, 38(8), April 19.

「積體電路的未來就是電子業的未來⋯⋯積體電路將帶來許多奇蹟，包括家用電腦，或者至少是可連接到中央電腦的終端設施、汽車的自動控制，以及個人可編寫程式的通訊設備等。例如現在，只需要加一台顯示器，電子手錶就可以成真。」

從事後的發展來看，摩爾的預測非常準確，不只是電子手錶、家用電腦或個人電腦、自動駕駛、智慧型手機等等，摩爾當初的科幻想像都已成為現實。願景（Vision）是引領科技發展的重要指標，而摩爾提供了正確的願景。

摩爾定律自發表以來，一直引導著半導體產業的發展路徑。它的統計基礎薄弱，更不是物理定律，而是一個自我實現的規則，或者說是半導體技術人員共同實踐的路線圖。摩爾後來在1968年創立英特爾，他帶頭實踐這個技術路線圖；半導體產業的其他專家，不論國別與企業，也一致實踐這個路線圖，使這個定律一直運作至今。過去60年間，由於各種科學和工程因素，摩爾定律幾度被認為已經走到了盡頭，但隨後總有一些技術突破，又將其推向了新的高峰。不論記憶體晶片、邏輯晶片、各種微處理器，在很大程度上都遵循了摩爾定律畫定的發展軌跡，技術發展落後於該定律的企業似乎注定在商業上失敗，將從市場消失。唯有跟上摩爾定律腳步的企業，才能存活，因此摩爾定律也是企業生存的鐵則。

摩爾定律的推出，也正是電晶體結構從雙極型走向MOS結構的轉折點，MOS在增加電晶體密度時具有更低的成本優勢。自1970年代中期以來，直至今日，MOS是半導體的主流技術。[2] 摩爾定律意

2　Ross Bassett, 2007, "MOS technology, 1963-1974: A dozen crucial years," *The Electrochemical Interface*, Fall 2007.

味 MOS 電晶體愈做愈小,在每塊晶片中可愈塞愈多。隨著電晶體愈來愈小,微影技術的要求愈來愈嚴苛,此外因應較小的電晶體,閘極或互連線路的材料和製作方法,也必須跟著改變。這些技術不斷突破,摩爾定律才能不斷向前進。技術變革雖是漸進的,但每一次的變革都形塑了贏家和輸家。隨著摩爾定律的不斷推移,有一些晶片製造商崛起,有一些則墜入谷底。因為製造方法的改變,不僅是元件製造商,設備製造商也呈現潮起潮落,全部取決於它們是否跟上摩爾定律的腳步。

高密度的電晶體,意味著更微小的電晶體,和更細薄的傳輸電路,這將使數據流通速度更快、微晶片的性能更高。對記憶體來說,這意味每兩年記憶容量增加兩倍;對於 CPU 來說,這意味著在相同功耗下,處理器的時脈呈現指數型成長。[3] 電晶體的微小化導致製造過程中的每一步驟,都需要更高昂的設備成本、建廠成本,和維運成本,因此需要更大規模的產量,才能使晶圓製造廠具有經濟效益;如果產量不夠大,就無法支撐一個晶圓廠。

摩爾定律愈往前走,規模經濟的門檻愈高,愈來愈難以跨越。即使是成功的 IDM 企業,如果產量無法持續擴大,到某個階段後,就失去投資新晶圓廠的合理性。例如像 IBM、摩托羅拉、超微半導體等過往半導體業的巨頭,在摩爾定律走到一定程度時,也只能選擇放棄製造。至於新創半導體企業,一般生產量就不大,無晶圓廠自始就是它們進入產業的天然選擇。最後倖存下來最強大的 IDM 企

---

3 Robert Dennard, Fritz Gaensslen, Hwa-Nien Yu, Leo Rideout, Ernest Bassous, and Andre LeBlanc, 1974, "Design of ion-implanted MOSFETs with very small physical dimensions," *IEEE Journal of Solid-State Circuits*, SC-9(5): 256-268.

業，如英特爾和三星，也被迫向無晶圓廠晶片設計公司提供晶圓代工服務，以擴大生產規模，才能支持新世代的製程技術開發與營運。半導體產業從 1960 年代完全整合的 IDM 型態，轉變為今天設計與製造完全分拆的業態，可以說是拜摩爾定律之賜。

台灣純晶圓代工服務企業，是摩爾定律下的意外贏家。隨著時間推移，無晶圓廠晶片設計公司愈來愈多，對晶圓代工量能的需求不斷增加，而台灣的晶圓代工廠一直在市場上準備好了新技術，隨時滿足它們的需求。由於台灣的晶圓代工廠擁有晶圓製程的完整知識，可為多個客戶提供服務，它們自然成為設備供應商開發新設備時偏愛的合作對象。透過與設備設計緊密結合，台灣的晶圓代工服務廠商提供通用的製程技術，沒有為誰量身訂做，那些未能通過摩爾定律測試的 IDM 廠商，如果仍然有好的產品可以提供給市場，台灣的代工廠總是來者不拒，歡迎它們加入製造的大平台。隨著摩爾定律的推進，「失敗者聯盟」愈來愈大，台灣的晶圓代工廠也被推上了半導體產業的顛峰。

資本與工程師：樹立難以超越的門檻

摩爾定律成為半導體產業的技術路線圖，不論是記憶體或邏輯晶片，都同步推進。在微處理器方面，英特爾按照創辦人摩爾所預制的路線圖，不斷提升處理器執行指令的速度。第一顆商用 DRAM 記憶體也是英特爾於 1970 年所推出，當時的晶片含有 1,024 顆電晶體，也就是記憶容量有 1,024 位元，產業術語稱為 1 K 位元，第二代為 4K，然後是 16K，以此類推；今天最新世代的記憶體 DDR5，容量可達 64G 位元，也就是第一代記憶體的 6,400 萬倍。

儘管每一代記憶體容量都增加了四倍，但每塊 DRAM 晶片的生產成本大致保持不變，使得每個電晶體的成本縮減為上一代的四分之一。每個晶片製造廠都搭乘在一座從未停止向上移動的電扶梯裡，只能向上移動，無法暫停或向下。只有在這場技術競賽中永遠保持領先的企業才能夠生存，如果一時掉隊，可能從此永遠跟不上。半導體產業的追隨者只會發現它們的市場機會不斷萎縮，無利可圖，因為當新一代產品問世時，上一代產品的價格很快就會巨幅滑落。每片晶片的製造成本大致相同，製造舊產品銷售的人，不是賺很少，就是賠錢。

　　獲利少或虧損使得追隨者難以投資於研發與新設備，便難以追趕領先群，這是半導體產業的「後來者陷阱」。那些完成追趕並超越領先者的狀況，只在非常特殊的情況下才會發生。大多數情況是，領先者會一直保持領先地位，直到犯下重大錯誤為止。為了與緊緊跟隨者保持距離，領先者也有強烈的動機加快新產品的上市速度，以甩開跟隨者。儘管新產品也會淘汰本來生產的舊產品，但在半導體的創新中沒有類似其他產業常見的「同類相食效應」（cannibalization effect）的擔憂。簡言之，摩爾定律是一種淘汰法則，只有跑在隊伍最前者才能生存下來，其餘都將消失於歷史灰燼中。

　　台灣的 DRAM 產業是「後來者陷阱」的典型受害者。相對地，台灣邏輯元件半導體公司在這場無情的淘汰賽中生存下來，並成為摩爾定律的贏家。它們選擇了「純晶圓代工」的模式，掌握了生存關鍵，這種模式使它們能夠創造屬於自己的市場，雖然該市場最初規模很小，但逐年穩定成長。儘管產業中有許多技術領先台灣代工廠的公司，但它們看不上這個市場，因此在這個領域中，台灣就成

為拓荒者和領先者。那些已功成名就的 IDM 半導體公司，對晶圓代工市場不屑一顧，因為代工的利潤比自身的產品低。它們將台灣這種純代工廠視為內部產能的補充，而非競爭者；當它們自身產能短缺時，可隨時採用這些代工服務，等於是不必付錢的保險。

台灣純晶圓代工的企業專注於製造，將資本投資集中於製造設備上，節省了產品開發和行銷的成本。在摩爾定律無情地向前滾動的情況下，其微薄的利潤幾乎無法支持它們一再進行新設備的投資。但是，如果不能及時投資，將會在技術的滾梯上跌落，最終被淘汰出局。幸運的是，在 1980 年代和 1990 年代，台灣政府的租稅優惠政策，和彼時台灣蓬勃發展的資本市場，為它們的投資戰略創造了良好機會。

台灣政府為獎勵投資，自 1960 年實施「獎勵投資條例」，給予重大投資租稅上的優惠待遇，隨後在 1990 年由「促進產業升級條例」取代。優惠內容包括對公司的營利事業所得稅減免以及投資者綜合所得稅的減免。在營利事業所得稅方面，半導體產業的新投資享有五年的免稅期，換言之，如果資本設備在五年內完全折舊，那麼該資本產生的任何收益都是免稅的。從半導體產業技術的快速發展，設備輪替頻繁來看，上述條件非常接近現實。跟著摩爾定律前進，廠商若使用五年以上的舊設備繼續生產相同商品，其價格極低，營收也就微不足道。換言之，新設備使用的前五年，產品價格高、營收高，享受免稅待遇；五年後才開始課稅，已經課不到什麼稅了。對半導體產業來說，五年免稅，等於終身免稅。

半導體公司也可以選擇將新設備投資的 20% 列為投資抵減，自應稅稅賦中扣除，以取代五年免稅優惠。如果公司的利潤相對低，資本支出相對高，投資抵減甚至可以讓公司擁有負值的稅賦，形同

政府的財政補貼。例如，2001 年台積電的年報中，揭示公司總銷售額為新台幣 1,259 億元，稅前收入為新台幣 107 億元，稅後收入為新台幣 145 億元，顯示公司的稅率為負數。[4] 年報也揭露，台積電當年的總資本支出為 22 億美元，約新台幣 770 億元，相當於其營收的 61.1%，遠超過了其淨利。[5] 優惠的租稅政策增強了企業進行資本投資的能力，五年免稅期及投資抵減的優惠直到 2005 年才遭廢除，也就是說台積電設立後 18 年，都享受這項優惠。

除了對資本支出的稅賦優惠外，股票投資的稅收優惠也有利於企業資本形成。為了促進資本市場的發展，台灣政府至今仍舊允許股票投資的資本利得免稅，另一方面，股利收入則需繳納個人所得稅，現金股息按其全額價值徵稅。而股票股息則按其面值（而非市場價值）徵稅。當投資人認為一家上市公司具有良好的成長潛力時，會希望公司以股票的形式支付股息，而不是現金。股票股息按其面值徵稅，對於一家好公司來說，面值只是其市值的一小部分，等於大幅度減稅，而且未來任何股票價格的增長也會免稅。自然地，像台積電這樣前景看好的公司，以發行新股票來支付大部分股息，並將利潤保留做為資本支出的現金流，也增強了其投資的能力。

根據台灣證券交易所的紀錄，台積電自從 1994 年首次公開上市以來，每年支付的股票利息都超過了現金股利，直到 2005 年，公司才改變這個政策。在 2004 年，台積電發放每股 2.04 元的股票股利，配合 0.6 元的現金股利。2005 年，則是以 0.5 元的股票股利，配合 2.0

4　TSMC Annual Report 2001.

5　"TSMC Fourth Quarter and Full Year Unconsolidated Results for the Period Ended December 31, 2001," TSMC 發表於 January 25, 2002。

元的現金股利發放；現金比例增加。自 2010 年以來，台積電僅發放現金股利，不再配股。股息政策的轉變是由於公司獲利穩定，而股東人數不斷增加，尤其是外資股東邊增，股東擔心股票股利的發放會稀釋原有的股東權益。維持每股價值，成為股息政策的主要考量，台積電已經不再是一家台灣企業，而是全球的企業。

如前所述，自 1980 年代中期開始，半導體設備製造與元件製造逐漸脫鉤，產業中的後來者想獲取含有新技術的半導體設備基本上沒有問題，這使後來者的技術追趕成為可能。在追趕過程中，台灣的半導體晶圓代工廠一般只維持一個小型的研發團隊，負責製程技術的開發，而在生產線上則投入大量的工程師，負責提高生產效率。生產線工程師對於卓越製造至關重要，他們的薪資優渥，非常敬業，是台灣代工廠競爭力的核心力量。例如，在台積電 2001 年的年報中，指出其總員工人數為 13,676 人，其中 5,322 人是工程師，占總人數的 38.9%，如果加計 1,092 名主管，絕大多數也都是工程師，工程師的比例達到 46.9%。要被稱為「工程師」，至少需要四年的大學教育。年報中也指出台積電的員工當中有 26.5% 擁有碩士或博士學位。隨著時間推移，台積電員工的教育水準上不斷提高，到了 2020 年，已有 51.1% 的員工擁有碩博士學位。[6] 早期台積電的工程師多數來自台灣的頂尖大學，近年隨著生產規模擴大，工程師來源也擴大到私立大學。

透過生產線上製造技術的精進，搭配小量研發支出，最大化晶圓製造的良率，台灣的晶圓廠即使運用的是上一代成熟的製程技

---

6 根據 TSMC 2020 年 Corporate Social Responsibility Report，員工的教育水準分布為：博士 4.4%，碩士 46.7%，大專 25.7%，其他 23.2%。

術，仍能獲得相當利潤。如果在製造過程中遭遇困難，它們可以依靠大量且經驗豐富的資深工程師進行故障排除。這些工程師大多是 1960 年代和 1970 年代台灣頂尖的大學畢業生，畢業後赴國外攻讀研究所。在那些年代，台灣最優秀的學生大多選擇攻讀物理和電子、電機工程學，在他們前往美國攻讀研究所時，半導體相關科系正值熱門，自然也成為他們選擇的專業領域。在這二十年裡畢業的台灣理工科大學生，可以說對台灣半導體產業做出了最大的貢獻。1980 年代之後，當台灣的半導體、資訊等產業開始蓬勃發展，台灣高科技相關工作機會愈來愈多，頂尖大學畢業生出國留學的比例就逐漸下降。

　　1960 至 1980 年是人才外流的年代，卻也是儲才養兵的年代。1980 年之後，這批工程師之所以願意回到台灣新興的半導體公司工作，部分原因是該產業創造了特殊的財務獎勵制度。自從台灣半導體產業開始發展以來，股票分紅一直是招聘或留任高級人才的常見措施，不同於美國企業常用的股票選擇權或認股權證，其價值取決於公司業績，股票分紅則是薪酬的一部分，直接發放給員工，其價值決定於公司股價。股票紅利對公司來說是一種低成本的工具，因為它只被記錄為流通股份的增加，直到國際機構投資者成為台灣半導體公司的主要股東之前，股份稀釋並未受到嚴重反對。對員工來說，股票紅利比現金獎勵更具吸引力，因為前者按面值徵稅，後者則按其全值徵稅。這一規則特別有利於獲利良好的公司，因為在市場上，其股價是面值的許多倍。2010 年以後，稅法修改，股票紅利改以市場價值課稅，股票分紅的吸引力也跟著消失。[7] 在此之前，股

---

[7] 2010 年起，《促進產業升級條例》失效，員工股票分紅，改依實價課稅。

票分紅制度使得台灣的高科技公司在薪資不具國際競爭力的情況下，仍然可以從海外聘僱人才，也成為人才回流的重要推手。

舉例來說，蔣尚義於1997年接受台積電聘任，擔任研發長。他在矽谷工作了29年後回到台灣工作，對台積電的技術追趕和突破，有卓越貢獻。他表示，起初基於財務的考量，從未考慮回台灣工作，1997年當時他剛好50歲，春秋鼎盛之年，孩子仍在上大學。然而，當他意識到台積電所提供的股票紅利比他在惠普（HP）剩餘的職業生涯可獲得的薪資總和還高時，他便接受了這份邀約。[8]

蔣尚義利用他在CMOS技術方面的專業知識和長期實作經驗，幫助台積電在1990年代末期克服了0.25微米製程技術開發上的瓶頸。當時台積電在CMOS邏輯製程技術的追趕，已經靠近產業的前沿，但技術上的瓶頸，使目標難以實現。在蔣尚義接任該職位之前，這些挫折已經讓公司換了三位研發長；連斬三位大將祭旗，但技術仍原地踏步。他表示，當他在1997年加入台積電時，研發團隊一共只有120人，主要是從台灣的大學招聘的年輕工程師，多數缺乏經驗。[9]

蔣尚義帶領台積電的研發團隊，終於突破了0.25微米的障礙，並且成功開發了後續0.18微米和0.15微米的製程技術。他說，這三個世代是台積電在技術追趕路上的最後一哩路。當台積電於2000年推出0.13微米的製程技術時，已經和英特爾並駕齊驅，在晶圓代工產業則獨占鰲頭，遙遙領先其他競爭對手。在蔣尚義於2013年退休

---

8 "Oral History of Chiang Shang-Yi,", *Computer History Museum*. interviewed by Douglas Fairbairn, 2012/1/31.

9 同上。

之前，也幫台積電延攬了許多海外專家進入研發團隊，鞏固了台積電的技術地位，其中包括胡正明和林本堅，前者是 FinFET 電晶體（鰭式場效電晶體）的發明者，後者是浸潤式微影技術的發明者，兩人都對半導體技術做出了里程碑的貢獻，在摩爾定律的推進過程中，留下歷史性的足跡。

微影技術：ASML 獨占鰲頭

微影技術是推動摩爾定律前進的關鍵技術。簡單來說，微影技術是將電路印刷在晶圓上的技術，在印刷的過程中，矽晶圓經過蝕刻或植入一些特殊化學材料，以便在晶圓上創建電晶體或其他元件。而為了增加電晶體的密度，電晶體的尺寸必須不斷縮小，為了使電晶體變得更小，印刷的解析度必須更高。隨著摩爾定律的進化，印刷的解析度愈來愈高，晶圓面積也同時變得愈來愈大。能實現此項技術需求的微影機變得愈來愈複雜且昂貴，微影機成本的增加是導致晶圓廠投資門檻攀升，小型生產商被迫退出市場的主要原因。而微影機的複雜度提高，也使製造的良率難以維持。換言之，有的人是買不起機器，有的人是有機器也難以精準製造。

1980 年代初期，當時的微影機，名為步進式曝光機（stepper），一台售價約為 100 萬美元。如今最先進的微影機，一台極紫外光曝光機（EUV scanner），售價已超過 1.5 億美元！前者是為了突破 1 微米尺寸的障礙（進入次微米階段），後者則是能夠製造小於 10 奈米尺寸的晶片。所謂 1 微米或 10 奈米，指的是電晶體閘極的長度，業界習慣用它來衡量電晶體的大小。從 1980 年到今天，電晶體的閘極尺寸縮小了 100 倍，這主要歸功於微影技術的進步。在許多歷史的

轉捩點上,由於微影技術的物理限制,摩爾定律被認為已經走到盡頭,但隨後一些重要的創新,又使其得以延命至今。

在微影技術的早期階段,使用一種稱為「光罩照準儀」(mask aligner)的曝光機,將電路圖從光罩投射到晶圓上。光罩會直接接觸或十分靠近晶圓,這種曝光法稱為近接式曝光(proximity printing),直到1970年代初期,都使用這種方法。1975年美國GCA發明了步進機,情形才改變。步進機不是一次為整個晶圓投射圖案,而是一次只將一個晶粒(die)或一排晶粒的圖案投射到晶圓上,然後重複投射,直到整個晶圓全部完成曝光。「步進機」是「一步再一步,步步前進」(step and repeat)的意思,重複使用同一組圖案,來回在晶圓上執行曝光投射。

步進機讓光罩與晶圓保持一定距離,使用一組投影透鏡(projection lens)將光罩上的圖案投射到晶圓上,因此被稱為投影式曝光(projection printing)。投影式曝光可將光罩的圖像以4:1或5:1的比例投射,而不是近接式曝光1:1的比例;如此一來,可以在晶圓上以相同的光罩圖像刻劃出更小的電路。除了高解析度的投影透鏡外,步進機還需要一台精準度很高的裝置,來準確定位每一段曝光步驟中的晶圓位置,這需要巧妙結合精密的光學和機械技術。步進機使用紫外光做為光源,其他曾經被嘗試用於微影技術的光源還包括電子束和X射線等,但紫外線一直居主流地位,迄今不變。

步進機的下一世代曝光機稱為掃描式曝光機,或稱為「步進掃描機」(step and scan),在投影曝光過程中,晶圓和光罩會同時移動。同時移動可以使影像投射得更加精準,並且每次可投射的範圍更擴大。掃描式曝光的方法使電晶體的尺寸進一步縮小,並允許在製造中使用更大面積的晶圓,由六吋到八吋、八吋到十二吋。直到

今日,雖然光源改變,我們仍然使用這種掃描式曝光機。

步進式曝光機的發明使得 GCA 在微影機市場獲得獨占地位,也鞏固了美國半導體製造的江山。然而該地位並沒有持續太久;很快地,日本 Nikon 和佳能在 1970 年代後期透過日本政府所資助的 VLSI 計畫打造了類似的機器。它們不斷改進這些機器,以提高解析度,使其更加可靠。到了 1980 年代,日本設備商已經領先 GCA,並開始打進美國市場。在 1984 年,日本微影機設備商占全球 60% 的步進機市場,而那時剛從荷蘭商飛利浦分割成立的新公司 ASML 占了 10%,其他競爭者則分食剩下的市場。1985 年,日本微影設備製造商 Nikon 和佳能合計占全球 52% 市占率,GCA 只有 30%。[10] 日本製造商在微影領域的主導地位還使得它們主導了曝光階段的其他技術,如 JSR 的光阻劑、東京威力科創的晶圓表面處理(塗布、露光、顯影)系統。這是半導體設備產業技術實力的一個重大轉折。即使在今天,ASML 的 EUV 曝光機獨步全球,仍須搭配 JSR 的光阻劑和東京威力的表面處理設備,才能順利進行生產。

微影技術的法則是:影像投射的解析度與光源的波長成反比。也就是說,要增加晶片上投射的解析度以創造更小尺寸的電晶體,就需要縮短波長。微影技術的進步等同於開發和應用更短波長的光源,因此開發出能夠以極高的準確度曝光影像的光源,是微影技術的主要挑戰。透過光阻劑的功能進行精準曝光,在半導體產業發展的歷史中,僅有一些特定的波長被採用,具體來說是 436(G 線)、405(H 線)、365(I 線)、313 和 254 奈米。G 線廣泛用於小至 0.8

10　Flamm (1996), p.105

微米製程的尺寸,而 I 線用於 0.8 到 0.4 微米的製程。[11] 日本的微影機設備商在 1990 年代末,也就是 I 線時代到來之前,一直是產業的主導者;此後,隨著 ASML 的崛起,日本的微影機設備商逐漸被超越,半導體產業局勢開始出現戲劇性變化。

為了實現小於 0.4 微米的電晶體尺寸,業界採用了波長低於 365 奈米的深紫外光(DUV),這需要使用特殊種類的準分子雷射器(excimer laser)來產生光源。該雷射器不同於傳統使用的汞氙汞弧燈(mercury-xenon lamp),才不會在投射的影像中產生斑點(不可控的隨機圖案)。以氟化氪(KrF)和氟化氬(ArF)為基礎的準分子雷射器是 DUV 微影技術上兩種常用的光源,KrF 產生的波長為 248 奈米,ArF 則為 193 奈米。1997 年,ASML 開發了第一台基於 KrF 的 DUV 微影機,1998 年則開發了第一台基於 ArF 的 DUV 微影機,領先日本業界。到了 2002 年,ASML 超越了 Nikon 和佳能公司,成為世界最大的掃描式曝光機供應商。接下來幾年,ASML 又開發了浸潤式 DUV 和 EUV 微影曝光機,進一步鞏固它的產業領導地位。

ASML 的崛起過程,伴隨著台灣和韓國半導體產業的崛起、日本產業的沒落,並得益於美國政府對本土微影技術的投資和支持。美國 SEMATECH 聯盟中一個重要目標就是要振興衰頹中的 GCA,該公司在 1985 年曾為貝爾實驗室開發了一台 DUV 步進式曝光機,然而因為企業管理不善,儘管美國政府努力挽救,GCA 最終在 1993 年破產解散。GCA 消失之後,美國僅存一家規模不大的微影機製造

---

11 Badih El-Kareh, 1995, *Fundamentals of Semiconductor Processing Technologies*, Kluwer Academic Publisher, pp.172-173.

商,名為SVG（Silicon Valley Group）。SEMATECH曾在1990年斥資3,000萬美元,支助SVG開發半導體產業的第一台掃描式曝光機。ASML在成立初期曾與SVG密切技術合作,共同進行產品開發,但在商業上ASML比較成功。最終,儘管美國業界有一些反對聲音,ASML於2001年併購了SVG。隨著SVG退出市場舞台,ASML成為唯一一家美國政府支持以對抗日本勢力的微影機製造商。

ASML是1984年從飛利浦分拆成立的公司,飛利浦是台積電的創始大股東之一,與台積電合作也就十分自然。即使在Nikon和佳能主導市場的鼎盛時期,台積電的微影機仍大多數購自ASML。到了1990年代末,ASML在技術上已經趕上了日本設備商。2000年ASML創造了第一台雙晶圓平台掃描式曝光機（two-wafer-stage scanner）,名為TWINSCAN,該機器能夠同時處理兩片晶圓,其中一個晶圓被放入檢測和定位階段,另一個晶圓則在同時間被掃描。這種「雙掃描」的技術提高了掃描式曝光機的處理能力,而台積電是第一家在生產線上採用該產品的公司。ASML與台積電之間的密切合作,創造了相互學習技術的機會,彼此受益。

2000年代初期,整個微影機產業都在尋找突破193奈米波長的解決方案,使摩爾定律繼續前進。當時SVG和Nikon正在試驗一種氟準分子雷射（F2-laser）的新光源,可以提供157奈米波長,這似乎是技術路線上的自然選擇。SEMATECH和一個名為SELETE的日本半導體製造商聯盟,都認可這條技術路徑,英特爾、摩托羅拉、AMD、美光、英飛凌也在1997年成立一個聯盟,目標是開發13.5奈米EUV的光源。EUV聯盟高瞻遠矚,但沒有人期待它會是一個短期的解決方案,氟準分子雷射似乎是下一代微影技術的最佳選擇,但技術瓶頸阻礙了新一代機器的開發,一直難以克服。其中一

項瓶頸是需要一套超精密的單晶透鏡來投射雷射光，以保持光的同調性，確保曝光效果良好。

當時台積電負責研發的資深處長林本堅提出了一種浸潤式深紫外光的方案，利用現有的 193 奈米 DUV 機台和光源，在最底面的透鏡和光阻劑之間充滿純淨的水，將 193 奈米波長透過水的折射，轉換為 134 奈米，即可完成縮短波長的目的，比當時 Nikon、ASML 等公司奮力追求的 157 奈米還領先一步。林本堅早在 1987 年於 IBM 工作期間，就曾提出浸潤式曝光法是微影的最後一招，但一直無緣付諸實施。此時他相信，浸潤式微影的時代終於來到。他在台積電進行了相關的實驗，浸潤式技術在實驗階段獲得認證。

2002 年 7 月，林本堅在由 SEMATECH（台積電是會員之一）所舉辦的 157 奈米技術發展研討會（2002 Microlithography Conference）中的一個工作坊上，發表此項研究成果。他告訴 200 多名與會專家，193 奈米浸潤式技術比 157 奈米乾式系統更有機會成功，關鍵在於浸潤式系統可以沿用既有光源和透鏡系統，不必重新開發。[12] 儘管光在穿透水時也帶來許多挑戰，包括對水的均勻度和溫度的嚴密控制，才能減少投影曝光時的缺陷，如水紋、氣泡、顆粒等等。[13] 與會專家對此提議極為興奮，並提出了許多建設性意見。

儘管林本堅的研究成果很有說服力，他的技術也有台積電專利的保障，但設備製造商仍對此項提議猶豫不決，因為它們已投入大

---

12 Erin M. Schadt, 2004, "Immersed in lithography" *Oemagazine*, 2004/5/1
13 Burn Lin, 2006, "Optical lithography-Present and future challenges," *Science Direct, C.R. Physique 6* (2006), 858-874.

量資金在157奈米技術的研究開發。ASML甚至向林本堅的上司投訴，希望他停止發言，以免擾亂業界既有的研發進程。[14] 但隨後Nikon率先轉向，改攻193奈米浸潤式系統，ASML害怕失去台積電這個長期客戶，隨後也跟隨Nikon的步伐。當兩家公司都交付了浸潤式深紫外光微影機的原型機時，ASML的機器還是被認為比Nikon優異，因此被台積電採用來進行大規模生產。[15] 此次事件成為了微影機產業的一個分水嶺，Nikon在浸潤式深紫外光微影機的商業化上落後，並且始終無法追趕上ASML，佳能則決定不參與競爭，選擇停留在193奈米的乾式系統階段。

2006年開始，浸潤式微影機首次投入量產，當時ASML占了市場72.4%的份額，Nikon為27.6%，[16] 此後兩家公司的市占率差距更進一步擴大。浸潤式深紫外光微影技術，若搭配相轉移光罩技術（phase-shift photomask），可以將電晶體的尺寸一路縮小至7奈米。直到2017年ASML推出EUV，才將電晶體尺寸進一步降低。浸潤式微影技術延長了摩爾定律至少十年之久，許多晶圓製造商將它視為終極技術，沒有財力投資或無能力使用EUV者，技術就停留在這個階段。在這十年間，台積電逐漸鞏固了在晶圓製程領域的技術領導地位，並且是少數有能力走入EUV階段的廠商。年輕的林本堅1987年時在IBM實驗室的發明，三十年後開花結果，為整個半導體產業帶來新的里程碑，而台積電顯然是最大的受益者。

1997年成立的EUV聯盟，由英特爾發起，並主要由英特爾出

---

14 林本堅，2018，《把心放上去》，台北；啟示出版社，頁269。
15 訪談林本堅，2022/6/7。
16 "Can Nikon or Cannon ever catch ASML in the lithography market," *Silicon Semiconductor News Website*, 2012/4/2.

資，目的是持續推進摩爾定律，保持美國在晶片製造方面的領先地位。此聯盟得到美國能源部的支持與部分資助，由能源部三個旗下的國家實驗室：利佛摩（Lawrence Livermore）、柏克萊（Lawrence Berkeley）和桑迪亞（Sandia）實驗室，支持共同研究。當所有美國微影機企業都消失時，該聯盟不得不將建造商業營運的 EUV 微影機任務，交給荷蘭公司 ASML，條件是「使用美國能源部技術所生產的產品需相當程度在美國製造」。[17] 這個條件也使美國維持了關鍵零組件的供應地位，且有能力限制 ASML 產品的去路，如禁售給中國。

2012 年，當所有相關技術似乎都已經完備時，英特爾向 ASML 注資 41 億美元（占該公司 15% 的股份），支持其進入商業化生產；台積電和三星也受邀投資，分別投入了 16 億 3,500 萬美元和 9 億 7,500 萬美元（各占 5% 和 3% 的股份）。這三家公司現金的投資，代表半導體產業界三個不同領域巨頭的聯合下注，因為 EUV 機器的發展對電晶體尺寸進一步縮小至關重要。ASML 當時雖已是市場領先者，但是自有資金仍不足以承擔如此高風險的事業。每台機器成本高達 1.5 億美元，也只有這三家公司有足夠的生產規模來採用這個昂貴且複雜的設備。聯合出資也代表大家的看法相同，就是要繼續推進摩爾定律，但它們沒有意識到，從今以後彼此也是市場僅存的對手。

2014 年，ASML 向台積電交付了第一台 EUV 微影系統原型機，供實際生產測試之用，但是由於機器最關鍵部分雷射放射系統出問

---

17 Greg Linden, David Mowery, and Rosemarie Ham Ziedonis, 2000, "National Technology Policy in Global Markets: Developing Next Generation Lithography in the Semiconductor Industry," *Business and Politics*, 2(2): 93-113.

題,機器很快當機了。[18] 在此之前,為了開發目的,該系統分別在紐約 Albany 的 IBM 實驗室和比利時 IMEC 實驗室進行測試,但台積電是第一家準備好進行風險生產的公司,因此也成為第一家取得原型機進行試產的公司。有試產失敗的數據,系統才能進行改良。原型機用的數值孔徑(numerial aperture)是 0.25,到商業化生產時數值孔徑提高為 0.33。[19]

三年後的 2017 年,ASML 終於在經過重重努力後,向台積電交付了第一台用於量產的商用 EUV 系統。EUV 微影機可以將電晶體尺寸縮小到 10 奈米以下,但也是半導體史上最昂貴的機器,至今除了三家資助建造機器的公司外,只有美光與 SK 海力士曾購入該機器,全球一共五家公司使用。日本直到 2024 年才由政府資助新創公司 Rapidus 購買了第一台 EUV 微影機。截至目前為止,台積電是最大買家。由英特爾和美國能源部主導對 EUV 的技術追求,超過二十年的研究,台積電和 ASML 似乎是最大受益者。英特爾反而因為 EUV 技術應用落後,面臨企業危機,這是產業全球化的結果。

台積電超越顛峰:堅持技術自主

除了微影技術之外,還有許多技術障礙曾阻礙摩爾定律的進展。做為產業的後進者,台灣晶圓代工廠總是引頸仰望產業領導者,以獲得關於技術變革方向的信號。美國半導體行業協會(SIA)

---

[18] Rik Mysiewski, 2014, "First 'production-ready' EUV scanner-laser fries its guts at TSMC. Intel seeks alternative tech,", *The A Register*, 2014/2/25
[19] 訪談林本堅,2022/6/7。

自 1998 年起,與日本、韓國和台灣的主要半導體公司合作,階段性的發布國際半導體技術發展藍圖(ITRS)。在此之前,它被稱為國家半導體技術路線圖(NTRS),僅服務美國廠商,路線圖的全球化正象徵著半導體產業走向全球化的事實。

在國家半導體技術路線圖(NTRS)的時代,是由產業領導者根據摩爾定律繪製,以預測技術進步的未來走向。在所有企業當中,英特爾和 IBM 一直是兩個最主要技術趨勢的領航者。隨著無晶圓廠晶片設計產業愈來愈大,晶圓代工廠面臨愈來愈大的壓力,需要在更短的時間內提供路線圖所規劃的技術,否則無晶圓廠晶片設計公司的產品將失去市場競爭力。如果晶圓代工廠無法完成任務,無晶圓廠晶片設計產業將會衰退;相反地,如果晶圓代工廠表現超乎預期,更多的 IDM 廠可能會轉向無晶圓廠晶片設計公司的模式。因此,晶圓代工廠的技術成敗,無疑是無晶圓廠晶片設計產業的晴雨表。

在 2000 年左右,當電晶體尺寸要從 0.18 微米前進到 0.13 微米時,摩爾定律遭遇很大的技術障礙,因為電晶體間的互連系統(接線系統)成為技術進步的主要瓶頸。當時在 CMOS 技術上,鋁是標準的互連用材料,並與用作介電絕緣體的二氧化矽相搭配,構成接線系統。然而當電晶體變小,互連線也愈來愈細密,電阻隨之增加,並且可能發生電容耦合的現象,導致漏電問題和晶片功耗的增加。

長期以來,業界一直有將鋁替換為具有更高電流承載力的銅,做為互連線材,以解決問題。IBM 率先進行了這項研究,並在實驗室中證明了 0.22 微米節點的銅基製程技術基本上可行。然而,從實驗室到工廠的實際運用,需要進一步的研發和投資。在 1999 年,

IBM邀請幾家主要的半導體公司加入研發聯盟，共同開發量產技術，以實現銅基製程的商業化應用。許多公司參與了，包括意法半導體、英飛凌和台灣的聯電，三星後來也加入該聯盟。然而，台灣領先的晶圓代工廠台積電卻拒絕了這項邀約，這也成為台積電技術發展路上的重要轉折點。

台積電決定走自己的路，自行開發銅基的製程技術，有幾個原因。首先，台積電懷疑IBM的技術雖然在實驗室測試證明可行，但在量產時可能難以實現高良率，而良率是晶圓代工廠的生命線，但對於供應內部市場需求的IBM來說，不是那麼重要。再者，IBM以一種「旋塗」（spin-on）技術來處理美國杜邦公司所提供名為SiLK的介電材料，台積電早先曾在0.18微米製程節點時，使用過相同的技術於其他低介電係數的介電材料，發現這種技術並不可靠，穩定性很低。第三，也可能是最重要的一點，IBM要求聯盟成員只能在IBM機構內進行研究，不能在自家公司進行平行的研究計畫。

據時任台積電總經理的曾繁城回憶說：

「IBM要求我們派遣40名研發人員前往佛蒙特州伯靈頓的IBM工廠，加入那裡的共同研究，並停止台灣所有相關的研發計畫，此外，我們還必須支付IBM實驗室技術授權費。我拒絕了這項邀約，IBM向老闆（張忠謀）投訴，並第二次拜訪我們。我提出了一個折衷建議：我們參加IBM的聯盟，進行前端產品設計的研究，但後端設計（包括元件布局和製造）則由台積電主持。在後端設計階段時，每個聯盟成員派遣20名研發人員，集中到台灣進行現場實地的研究。這個提議被IBM拒絕了，他們改邀請聯

電加入。[20]」

這次的談判說明，當時的台積電團隊對自己的技術非常有信心。

台積電並沒有採用「旋塗」技術，而是選擇傳統的化學氣相沉積（CVD）技術，而介電材料則選用應用材料公司所提供的摻碳二氧化矽（carbon-doped silicon dioxide），業界稱其為「黑鑽石」（black diamond）。[21] 2000 年 9 月，台積電研發團隊採用銅基 0.13 微米製程技術，為客戶交付了第一批利用這個技術所製造的試產晶片（tape out），比 IBM 聯盟設定的時間表足足提前了一年。和台積電之前的 0.18 微米製程相比，晶片的面積縮小了 52%，在性能、密度和可靠性方面，都被業界認同是領先技術。[22] 此次事件被認為是台積電技術發展的一個分水嶺，從那時起，台積電就成為晶圓代工產業的技術領先者。在此之前，台積電一直與聯電難分軒輊。

另一個證明台積電技術成就與 IDM 齊肩的證據是：2000 年 6 月台積電與美國國家半導體簽署技術授權協議，根據協議條款，台積電將向國家半導體移轉數種邏輯和嵌入式記憶體製程技術，應用於國家半導體位在南波特蘭（South Portland）的製造廠，製程範圍從 0.25 微米到 0.10 微米。這是晶圓代工廠首次將製程技術授權給 IDM 公司，反轉了產業過去技術流動的方向。[23] 從此，台積電不僅為

20　訪談曾繁城 2023/5/21。

21　*Computer History Museum*, 2012, "Oral History of Shang-Yi Chiang"。

22　"TSMC First Foundry to Tape Out Customers' Products at 0.13 Micron, World's Largest Foundry Leads the Industry with Multiple Product, Process Tape Outs", TSMC News Archive, 2000/9/15

23　"TSMC becomes the first foundry to license advanced logic process to integrated device manufacturer. TSMC licenses deep-micron technology to National Semiconductor.", TSMC News Archives, 2000/6/28

IDM提供晶圓代工的產能，還成為IDM技術上的合作夥伴。在台積電的眼中，IDM廠商與無晶圓廠晶片設計公司基本上已經成為平行的客戶。

2000年11月，英特爾也宣布完成了0.13微米製程技術的開發，與台積電相同，使用銅互連和摻氟二氧化矽做為介電材料，[24]此後，整個產業一致轉向了銅基和低介電係數的時代。新製程技術創造了新一代的CPU，搭配網路設備，開啟了互聯網的新浪潮。IBM在這個節點的慘敗，延遲了其新型POWER個人電腦晶片的推出，導致大客戶蘋果不滿，從2005年起停止採用IBM的CPU，轉向英特爾下單。這是個人電腦產業的大事件，也凸顯半導體技術不能停止進步，不進則退。後來當英特爾的技術進步變慢時，蘋果也毫不猶豫的丟包英特爾，轉向台積電。

如果計算台積電從1987年成立，到2000年的技術分水嶺，它共花了13年的時間追趕產業前沿的製程技術，並且在一次重大技術轉折的關鍵點，也就是從鋁互連變成銅互連時，實現了技術的跳躍。在技術追趕的過程中，像IBM和英特爾這樣的產業巨頭，提供了未來技術路線圖，使追隨者不會迷失方向。在技術軌跡明確的前提下，代工服務提供者其實比IDM廠，具有更大的優勢尋找技術的解方，因為它們有多元的客戶和多元的產品，可做為技術試驗的基礎，且多元化的經驗有助於學習。

例如，台積電之所以能夠避免旋塗介電材料的技術陷阱，是因為前一代代工製造時失敗的經驗；失敗果真是成功之母。在開發新

---

24 Mark LaPedus, 2000, "Intel announces 0.13 micron technology, enters copper and low-K race," *EE Times 50*, 2000/11/7.

一代技術時,台積電必須考慮到不同客戶的需求,開發出的製程技術必須有通用性,以滿足廣泛的應用需求,才能聚集足夠的規模進行量產。正如台積電一位前研發長所說,一個製程技術需要通過至少三種不同的元件測試,才能被認定為「穩健」的技術,只有穩健的技術才會被導入量產。[25] 無晶圓廠晶片設計公司的客戶,都是台積電技術開發的守門人,因為它們絕對不會冒著使用不可靠的技術風險,投片來製造自家產品。這使得台積電成為設備製造商和材料供應商開發設備與材料時偏愛的合作夥伴,因為它們也在尋求通用技術,以確保產品的廣泛應用。

將鋁互連替換為銅互連,並與低介電材料結合,使摩爾定律得以持續多年,但到了 45 奈米製程節點,又遇到另一個重大瓶頸。這一次,瓶頸主要是由半導體的閘極所造成。當電晶體尺寸變得愈來愈小時,電晶體的閘極通道太短,無法產生足夠的場效應,以實現半導體最關鍵的開合功能。當半導體閘極無法完全關閉時,電流減少、電流洩漏、功耗增加等問題也一併出現。這種情況被稱為「短通道效應」(short channel effect),它使得 MOS 矽閘極功能失效,威脅到摩爾定律。

這些問題,ITRS 都有解方。ITRS 表示「短通道效應」的解決方法是將閘極材料從多晶矽改為金屬,並將介電材料從二氧化矽(SiO_2)更改為某種高介電係數(高電容)的材料。簡言之,就是製做一種高介電係數的金屬閘極(HKMG)。但根據這條技術路線圖的實作過程,工程師面臨了「閘極先做」(gate first)或「閘極後做」

---

25 訪談孫元成,2023/2/9。

（gate last）的技術抉擇。「閘極先」意味著在源極／汲極埋入之前，先沉積與圖案化閘極；「閘極後」則是將順序顛倒。一如過往，IBM和英特爾在相關技術研究和實驗上，處於領先地位。

IBM 採用了「閘極先」的路線，並與超微和它的衍生公司格羅方德組成了 HKMG 研究聯盟。英特爾則採用了「閘極後」的路線。這一次，台積電與其大的客戶摩托羅拉合作進行共同研究，遵循 IBM 陣營的「閘極先」方法。2007 年，英特爾採用「閘極後」的方法，利用 45 奈米節點的 HKMG 製程，成功推出新一代微處理器，證明英特爾的路線正確。經過幾年的掙扎，台積電於 2010 年初終於宣布轉向「閘極後」路線。台積電研發副總蔣尚義解釋，這項決定是基於與最大客戶面對面的溝通結果，他們同意轉換並修改其設計布局以適應新的製程。他表示「閘極先」的方法遇到了技術問題，鑑於台積電之前的經驗，這些問題難以克服。[26] 修正路線後，台積電於 2010 年底在 28 奈米節點，成功導入 HKMG 製程，較英特爾晚了一個世代。

HKMG 製程的成功促成了一系列高效能運算設備的推出，包括電腦和行動電話中使用的多核心處理器。對於台積電來說，這項成功增強了其在單晶片系統（SoC）製造上的競爭力，並為 2013 年贏得蘋果 A7 晶片的合約奠定了基礎，該晶片使用台積電新開發的 20 奈米製程技術。根據台積電當時研發長孫元成的說法，銅互連和低介電常數製程的成功，使得台積電得以與聯電拉開距離，而 HKMG 的成功，則使台積電得以與格羅方德和三星在代工業務上拉開距

---

26 David Lammers, 2010, "TSMC's Chiang sees history on side of gate-last high-K approach," *Semiconductor International*, 2010/2/10.

離。[27] 前者的競爭決定了台灣代工市場的霸主，而後者的競爭則決定了全球市場的霸主。從 28 奈米節點開始，台積電已經成為微處理器的主要代工廠，超越了傳統的邏輯晶片領域，開始為英特爾以外的所有供應商提供服務。

事實上，「短通道效應」的問題在 1990 年代就已被視為摩爾定律的終結者，甚至連美國國防部也關注此問題。1995 年，美國國防部透過 DARPA 的微電子計畫（Microelectronics Project）徵集研究提案，希望創造一種能夠生產 25 奈米電晶體的新型半導體元件。在所有 DARPA 補助的計畫中，加州大學柏克萊分校的胡正明教授所領導的研究計畫，創造了一種叫「鰭式場效電晶體」（FinFET）的元件，在業界耗盡了所有推進摩爾定律的方法後，這項元件取代了舊的 MOS 結構，讓摩爾定律又復活。

與 MOSFET 將閘極置於電子通道的頂部不同，FinFET 將閘極置於電子通道的三側，以產生更強大、且更可控的場效應，因此 FinFET 是三維的元件，有別於傳統 MOSFET 的平面結構。這是自 MOS 電晶體發明以來，元件結構一個根本的變化。胡正明和他的團隊於 1999 年發表了這項研究結果，這個概念隨後被業界主要的半導體公司採用，並透過綿密和多元的研究網絡，持續擴大研究成果，延伸到實用階段。[28]

這個創新概念最早的接受者之一就是台積電。台積電於 2001 年至 2004 年間聘請胡正明擔任技術長（CTO）。與蔣尚義、林本堅和

---

27 訪談孫元成，台北，2023/2/9。
28 Douglas O'Reagan and Lee Fleming, 2018, "The FinFET breakthrough and networks of innovation in the semiconductor industry: 1980-2005, Applying digital tools to the history of technology," *Technology and Culture*, 59(2): 251-288.

孫元成一樣，胡正明畢業於台大電機系，與史欽泰是同班同學。這些同學網絡有助於促成胡正明回台任職，儘管胡正明說他就任時，台積電董事會成員似乎不清楚他在 FinFET 方面的工作，但公司的確在他擔任技術長期間投入了大量的研發資源，來探索這項新元件。[29]在台積電 2002 年的年報中，有以下關於創新的陳述，揭露了台積電前瞻性的研究工作：

「台積電在幾個重要領域進行了探索性研究，包括新的元件結構……例如，台積電發表了幾種被稱為 FinFET 的新型電晶體設計，這些設計比傳統的電晶體具有更高的性能和更低的漏電量，滿足了國際技術路線圖對漏電和速度的要求。我們相信，這些元件應該能夠滿足 2010 年以後大多數應用的需求。」

上述陳述再次說明，台積電在 2002 年已經結束了技術追趕階段，開始探索與元件結構相關的未來技術。在此之前，台積電的資源都集中在晶圓製程技術或公司內部所謂的「技術開發」（technology development）上，對這些未來元件的探索都超出了其研發範圍。FinFET 確實是一個未來項目，完全未達實用階段，還需要再等十年才能看到該新結構所創出的商業產品。

首個商業化的 FinFET 產品，還是來自產業巨頭英特爾。2011年，英特爾推出了由 22 奈米節點製程技術製成的三閘極 CPU 原型晶片，預計於次年開始出貨。台積電可以說晚了一個世代，它首個

---

29 同上。

可量產的 FinFET 技術採用 16 奈米節點製程，於 2014 年才公開發表。這個新製程創造的電晶體速度比前一代 20 奈米平面結構快了 40%，功耗更降低了 50%。[30]

FinFET 製程的發展是台積電爭取代工製造蘋果 iPhone 所用的 SoC 晶片的重要武器。三星搶在台積電發表這項結果之前幾個月，宣布一個類似的 FinFET 製程技術，使用 14 奈米節點技術。2015 年開始，蘋果 iPhone 6s 和 6s plus 機型的處理器 A9，首度由三星和台積電兩家廠商共同代工生產。其中台積電採用的是 16 奈米製程生產，三星採用的是 14 奈米製程。當時美國網站 iFixit 拆解兩款蘋果剛上市的手機，發現台積電和三星製造的 A9 處理器型號不同，而且可輕易辨識。依照 iFixit 播放的影片，跑測試軟體，發現台積電製造的處理器，最高可比三星版節省近三成電力。這個事件在全球引發一股實測「台積電製造」和「三星製造」效能差異的熱潮，也讓許多買到三星版手機的用戶，湧到蘋果專賣店要求退貨。[31] 此後從 A10（2016 年首次出貨）開始，台積電一直是蘋果唯一的代工服務提供者，直到今天。

與蘋果的合作，將台積電在產業的地位推向新高峰。因為蘋果的 A 系列應用處理器在產業中擁有最高性能和最大的產量，這種合作經驗為台積電提供了製造超微半導體和蘋果電腦 CPU 的機會，並逐漸使台積電成為英特爾的潛在競爭對手，這是它過去從未追求的地位。做為蘋果唯一的代工廠，也大大提升了台積電的市場價值和

---

30 TSMC 2014 Annual Report.
31 林宏文，2023，《晶片島上的光芒─台積電、半導體與晶片戰，我的 30 年採訪筆記》，台北：早安財經文化公司，頁 95-96。

戰略地位。儘管存在客源過度集中的風險，但蘋果晶片的售價高於高通和聯發科等其他無晶圓廠晶片設計公司，使得台積電能夠嘗試新的製程技術，使每片晶圓的代工價格得以提高。如果沒有像蘋果這種不斷追求更高電晶體性能的大客戶背書，純粹的晶圓代工廠如台積電，永遠無法握有足夠的資源獨力推動摩爾定律的前進。

英特爾一直以來引領著半導體產業推出新的製程技術，因為它的 CPU 晶片在業界擁有最高的價值。當英特爾採用 FinFET 製程在 22 奈米節點製造 CPU 時，台積電還正在應用舊的、成熟的 HKMG 製程在 20 奈米節點製造蘋果的 A 系列處理器。由於英特爾的 CPU 和蘋果的 A 系列處理器之間的價格差很多，台積電不得不等到 16 奈米節點才將 FinFET 製程技術導入蘋果的產品中。這種價差迫使蘋果使用較便宜的舊製程技術，也為台積電開發新技術爭取時間。這是技術跟隨者的一種少見的優勢──只需要緊跟著技術領導者，並儘快跟上即可。

然而，自從 2011 年英特爾進入 22 奈米節點後，其領導地位開始動搖。它在 2014 年才進入了 14 奈米製程的量產階段，比原定計畫晚了一年。然後，又再次推遲了 10 奈米製程的交貨日期，一直到 2020 年 9 月才終於推出了新一代微處理器 Tiger Lake。對英特爾所面臨的困難，一個合理的猜測是：在既存的 FinFET 結構中，進一步縮小電晶體尺寸時良率過低。英特爾似乎還未能充分掌握 EUV 微影技術，以達到合理的製造品質水準。從 14 奈米製程節點開始，台積電已經取代英特爾，成為世界半導體製程技術的領導者。

在 FinFET 推出後，一項新的封裝技術使得台積電得以擊敗三星，成為蘋果 A 系列晶片的獨家製造商，它被稱為 CoWoS（Chip on Wafer，Wafer on Substrate）。CoWoS 可以分成「CoW」和「WoS」兩

部分,「CoW」指的是晶片堆疊在晶圓上,「WoS」則是將晶圓堆疊在基板上,前者是技術核心。簡單來說,CoWoS 就是把幾個晶片先堆疊起來,封裝於基板上,而非傳統的個別封裝,再進行連結,如此可以減少晶片連接造成的功耗,提高電子傳輸速度。根據蔣尚義表示,台積電自 2010 年就開始開發晶圓級封裝技術,但由於成本高,新技術所創造的價值相對低,因此一直未能找到客戶。CoWoS 技術最終等到了蘋果這樣的大客戶,蘋果的 A 系列晶片由幾個 DRAM 堆疊在應用處理器上,在晶圓層次進行封裝,使晶片更薄,降低了熱發散,提高了數據傳輸的速度。這種技術為蘋果的高階手機創造了無與倫比的優勢,並首次應用於2016年 A10 系列的量產中。

這種技術本是待價而沽,但到了 AI 晶片的時代,已變成了不可或缺。AI 晶片需要承擔快速且大量的計算和數據傳輸,因此需要把數個高頻寬記憶體(high bandwidth memory, HBM),直接堆疊在處理器上方,而且運算時需要將能耗降到最低。台積電的 CoWoS 技術,是目前市場唯一的解方。2022 年以後,AI 需求爆發,CoWoS 產能嚴重短缺,使台積電在 7 奈米以下的製程,幾乎是獨步天下。

第9章

中國的挑戰

自1947年蕭克利（William Shockley）、巴丁（John Bardeen）和布拉頓（Walter Brattain）三人發明電晶體，啟動半導體產業以來，許多國家都曾致力於建立半導體產業，但大多數以失敗告終。中國是半導體產業的最新挑戰者，離電晶體發明，已經超過半世紀。但中國比以往任何一個國家都更積極，展現更大的雄心，投入更多的資源，最終是否會成功，還不得而知。但是到目前為止，它所獲得的成果，已經引起美國的緊張，並且發動前所未見的技術戰，企圖遏止中國在此一戰略性產業進一步擴張地盤。

美國的策略是：將中國自美國主宰的全球半導體供應鏈分離，使其無法吸收全球分工體系的養分而成長。自1980年代中期發生的美日半導體衝突以來，美國建立了一個開放式的全球化分工體系，有效率地推進半導體技術發展，一而再、再而三的突破「摩爾定律」的極限，使晶片中所含的電晶體密度，達到前所未見的高水準。這個分工體系降低了半導體產業的進入門檻，嘉惠了後進的韓國和台灣，而中國也利用這個體系，很快取得進展。但主宰這個分工體系的美國，控制了半導體的核心技術，也絕不會輕易放手；中國可以獲得周邊技術，卻難以取得核心技術。中國自2006年以來，採取了核心技術本土化的國家政策，也就是所謂的「自主創新」，[1]使得中國在全球產業體系中的角色，從技術夥伴轉變為技術競爭者和掠奪者。由於半導體技術的敏感性，終於引發了美中嚴重的對立。

做為產業的後進國，必須先學習技術，取得進入產業的門票，

---

1 2005年，國務院發表《國家中長期科學和技術發展規畫綱要（2006-2020年）》，揭示「自主創新、重點跨越、支撐發展、引領未來」的基本發展路線，並將高端通用晶片及基礎軟體、極大型積體電路製造技術及成套工藝，列為16個重大專項中的兩項。

然後充分掌握技術,運用自如,下一步才能進行自主創新。只有自主創新的技術才能稱為「本土」技術,這是中國政府的終極目標。簡言之,這是一個追趕領先者的過程,追趕半導體技術尤其困難,因為後進者追趕的是一個不斷移動的目標。而且學習半導體技術,比任何其他技術需要更多時間和資源。技術跟隨者需要找到一種可持續的商業模式,來支持長期學習,也就是利用成熟的技術,賺取足夠的利潤來支援長期投資和技術研發。半導體的微細化技術是逐步累積的,只能一步步追趕,沒有「彎道超車」的機會。

日本、韓國和台灣的半導體產業發展的經驗顯示,正確的商業模式必須與本國的產業結構相容。日本和韓國的產業結構都以大型企業集團為主體,[2] 擅長整合型生產,相較之下,台灣的產業結構則以中小企業為主,擅長分散式生產。日韓以記憶體為發展主軸,正是善用其集團企業的優勢;台灣以邏輯半導體為主軸,也是考量其中小企業的特性。中國產業結構也以企業集團為主體,如果台日韓的經驗有效,中國應該學習日本或韓國的模式,而不是台灣的模式。可惜陰錯陽差,中國最後走的是台灣模式。這個模式可以用較少的資源獲得成功,以小博大,但可能永遠在產業周邊打轉,進不了產業核心,而且有被掐脖子的風險。

中國最早一家半導體公司華虹,是中國與日本的合資企業,採用了 IDM 模式,但因時運不濟,最終失敗改制。接著中國轉向與台灣投資人和工程師合作的晶圓代工模式,儘管中國政府給予巨額補

---

[2] Donghoon Hahn and Kuen Lee, 2006, "Chinese business groups: Their origins and development," in Sea-Jin Chang (ed.), *Business Groups in East Asia*, New York: Oxford University Press, pp.207-231.

貼，中國的純晶圓代工廠仍辛苦掙扎，製程技術至少落後全球先進技術兩代，一直無法縮短。不過，中國無晶圓廠晶片設計公司的業務卻蓬勃發展，它們主要是與海外代工廠合作，取得先進製程的服務。最成功的無晶圓廠晶片設計公司是華為旗下的設計公司海思。華為在電信設備、手機和平板電腦等領域，是中國的龍頭企業，海思的晶片因此有和韓國三星類似的自家出海口。儘管製造與設計分離的模式可能加快了技術學習的速度，使海思異軍突起，但因為依賴海外技術，使得海思成為地緣政治下第一個被祭旗的對象。

中國自 1978 年實施改革開放以來，積極推動產業技術的升級，採用進口替代、市場換技術、國家隊等策略，以廣大的國內市場為槓桿，吸取海外技術，再自主創新，在許多產業都獲顯著的成效，包括電視機、面板、手機、電動車等。半導體產業的發展，也遵循相同模式，政策配方類似，劑量則加重許多。但相對於其他產業的突飛猛進，半導體的進展卻步履跟蹌。本章將回顧中國半導體產業的發展歷程，探討個別階段政策配套及成敗，並展望最近美國對中國半導體的圍堵可能產生的效果和反效果。

中國的大躍進：傾國家之力發展半導體

中國的領導者對於科技向來有很高的熱情，甚至可以說是癡迷。即使在所得極低的時期，民眾的衣食尚且難稱溫飽，中國政府對科技的投資，始終是預算的優先項目。1960 年代，中國科學家成功研製了原子彈和氫彈，並且在沒有外國技術或材料的支援下，自力發射了人造衛星。「兩彈一星」的卓越成就，成為中國技術自給自足的驕傲。在計畫經濟下，講求的本是自給自足、自力更生，凡事

不外求。那個時代所發展的技術，可能十分老舊、落伍而且進步緩慢，但卻都是完整的技術。例如，中國的火車雖然是燒煤炭的，但從火車頭、車廂、軌道、信號系統，都可以自製。自從1978年「改革開放」以來，中國一方面發現自己的技術非常落後，一方面發現從國際市場上獲取技術更為便宜、有效，傳統技術取得的方法被技術授權和技術合作所取代，中國國內自主研發的投資就大幅減少了。

然而，忽視本土研發投資只是短暫的現象，與中國體制基因不符。1986年3月，幾位「兩彈一星」時代的資深科學家，聯名寫信給當時的領導人鄧小平，呼籲重新重視本土研發。大老們寫這封請願信，一般相信是受到1983年美國總統雷根所推動的「策略性國防計畫」（Strategic Defense Initiative），亦即俗稱為「星戰計畫」（Star Wars Program）的刺激；這項計畫的目標是發展太空作戰的武器系統，融入最新的電腦和半導體技術。鄧小平對請願信做出了強而有力的回應，並隨即撥出人民幣100億元做為專款，相當於當時全國預算約5%，用於重點技術領域的研究。這項專案計畫習稱為「863計畫」，此後持續編列了十年預算，直到1996年為止，半導體是重點項目之一。

「863計畫」是由國家研究機構、大學、國有企業及其他國家單位共同執行的國家級計畫。其中，負責執行半導體計畫的電子工業部，分別在北京、上海建立了兩個微電子研究基地。北京基地是由一家名為華大的國有企業執行計畫，致力於積體電路設計和開發電路設計所需的軟體。上海基地則由上海市政府與比利時貝爾公司合資成立的上海貝爾擔綱，從事設計和製造上海貝爾的電信設備所需的微晶片。當時還在冷戰時期，半導體晶片是COCOM（Coordination Committee for Multilateral Export Controls）的管制項目，但比利時貝

爾神通廣大，順利取得技術輸出許可證，以交換中國電信設備市場的商機。當時中國正開始引進自動電信交換機，商機龐大，國際電信設備商沒有不垂涎三尺的。這是中國「市場換技術」策略的典型交易模式，市場是誘餌，半導體技術才是戰略目標。

1990 年 8 月，電子工業部採取了進一步的行動，試圖由研發進入製造的領域，成立了一家名為華晶的公司，計畫在江蘇省無錫市建立中國第一條半導體晶圓廠生產線。這個計畫習稱為「908 計畫」，這座晶圓廠將完全由國家投資，預備採用 1.2 至 0.8 微米的製程技術，利用 6 吋晶圓加工。這是一個野心勃勃的計畫，企圖從零憑空跳升至次微米級的製程，不清楚技術來源為何，也不知道產品的出路。中國政府內部對此案爭論甚久，計畫花了七年時間才獲得國務院批准，嚴重延遲的結果，使得原來的目標技術已經過時，市場應用也大半消失，因此這項計畫從未啟動。

在「908 計畫」遇挫後，電子工業部於 1995 年決定再次攻堅突圍，這次決定與上海市政府合資，由上海分擔 40% 的資金，共同投資一座八吋晶圓廠，並將計畫命名為「909 計畫」。這項計畫很快得到中國最高領導人江澤民的支持，他指示說：「必須加快發展我國集成電路產業，就是『砸鍋賣鐵』，也要把半導體產業搞上去。」國務院在 1995 年 12 月 13 日召開的會議上，正式批准了半導體投資計畫，總理李鵬表示：「半導體產業是關係到國家命脈的戰略性產業，必須堅決貫徹江總書記指示，要不惜代價把半導體產業搞上去。[3]」什麼原因促成中央的政策轉趨積極，不得而知，但上海交大電機系畢業

---

3 胡啟立，2006，《芯路歷程：909 超大規模集成電路工程紀實》，北京：電子工業出版社，頁 4。

的江澤民,可能較其他中國領導人更了解半導體的重要性。他的許多交大前輩,如潘文淵、方賢齊,對台灣半導體產業的發展,都曾有卓著貢獻。

新計畫被命名為「909計畫」,凸顯其為「908計畫」的延續版。這項計畫改變做法,以中外合資的方式,在上海建立了一家名為華虹的公司,投資一座8吋晶圓廠;合資可以確保技術來源,進而加速生產的實現。中國選擇了當時全球第二大DRAM製造商(僅次於三星)的日本NEC為合資夥伴,計畫使用0.5至0.35微米的製程技術,生產DRAM記憶體內外銷,技術將由NEC提供,但由中方負責生產管理和營運。這個合資案也是「市場換技術」策略的實踐,NEC提供半導體技術,以交換進入中國的通訊設備市場。華虹是一個整合型元件廠,不過除了生產DRAM晶片外,還保留一定比例的生產線產能,以服務中國的無晶圓廠晶片設計公司。「909計畫」同時提供補助,支持中國七家半導體設計公司的創立,做為華虹的輔翼。

在NEC技術的支持下,華虹生產線很快順利啟動,產品順利下線,但商業上並不成功。當華虹於1998年開始量產時,全球DRAM市場正陷入大衰退週期,價格狂跌,華虹連續六年虧損,難以止血。合資公司NEC技術上可以相挺,卻無力讓渡任何市場,因為它自己也正陷入生存的保衛戰;四年以後NEC切割半導體部門,完全退出市場。中國最後停止DRAM的生產線,將華虹改造為一家晶圓代工廠,與北京的華大合作,設計和製造中國的第二代晶片身分證。華虹負責製造,而七家IC設計公司則被華大吸收,負責晶片設計業務。從這一刻開始,中國開啟了晶圓代工的商業模式。

這段時期的失敗經驗,標誌著「市場換技術」策略的限制。和

其他產業不同，此時中國還未擁有半導體的國內市場，它其實是以第三方市場，例如電信設備的市場，來交換半導體技術。取得半導體技術後，技術與國內市場缺乏連結點，國內市場無法成為半導體技術的練兵場，產品苦無出路，技術也無法累積。半導體和原子彈不同，需要量產，技術才會累積和進步；而只有商品市場，才能提供量產的舞台。原子彈造出一枚，即可證明技術到位；半導體造出一顆，沒有太大價值。為了讓華虹的晶圓代工起步，中國政府提供二代身分證晶片業務供其練兵，不難看出政策的窘迫性。

台灣模式：以租稅獎勵吸引外企設廠

「908」和「909」計畫失敗後，中國政府將策略從直接投資轉為租稅獎勵。2000年中國國務院發布了一項政策指導文件，即所謂的《18號文件》，以稅收獎勵促進民間和外國企業對半導體製造和設計的投資。獎勵措施包括五年租稅假期（兩免三減半），如果企業被認定為「重點企業」，租稅假期結束後，營業收入可永久享有10%的低稅率，遠低於法定稅率的30%。「重點企業」的認定標準，包括營業規模、研發支出、研發人員、企業提供的產品等等。這項政策提高了半導體產業推進的位階，由部會層級上升到國務院，而且政策取向和亞洲其他國家的做法類似，基本上是依循市場化的發展原理，加上政府指導和選擇性的財政支持。

《18號文件》發布當時，台灣的半導體產業已是周知的成功故事，台灣的純晶圓代工模式似乎影響了中國的政策思維。《18號文件》為晶圓代工廠和IC設計業提供了平行的租稅獎勵，在中國設計的半導體晶片，甚至可享有6%優惠的增值稅稅率，低於正常的

17% 稅率。這項獎勵措施，目的是鼓勵中國應用微晶片設計，開創一個本土的晶片市場。中國設計的晶片，如果國內不具備製造能力，也可委託外國生產，優惠不受影響。2000 年的新政策同步推進無晶圓廠晶片設計公司與晶圓代工廠，明顯是對先前華虹等 IDM 模式失敗的修正。

在《18 號文件》的支持下，信息產業部（原電子工業部）將七個城市指定為半導體發展基地，分別為上海、西安、無錫、北京、成都、杭州和深圳。對於中國的地方政府來說，被指定為國家政策實施的基地，既是一種特權，也是一種責任。地方政府對中央政策的執行力道，取決於當地資源的多寡，以及該政策對地方經濟成長的潛在貢獻，最後都與地方官員升遷密切相關。就資源多寡而言，上海做為中國最富裕的城市和最大的工業基地，最有能力推動這項耗資不菲的政策。[4] 從經濟成長的貢獻而言，晶圓代工廠顯然比晶片設計公司更有助於 GDP 成長，因為前者產值較後者大。上海正是七個指定城市中，最積極吸引晶圓代工廠投資的城市。

從 2001 年到 2003 年，上海建立了三大半導體晶圓代工廠，都涉及台灣的資金和技術。首先，由前德州儀器高階主管、後來在台灣世大半導體擔任總經理的張汝京所創立的中芯國際（SMIC），他號稱公司主要資金來自美國，不是台灣。第二家是由台灣的台塑集團創辦人王永慶之子王文洋所創立的宏力半導體製造公司（後併入華虹集團）。第三家晶圓代工廠，是由台積電，經台灣政府有條件

---

4 Cassandra C. Wang, 2012, *Upgrading China's Information and Communication Technology Industry: State-Firm Strategic Coordination and the Geography of Technological Innovation*, Singapore: World Scientific, p.133.

批准後，在上海松江區建立的一家全資子公司；台灣政府的條件是在中國所應用的生產技術必須比台灣應用的技術落後兩代。這三家新設的晶圓代工廠，再加上轉型為晶圓代工廠的華虹，上海立刻在全球半導體產業代工地圖上，圈下一塊地盤。與此同時，中國新創的無晶圓廠晶片設計公司，和國際無晶圓廠的子公司，開始在全中國遍地開花，但主要集中在上海、深圳和北京。許多中國新創公司是由矽谷歸來、經驗豐富的中國工程師所創立，與1990年代的台灣類似。

誠如米德在1970年代末所預期的，晶片設計產業比晶圓代工發展更快，因為晶片設計的資金門檻比晶圓製造低很多。即使在未完全市場化的中國，這項預言仍然正確。而且，隨著電子設計自動化工具的普及，和IP供應商的出現，晶片設計的技術門檻已經降低許多。隨著中國電子產業的蓬勃發展，中國廣泛應用於各領域的微晶片，包括電視、DVD、手機、汽車等，逐漸構成一個可觀的內需市場，使無晶圓廠晶片設計產業獲得源源不絕的活水。雖然大多數微晶片採用的是成熟技術，但只要產品差異化，或降低晶片成本，就能創造市場價值。但可惜它們價值不高，數量不大，不足以滿足晶圓代工廠不間斷的巨額資本支出和研發投資的胃口，使中國本土晶圓廠的技術一直處於落後的狀態，難以改善。

晶片設計技術進步的速度較晶圓製造快，且愈差愈遠，兩者遂逐漸脫鉤發展。一些進步的設計公司開始應用尖端技術，而這些技術只能委託像台積電這樣的先進晶圓代工廠在海外製造。另一方面，中國國內的晶圓代工廠技術相對落後，必須在國際市場搶食成熟製程的訂單，以擴大生產規模。設計與製造雙方都依賴國際市場，並且只有技術成熟的舊產品在中國製造，無法互相拉拔。中國

雖擁有龐大的電子組裝業，先進半導體晶片都仰賴進口，只有成熟晶片為國際品牌代工，兩頭在外，而且貿易呈現巨額逆差。電子組裝業愈成長，半導體貿易逆差就愈擴大，這種情形令政策制定者抓狂。

在中國所有的晶圓代工廠中，中芯國際很快成為領先者。它於2000年8月在上海張江高科技園區動土，興建第一家晶圓廠。創辦人張汝京以建廠聞名，廠房和無塵室以極快的速度在2001年6月完工，接著又花了兩個月的時間安裝了所有生產設備，四個月後，0.18微米的製程通過了品質測試，開始接受客戶訂單。2002年1月，中芯國際的八吋晶圓廠進入量產。這個橫空出世、毫無半導體履歷的晶圓廠，何以能夠如此迅速地推進製程，令人好奇驚嘆。當時它的0.18微米製程雖比台積電在新竹的前沿製程落後兩代，但相較台積電上海廠的0.25微米製程，卻領先一世代。自中芯國際成立以來，台積電被挖角的工程師超過百名，台積電懷疑一些製程技術也隨著人員跳槽而進入中芯國際。

2002年，台積電向台灣法院提告，要求禁止中芯國際持續挖角台積電的工程師。法院頒布了禁制令，但並沒有遏阻效果。2003年底，台積電向美國北加州地方法院提起訴訟，控告中芯國際侵犯營業祕密。事實證明，這場訴訟更有效，因為中芯國際大部分的產品都輸出到美國市場，如果美國法院認定侵權案成立，可能導致中芯的產品無法入境。在訴訟過程中，台積電提供證據，證明中芯國際確有透過前員工盜竊營業祕密的行為。例如，一名任職於中芯國際的前台積電資深工程師在法庭上說：「我被告知，公司裡面有一組資料，代號叫做BKM1，意思是『最佳已知方法一』」（Best Known

Method One），指的是台積電的製程配方。[5]」此案 2005 年在美國法院庭外和解，中芯國際同意向台積電支付 1.75 億美元的賠償，以換取技術授權，並承諾歸還其竊取的所有文件。

然而台積電在 2006 年重啟訴訟，指控中芯國際違反和解協議，並且繼續盜竊更多營業祕密。2009 年，加州法院做出了有利於台積電的裁決，後來雙方還是和解收場，中芯國際同意支付 2 億美元現金和 8% 的中芯股權做為賠償，另外給予台積電可加碼購買中芯國際 2% 股權的選擇權。當和解消息公布時，中芯國際在香港交易所的股價隨即飆升了 68%，市場預期台積電將成為該公司第二大的股東後，可幫助中芯國際改善營運。[6] 然而，當時的市場投資人並不知道，和解協議書中包含一項條款，即台積電不論持股多少，都不准派任董事，也永遠不參與中芯國際的營運。和解協議的談判在香港進行，顯然和解條款是由北京政府主導，而非中芯國際的執行長張汝京。中芯國際自 2004 年在香港上市，到 2009 年和解時的六年中，只有一個季度是賺錢的，其餘每一季度都虧損，但當時它已經被認定是中國半導體產業的重點企業，必須由國家管控。

庭外和解後，張汝京從中芯國際離職，上海市政府邀請國有電信公司大唐集團和主權基金中國投資公司（CIC）注資中芯，重組該公司的股權。重組後的中芯國際成為一家名實相符的國營企業，預算約束變得寬鬆。然而，來自台灣的技術專家仍繼續擔任該公司的執行長，首先是王寧國，任期為 2009 年至 2011 年，然後是邱慈雲，

5　Jon Y., 2022, "When TSMC sued its Chinese rival…", *The Asiamoney Newsletter*, 2020/1/6.
6　Doug Young, 2009, "Update 1-SMIC shares notch record gain on settlement, new CEO." *Reuters News*, 2009/11/11.

任期為 2011 年至 2017 年，接著是梁孟松，從 2017 年迄今。王寧國是 2000 年中芯國際成立時，由張汝京帶到中芯國際的核心技術團隊成員，邱慈雲和梁孟松則是台積電的前資深經理，邱慈雲曾是晶圓廠廠長，梁孟松則是資深研發處處長。中芯國際的技術團隊接收了台積電技術累積的溢出。

中芯國際基本上是台積電的中國複製版，它同樣是由國家投資，並由專業經理所管理，其中包括一些從台灣挖角的專業經理，也代表一種國家資本和專業人才的結盟。然而，兩者之間存在重要的差異。台積電除了在成立之初，由政府投資部分資金以外，從未再向政府尋求進一步的財務支持；而中芯國際則是持續不斷地依賴政府資金挹注，至於今日。由於沒有真正的的「硬預算」，中芯無須認真尋找可以生存的商業模式；中芯的專業經理人只被要求實現國家給定的技術目標，而不是獲利能力。換言之，中芯國際受國家制約，台積電則受市場制約。

如果企業的技術發展，不受市場制約，不是根據市場價值來判斷發展方向，那麼市場通常也不會給予相對的回報，企業的生存就需靠國家無限期的支持，而這種支持只能以「國家安全」來合理化。這個理由讓我們想起美國國防科學委員會工作小組（US Defense Science Board Task Force）於 1987 年提出的一份報告，當時美國半導體產業的技術領先地位快要被日本取代，該報告寫道：「半導體產業的領先地位建立於有競爭力的量產能力上，而量產必須靠商業市場支撐。[7]」也就是說，如果沒有商業市場，就無法實現量產；沒有

---

7 Defense Science Board Task Force, 1987, "Report of Defense Science Board Task Force on Defense Semiconductor Dependency," ,February 1987, Washington DC.

量產，技術領導的地位也將無法實現。如今中國晶圓代工產業面臨的挑戰，就是要找到一個商業市場來支持其技術野心；如果找不到這樣的市場，就必須改變商業模式。

大型政府基金：志在技術發展，不在市場

然而，中國政府並不打算改變商業模式，只決定改變政策。當《18號文件》所規畫的政策到期後，國務院在2011年發布了一份新的《4號文件》來取代它，將原有的租稅優惠政策再延長十年，除了先前針對半導體製造和設計外，將優惠範圍擴大至半導體封裝測試和設備等領域。此外，《4號文件》增加了金融投資做為促進半導體產業發展的新政策工具。中央和地方政府將設立大型投資基金，向選定的半導體企業注入資金，這是產業政策中「挑選贏家」（picking the winners）的極端措施。

以國家資本注資企業，目的是提高中國半導體公司的規模。中國政策制定者意識到中國的半導體公司規模太小，無法與全球產業領導者競爭，規模小使它們的營收小，營收小使它們獲利少，獲利少限制了它們投資新設備和研發的能力。中國企業因此困在一個規模小、技術低的陷阱中，難以自力脫困。政府注資是讓它們擺脫小聯盟，有機會加入大聯盟的唯一途徑。中國政策制定者向來認為，政府必須駕馭市場，中國企業受資本市場愚弄，處於一種惡性循環之中，政府注資可以改變遊戲規則。

遵循《4號文件》的政策指示，中國中央政府於2014年9月成立了一個規模達人民幣1,387億元（超過原始募資人民幣1,200億元的目標）的大型投資基金，將此基金註冊為一家投資公司，股東包

括中國財政部、國家發展銀行和一些國有企業，如獲利豐厚的中國菸草公司。這個大型投資基金很快就開始進行投資標的的篩選和資金投放，到了2018年，基金已經完全用罄。第二筆大型投資基金迅速成立接續，資金規模達人民幣2,042億元，再次被超額認購（原始目標是人民幣2,000億元）。第三期的大基金也在2024年成立，集資達人民幣3,440億元。合計三筆大基金的資金高達人民幣6,869億元，幾乎達1,000億美元，和美國最近的《晶片與科學法》補貼國內半導體製造研發的總預算520億美元相比，高出了一倍。

在大基金的支持下，中國很快成為全球半導體產業投資最熱絡的地方，2016年和2017年，在中國新建造的晶圓廠數量，超過全球其他地區的總和。隨著晶圓廠的大量興建，中國對半導體設備的需求大增，2019年中國超越韓國，成為全球第二大半導體設備市場；2020年更超越台灣，成為全球最大的半導體設備市場。隨著新晶圓廠相繼投產，中國的微晶片生產量也在2021年攀升至世界第三，超越了美國和日本，僅次於韓國與台灣。[8] 這讓人想起了1950年代中國的「大躍進」運動，當時全國各地響應毛澤東號召，瘋狂地進行煉鋼廠的投資，目標是「超英趕美」。當時中國缺乏現代化煉鋼的設備，現在冷戰終結，中國可以輕易買到先進的半導體設備。

除了中央政府設立的大型投資基金外，許多地方政府也建立了地方的投資基金。根據諾頓（Barry Naughton）的研究，以資本支出估計各省、市、縣級地方的基金規模，合計約為中央投資基金的四倍。[9] 地方基金的設立，除了展現地方官員對中央政策的支持外，地

---

8 湯之上隆，2023，《半導体有事》（文春新書1345），東京：文藝春秋社，頁122。
9 Barry Naughton, 2021, *The Rise of China's Industrial Policy*, 1978 to 2020, Mexico City, Mexico: Universidad Nacional Autonomica de Mexico, Table 5.1, based on 2020 data.

方政府還可以自有基金做為槓桿，爭取中央基金的支持，將投資標的設於地方境內。各地方之間的競爭，對於中央帶頭的產業政策，有加乘的效果，這就是所謂的「舉國體制」，風行草偃，所向披靡。「舉國體制」裡中央和地方的兩股力量，相互作用，一方面加速了國家隊的形成，一方面也衍生許多腐敗的案例。

經由中央與地方的合力注資，塑造的國家隊伍包括中芯國際（晶圓代工）、展訊（通訊晶片）、長江存儲（快閃記憶體）、長鑫儲存（DRAM）、江蘇長電（封裝測試）、中微半導體（半導體設備）等公司，散布在不同領域。如果找不到土生土長的國家隊，大基金也支持收購外國公司，使其「歸化」為國家隊，就像運動員一樣。例如北京投資基金，在 2015 年出資收購了在那斯達克證券交易所上市的半導體公司豪威科技（Omni）。豪威科技主要產品為影像感測器，被收購後更名為韋爾半導體，是當今中國營收最高的無晶圓廠設計企業。北京投資基金也收購了恩智浦半導體（NXP）的射頻晶片部門，取名 Nexperia，專注於汽車、工業、消費用射頻晶片的設計。一般理解，這是中國政府操作監管機制促成的一筆交易，以換取通過對恩智浦收購飛思卡爾半導體（Freescale）的反壟斷審查。[10] 舉國體制下，全民皆兵，以監管權限促進半導體產業發展，也是舉國體制的一環。

在大基金燒起的投資熱潮下，中芯國際在全中國各地建立晶圓廠，以回應地方政府的邀約和補貼，晶圓廠遍布上海、北京、天津、杭州和深圳等地。中芯國際成立了一家控股公司來控制各地方

---

10 Tiernan Ray, 2015, "NXP: Bulls delighted with price for sale of RF chips to China state firm," *Barron's*, 2015/5/28.

晶圓廠，這些晶圓廠都是獨立運作的公司，且由不同地方政府做為它們的奶媽。例如，位於上海的中芯南方公司，註冊資本為 40 億美元，主要由國家基金和上海地方基金投資，兩者合計占股為 61.5%，公司明確被指定為開發 14 奈米製程技術，並進行量產，在 2018 年 1 月成立時，母公司中芯國際只具備 28 奈米的製程技術。國家資金的注入，指定用於新技術研發和新晶圓廠建設。不直接向母公司注資，而創立一家新公司，目的是切割母公司過去的累積負債，從零出發。這種以使命為導向、以計畫為平台的技術發展方式，是「兩彈一星」模式的延續。雖然中芯國際本質上是一家商業公司，但在官方主導下，重點並非商業上的營利，而是技術上的成就。

有了大基金的支持，企業可以透過擴張性投資或收購來壯大規模，期待規模擴大後可以轉化為市占率的增加、獲利的提升，這是中國式的「金融工程」，企圖將小而不賺錢的邊陲企業轉變為大型且獲利的核心企業。然而，這種轉變仍須透過市場來完成，市場不一定會聽命辦事。因為國家提供了寬鬆資金，可能助長了企業自滿，缺乏競爭力。錢多了，好辦事，卻不一定辦對的事。通訊晶片領域裡的國家隊展訊，就是一個典型的案例。

2013 年至 2014 年期間，中國國有企業紫光集團在大型基金的資助下，收購了中國兩家最成功的晶片設計公司：展訊和銳迪科。這兩家公司都是私人新創企業，興起於中國山寨手機市場，為中國當時興盛的 3G 通訊市場提供晶片，和聯發科競爭，隨後在那斯達克證券交易所上市。兩家公司被紫光收購後，從股票市場下市，合併成一家名為紫光展銳（Unisoc）的大公司，目標要培育成為國家隊伍，然後重新在中國國內的證券交易所上市。2015 年，英特爾甚至與紫光展銳達成戰略聯盟，向該公司挹注了人民幣 90 億元資金，占

該公司20%的股份。儘管有新資金的注入和國家的支持，紫光展銳在推出新產品方面卻變得緩慢，無法為4G通訊提供有競爭力的解決方案，市占率逐漸下滑，如果不是華為被美國制裁，紫光展銳可能已經破產。

2019年5月，美國將華為列入實體清單，禁止它獲取美國的半導體晶片。2020年9月，這項制裁擴大到所有使用美國技術製造的晶片，適用所謂的「外國直接產品規則」(direct product rule)。這項政策迫使台積電終止向華為設計的晶片提供代工服務，當時華為是台積電先進製程的重要客戶，生產華為的麒麟系列晶片。華為在被制裁後，一時停止了高階手機的生產，並將子品牌榮耀公司分拆成為獨立公司，在市場上提供低價的智慧型手機。榮耀公司的市占率於2021年第一季奇蹟般成長，它從紫光展銳採購4G行動晶片，靠著榮耀和其他中國智慧型手機製造商的支持，紫光展銳在2021年上半年，智慧型手機應用處理器出貨量暴增122%，[11]取代了海思科技，成為中國最大的通訊晶片設計公司。目前紫光展銳在手機應用處理器的全球市占率約10%，主要產品集中在低階領域。

除紫光展銳外，憑藉大基金的支持，紫光集團從2013年到2020年間共收購了20多家半導體公司，甚至放話要收購美國的美光。在2020年6月底，紫光總共擁有286家附屬子公司。[12]然而，在它瘋狂收購期間，並未展現明確的經營理念，因此無法得知大量收購後，這個半導體集團最終將長成什麼樣子。嗜血無止境的收購，唯

---

11 Counterpoint Technology Market Research, 2021, "UNISOC smart phone AP shipments doubled in H1 2021," *EE Times*, 2021/8/18.
12 Zhang Erchi, Qu Yunxu, Peng Qinqin, and Han Wei, 2021, "Rescuing China's would-be chip-making champion," *Caixin*, 2021/9/17.

一的解釋是國家資金來得太容易，不受任何財務紀律的約束。然而，金山銀山，也終有耗盡之日。2021 年 9 月，因為從收購的投資組合所產生的收益，無法償還到期的債務，紫光集團在中國法院申請破產，由另外一家倉促成立、規模不大的國營公司接收了整個集團，許多資產從資產負債表中被註銷，集團的董座趙偉國也鋃鐺入獄。

彎道超車：須等待技術典範轉移

中國的政策和大眾媒體評論中，經常出現「彎道超車」一詞，意指在關鍵產業的發展過程中，找到一個時間點，實現技術跳躍，超越前方的產業先行者。一個產業後來者，可以跳過一些舊技術，直接學習最新的技術，這在許多產業中都發生過。例如，在電信設備的領域，中國跳過電氣機械式交換機時代，直接從數位交換機開始學習技術，在短短 30 年內成功追趕，走上世界的前沿，與阿爾卡特（Alcatel）、朗訊科技（Lucent）和愛立信（Ericsson）等領導企業並駕齊驅。當電信產業從固網通訊轉向行動通訊時，中國的設備製造商，如華為在「轉彎後」超越了同業，[13] 就是一個勵志的故事。

「彎道超車」有兩個步驟：首先是追趕領先者，離他們十分靠近；然後是在跑道出現轉彎，也就是技術出現典範轉移時，追趕者進行超越。因此，「彎道超車」要成功，第一要有追趕的機會，第二要有典範轉移的機會。政府政策對於創造第一個機會可能有所幫

13　Kuen Lee, 2021, *China's Technological Leapfrogging and Economic Catch-Up*, Oxford, UK: Oxford University Press, pp.172-180.

助，但對於第二個機會則無能為力。

　　先來談典範轉移。半導體技術自發明以來，經過一段探索，但從 1960 年代後期開始，慢慢的趨向 MOS 電晶體的結構，迄今並無太大變化，晚近的 FinFET 或 GAA 電晶體，雖然複雜度變高了，也稱不上典範轉移。電晶體製造技術上既無根本變化，只有微細化程度不斷提高，技術不斷累積，沒有跳躍，沒有轉彎。不過晶片生產方法，經歷 1970 年代末期的 Mead-Conway 革命，改變了晶片設計的方法，促成了晶片設計與製造的分離，可以說是典範轉移。晶圓代工廠如台積電、無晶圓設計企業如輝達的崛起，都受典範轉移之惠。現在這項典範轉移，已經完成歷史的過程，除非有另一個典範轉移發生，如量子半導體，否則中國企業不會看見彎道出現。

　　既無彎道，只能直線苦苦追趕。技術愈精密，追趕者要靠近先行者所需的時間就愈長。在追趕的過程中，後進國家必須從舊技術開始切入，因為只有舊技術可以獲得。獲得後，必須找到一個市場，來承接舊技術所生產的產品，進行學習。華為成功的模式，是它在中國農村地區找到了一個與跨國企業可區隔的市場，[14] 相對於大城市已被跨國企業的尖端設備壟斷，中國農村對較老舊或較簡易的通訊設備仍存在巨大需求。華為深耕這個市場，並將之延伸到其他開發中國家，產品成功打入市場，利潤豐厚，並在這個基礎上，持續不斷研發、創新技術，終於超車成功。

　　在半導體領域，中國企業迄今並未找到一個舊技術的練兵場。

14　Qing Mu and Kuen Lee, 2005, "Knowledge diffusion, market segmentation and technological catch-up: The case of the telecommunication industry in China," *Research Policy*, 34(6):759-783.

半導體技術進步很快,摩爾定律不停滾動,當新世代技術導入時,舊世代晶片的價格就腰斬,兩、三代之後,價格趨近於零。中國國內即使有對舊世代產品的需求,進口最為划算(中國對半導體無進口限制);國內市場遭進口品吞沒,出口市場因為價格低迷,也無利可圖。中國的半導體企業,因為國內外市場皆空,雖有國家資金挹注,空有產能,但產品無出海口,其他產業成功的技術追趕經驗,難以在半導體領域複製。

其實 2000 年以後,行動通訊出現,為中國半導體提供了機會之窗。中國政府在國內手機市場也採取了「市場換技術」的策略,只有少數幾家外國手機品牌,被賦予在中國銷售的權利,另外還有一些國家認證的國產手機,擁有銷售的許可證。這些特權廠商,無法滿足市場需求,因而催生了大量的山寨手機。山寨手機在 2008 年至 2009 年間的鼎盛時期,每年售出了 8,000 萬到 1 億支山寨手機。山寨手機單價通常低於 100 美元[15],它們為中國半導體晶片創造了巨大的市場;山寨機的晶片必須便宜,而且讓技術能力不是特別強大的手機設計團隊可以輕易上手,這不是國際大廠如高通,可以提供的。

台灣的聯發科承擔起了這項責任,它低價的系統單晶片(SoC),售價約僅高通的一半,為山寨機提供統包解決方案,成為挑戰高通的重要對手,並被封為「山寨之王」。山寨機也成功培育了兩家中國本土的晶片設計公司,分別是展訊和銳迪科。兩家公司都是由 2001 年後從矽谷「海歸」的工程師所創立,以聯發科為標竿。展訊專攻應用處理器,而銳迪科專注於射頻和無線通訊晶片,

---

15 Brendon Chase, 2009, "Shanzai Ji: All you need to know about fake phones," *CNET Website*, 2009/7/9.

它們也都受益於《18號文件》對無晶圓廠晶片設計產業的財政支持，以及在中國境內可輕易獲得的代工服務，包括中芯國際和台積電等晶圓廠。業務成功以後，它們在那斯達克上市，後來被紫光集團收購，成為國家隊的一員。改吃皇糧後的紫光展銳，失去了梁山泊時代的冒險和苦幹精神，和其他國營企業相同，糧草充足，但沒有戰鬥力。

進入 3G 時代後，中國於 2009 年採用了一個獨特的通訊標準，名為：TD-SCDMA，旨在為國內設備製造商和手機廠創建一個獨立的市場，以發展自主技術。這項政策的影響概括來說是負面的，因為缺乏整合的技術，阻礙了 3G 網絡在中國的普及。[16] 在此之前的 2007 年，政府取消進入手機市場的許可證制度，促成國內外品牌手機激烈競爭，使山寨手機慢慢消失於市場上。一些中國本土手機品牌，利用自己的專利設計，搭配國外晶片，開始嶄露頭角，包括華為、小米、歐珀、維沃等。政府的自由化政策是成功的，本土手機的市占率不斷增加；但其競爭力來自槓桿國外技術，本土晶片產業反而被犧牲了。

不過，有競爭力才有市場地位，有市場地位才能追求自主技術，最好的例子是華為。華為在電信設備的市場取得成功後，開始向行動手機領域發展，並且當市場從功能型手機轉向智慧型手機時，華為於 2009 年推出了首款智慧型手機 U8200，搭載高通的應用處理器，在低價市場取得初步的成功。其後華為開始進入高階的市場，而且以開發自有晶片，做為進入高階機型的敲門磚。這可能是

---

16 Knowledge at Wharton Staff, 2011, "China's 3G technology gamble: Who has the last laugh?" *Knowledge at Wharton*, 2011/7/6.

受到蘋果和三星等公司的商業模式啟發，因為使用泛用的高通晶片，很難創造獨特的手機風格而自命「高階」。2012 年，華為推出的首款高階手機 Ascend P6，搭載子公司海思科技自行開發的晶片，由台積電的先進製程製造。在開發自有晶片的設計過程中，海思科技遇到了許多問題，但它透過與代工廠商的密切合作，解決了問題。當海思科技於 2018 年 9 月推出麒麟 980 晶片時，它是第一個採用台積電最新 7 奈米節點製程技術量產的客戶。其後海思推出麒麟 9000 晶片，進一步使用台積電 5 奈米製程，2020 年 10 月華為 Mate 40 手機問世，搭載的就是這款晶片。由於華為 Mate 系列手機的熱銷，其所搭載的麒麟晶片，也水漲船高，使得海思科技成為 2020 年第一季中國智慧型手機晶片市場的領導廠商，並名列全球第十大半導體企業，這是中國唯一曾進入世界前十大的半導體公司。可惜海思在該位置上僅僅停留了一季，由於台積電自 2020 年 9 月起，依美國商務部要求，停止對它提供晶圓代工服務，海思的先進晶片遂斷了貨源，麒麟 9000 也成了兩岸半導體合作的紀念碑。

　　華為因為在通訊設備市場成功了，才有能力設立自己的晶片設計部門。當 2004 年海思科技從華為分拆出來，成為一家獨立公司時，考慮到當時全球半導體產業的生態，選擇無晶圓廠晶片設計公司的模式。就華為的技術學習過程而言，從電信設備到半導體的轉型，也是業務運作的自然延伸，類似於三星在 1980 年代所做的決定。華為在手機市場成功後，海思才進入自主性手機晶片的設計。手機設計的能力，護送華為進入電腦、伺服器、自動駕駛、物聯網等晶片的設計領域，華為確實已成為中國的三星，是一個真正的國家旗艦企業（national champion），具有產業主導地位和創新能力。在 2021 年，華為投入 224 億美元於研發工作，僅次於美國的亞馬遜

（Amazon），是世界上研發投資第二大的公司。[17]

如果不是美國的制裁，海思的設計能力和產品線都會繼續擴大，到某個階段，華為集團進入半導體製造的領域，一點也不奇怪。若果如此，那現在中國政府花費巨資栽培的國家隊──中芯國際，也就沒有存在必要。另一方面，以目前中國手機品牌廠的市場地位（約占全球產量一半），合力支持一家中國晶圓代工廠，也毫無困難；只是手機廠與晶圓廠之間，需要強大的晶片設計廠做為橋梁。生態系的零碎化，使不同產業部門間缺乏連鎖，無法借力使力，是中國半導體發展蹣跚的主要原因。華為所代表的整合型發展模式，或者三星模式，和中芯國際所代表的分離模式，或者台積電模式，彼此並不相容。政策制定者或許希望兼容並蓄，用「兩條腿走路」，以增加成功機率。但兩處紮營，備多力分，彼此不相呼應，很難打一場勝戰。就算大基金錢多不愁，中國工程師數以千萬計，在燒錢快速的半導體產業，資源仍然有所侷限，肥了櫻桃，瘦了芭蕉。大基金天女散花式的投資，雖然有一些亮點，並無法凝聚成巨大的力量。

美國的制裁：決心走自己的路

中國大型政府基金的運作引起了美國政府的關注，美國歐巴馬總統於 2016 年委託一個科學技術顧問小組研究中國潛在的威脅。2017 年該小組在歐巴馬總統卸任之前提交了一份報告，指出：

17　Divsha Bhat, 2022, "Hauwei's R&D investment soars to $22.4 bn in2021," *Gulf Business*, 2022/3/31.

「中國的產業政策，企圖透過逾一千億美元由政府主導的基金支持，齊心協力的重塑（半導體）市場，此將威脅到美國產業競爭力以及相關的國家和全球利益。[18]」

顧問小組呼籲美國政府採取行動，以降低中國極端的產業政策可能帶來的風險，但並未建議採取報復行動或實施制裁。

2017年川普就任美國總統，美中關係丕變，美國將中國重新定位為戰略競爭對手，並隨即啟動貿易戰。2018年7月，美國以不公平貿易為由，對中國進口約340億美元的商品，加徵25%懲罰性關稅，半導體晶片就在其中。2019年5月美國將華為及其子公司，列為出口管制的實體清單，意味除非獲得商務部特別許可，它們將無法購買美國的半導體晶片。其後商務部擴大解釋，將管制範圍擴大到所有以美國技術生產的晶片，因此台積電被迫停止替華為製造晶片。在川普卸任總統前，還順利阻止了荷蘭的ASML將先進的EUV微影機輸出到中國，並於2020年12月將中芯國際列入實體清單，從此無法取得先進的晶圓製造設備和軟體。

拜登就任美國總統後，對出口管制採取所謂「小院高牆」（small yard, high fence）的策略。意思是管制範圍縮小，但管制強度加高，而半導體明顯劃在「小院」之內。拜登並且陸續增加出口管制的中國實體清單，2022年8月進一步禁止將可設計GAA電晶體的電子設計自動化軟體輸出中國。同年10月商務部發布全面性禁止先進半

---

18 Executive Office of the President, President's Council of Advisors on Science and Technology, 2017, "Report to the President: Ensuring long-term US leadership in semiconductors," January 2017, quotes from executive summary of the report.

導體及製造設備輸出中國的通知，其中設備方面，明定邏輯晶片16/14奈米以下、DRAM記憶體18奈米以下、快閃記憶體128層以上的製造設備，不得售予中國廠商，在中國的外商則可個案申請核准。此外要求美國人士在中國境內協助發展或生產先進半導體，必須事先取得核可。這兩項命令，清楚地呈現拜登的政策是以斷供軟硬體設備，阻止中國進入先進的半導體領域，以保護美國技術的領先地位。

美國的實際戰略是阻絕中國獲取尖端半導體設計和製造所需的關鍵工具，使得中國在技術發展上無法槓桿西方累積的知識，美國把這項策略稱為「脫鉤」（decoupling），中國的學者和政策制定者則稱之為「卡脖子」。兩位中科院的學者評論EDA禁令時，這樣說：

「2022年8月11日，美國宣布對我國禁運下一代GAA晶體管的EDA軟件，意圖阻止我國參與包括芯片設計在內的下一代半導體技術全產業鏈的競爭，把我國的半導體產業『鎖死』在當前的FinFET電晶體技術。全球在半導體物理和微電子領域的基礎研究成果，都被整合在EDA工具的製程工藝設計套件（process design kit, PDK）中，目前我國各晶片企業可以透過購買三大EDA公司的PDK包，共享全球半導體基礎研究的成果，導致我國決策者、政府人員，甚至產業界都認為，沒有半導體基礎研究也能發展半導體產業。如今，美國已經撐熄了『燈塔』，我們進入『黑暗森林』。[19]」

---

19 駱軍委、李樹深，2023，「加強半導體基礎能力建設，點亮半導體自立自強發展的燈塔」，《中國科學院院刊》，第38卷第2期，頁187-192。

兩位學者把西方的知識和工具看成燈塔，沒有燈塔，只能摸黑工作；但自己摸索，說不定走出一條自由自在的道路。

面對來自美國的「卡脖子」威脅，中國在技術發展上，很自然的重新採取了計畫經濟時期「自力更生」的舊戰術。2018年9月，習近平在考察黑龍江第一重型機械集團時說：「國際上先進技術、關鍵技術愈來愈難以獲得，單邊主義、貿易保護主義上升，逼著我們走自力更生的道路。這不是壞事，中國最終還是要靠自己。[20]」那時候，川普剛啟動第一波的貿易戰，華為還沒被列入實體清單，只有中興通信因違反伊朗禁運，被美國施實貿易制裁，習近平已經意識到技術戰才是主戰役。在他心中，或許從來就認為「自力更生」才是技術發展的正途，慶幸改革開放以來掛鉤西方技術的策略，終於走到盡頭。

美國強迫中國與西方的半導體產業鏈「脫鉤」，或者「去藕合」，它的反作用力就把中國內部的半導體供應鏈推向「藕合」的道路，彼此抱團取暖。華為在用臺台積電製造的麒麟晶片後，被逼著改用高通提供的4G系統晶片（獲美國政府特准銷售），於2022年推出Mate 50的系列手機，等於實質上技術倒退一個世代。但2023年8月，華為推出5G的Mate 60手機，搭載麒麟9000S晶片，以7奈米製程製造，震驚全世界。專家解析後，判斷這款晶片是由絕版的麒麟9000改編，製程由5奈米退縮一個世代，由中芯國際利用深次紫外線（DUV）微影機，經過重複曝光（multiple patterning），完成製造工藝。專家說，這樣做技術雖可行，但成本

---

[20] 潘翠怡，2018，「中美貿易戰，習近平強調自力更生，韓媒：展現技術獨立自主決心」，香港01網站，2018/9/28。

很高，恐怕無商業價值。

當技術發展以國家安全為主要考量時，商業價值已不重要。在中國的「舉國體制」下，證明可以突破美國技術的封鎖，實現 7 奈米製程工藝，才是政策的主要目標。重要的是，華為和中芯國際，本來代表兩條不同技術發展路線的領頭企業，現在結盟了；這在美國實施制裁之前，是不可能發生的。當時華為前進的速度，只受台積電的制約；現在華為這艘大船必須帶著中芯這艘小船前進，真正扮演旗艦企業的角色。中芯是否接著可以突破 5 奈米製程，不得而知，但結盟就會產生新的力量，路線整合也將提高資源使用效率，而且不一定依循西方發展的路徑。華為 Mate 60 手機，搭載華為自有的鴻蒙作業系統，因為 Android 作業系統的利用，也受到美國出口的限制。對華為來說，整個生態系都要完全內捲，才能擺脫美國的要脅。這個作業系統，可以偵測使用者是否下載翻牆軟體，替政府執行公安任務。

自 2022 年開始，美國也限制人工智慧晶片對中國的出口，逼使中國政府投入許多資源，進行人工智慧自主晶片的研發，由華為、阿里巴巴、百度、寒武紀等企業，承擔這項任務。這些晶片也需要 7 奈米以下製程工藝，企業如果沒被美國列入實體清單，仍可尋求台積電代工；但華為則只能和中芯合作。美國商務部很快察覺這個漏洞，2024 年 11 月，台積電宣布停止對中國客戶提供 7 奈米以下製程的代工服務。可見不只半導體，人工智慧技術也明顯列入拜登政府「小院高牆」的管制範圍中。

美國的技術圍堵策略，使中芯國際成為最大的受益者，它不只是中國境內先進製程的唯一可能來源；在舊製程方面，境內使用的晶片，因供應鏈安全的考量，也自動向中芯國際靠攏。根據中芯國

際的財報，2023年第四季，來自中國境內的客戶占全體營收的80.8%，來自美國的客戶占15.7%，其他客戶則占3.5%；這與早期以國外客戶為主體的營業結構，大相逕庭。換言之，美國的制裁已經使中芯國際化身為本土晶片製造的大平台。雖然獲利能力難以趕上台積電，但近年來赤字的情形已經減少，提高生存機率。中芯國際目前已經站穩中國成熟製程的市場，在全球代工市場排名第三；而且中國市場只會變大、不會變小。未來在先進製程徐圖發展，不急著與國際大廠爭鋒頭、豪賭重金從事武器競賽，耐心等待「彎道超車」時間的到來，或許才是可長可久之計。

第 10 章

地緣政治與半導體

半導體產業起源於美國，其他國家都是技術的追隨者，其中最成功的追隨者是日本。追隨者一開始和美國產業是依存關係，不論技術或生產設備都依賴美國，但從 1970 年代中期開始，日本成為美國的主要競爭對手，全球市占率節節上升，於 1988 年達到市占 52.1% 的高峰，同時美國的市占率降到 37%。此消彼長，引發了美日間的貿易衝突，最後雙方達成的貿易協議以及美國的因應措施，徹底改變了半導體產業的生態系統和商業模式。貿易衝突只帶來了短期影響，但生態系和商業模式根本的變化則帶來了深遠、長期的影響，直到今日。產業本質的變化包括從整合生產轉向分散化生產，製造和設備、設計分離，透過標準化的半導體設備、晶片設計工具和晶片設計架構，實現了半導體產業的全球化。在半導體生產全球化的過程中，無晶圓廠晶片設計產業興起，逐漸引領產業創新的浪潮，半導體製造則逐漸集中在東亞國家，包括很早進入這產業的日本，以及稍後才加入的韓國、台灣、中國。

全球化生產及無晶圓廠晶片設計模式使美國從日本手中重新贏回市占率，根據 Gartner 的統計，2020 年美國供應的半導體，以價值計算，占全球銷售的 49.4%，而競爭對手日本則縮減至 9.9% 的市占率，可以說是大獲全勝。然而，勝利是有代價的，大多數美國供應商，除英特爾、美光和德儀外，都是無晶圓廠晶片設計公司，它們並沒有生產線，其產品來自委外代工製造，而大部分的晶圓代工廠都位於東亞，尤其集中於台灣。在全球化鼎盛的過去 30 年中，東亞一直是晶圓製造的主要基地，其總產能從 1980 年代末大約 50% 的全球市占率，不斷上升到 2021 年的 75%。早期東亞各國中，日本是主要生產者，現在則是韓國以 23% 的市占率領先全球，其次是台灣

的 21%，中國的 16%，最後是日本的 15%。[1] 雖然日本在半導體銷售和生產方面的地位有所下降，它仍是半導體設備和材料的主要供應商，因為東亞是大多數半導體生產線的所在地，2021 年日本總共提供了半導體產業中 31% 的新設備和 48% 的材料。[2]

全球化的大趨勢和半導體設計與製造的脫鉤，使得美國「再次偉大」，恢復了往日半導體產業的領導地位。但由於地緣政治的變化，這個地位在華盛頓的領導者眼裡，就像建立在沙灘上的城堡，禁不起國家安全的檢驗。與美國在半導體銷售中近 50% 的市占率相比，美國在半導體製造中的市占率僅為 12%，而且幾乎所有最先進的製程都在台灣生產。回到 1988 年，當無晶圓廠晶片設計模式還處於發軔時期，美國製造的產能在全球的占比與營收比率大致相同，都是 37%。近年美國半導體製造高度依賴海外，引起了美國政策制定者的嚴重關切，從 2016 年的川普總統開始，到拜登總統，再到 2024 年又當選總統的川普，有增無減。在海外生產中，台積電擁有的關鍵製造能力在短期內似乎無可替代，尤其令美國坐立難安。台積電若遭到中國攻擊，美國將失去尖端半導體的供應源；尤有甚者，若台積電被中國控制，還可能成為中國要脅美國的籌碼。[3]

2021 年美國「人工智慧國家安全委員會」（National Security Commission on Artificial Intelligence, NSCAI）的報告中如下清楚指出美國的不安：

---

[1] Knometa Research 2021 年度研究報告。
[2] OMDIA 數據。
[3] Chris Miller, 2023, *Chip War*, New York: Scribner, pp.339-340

「所有 AI 技術都由微電子產品驅動，而美國不再生產世界上最先進的晶片，我們不願過分強調情勢的險峻，但鑑於絕大多數尖端晶片是依靠與我們主要的戰略競爭對手相距僅 110 英里水域外的某個單一工廠（指台積電）所生產，我們不得不重新評估供應鏈的韌性和安全的意義。[4]」

上述聲明讓人回想起 1987 年美國國防部「國防科學對策小組」（Defense Science Board Task Force）對日本在 DRAM 上的主導地位的不安，當初國防部也擔憂美國已經失去半導體產業主力產品 DRAM 的技術和生產優勢，未來將依賴日本提供最先進的產品以支應國防武器的需求，美國國防部表示「這種情境是無法接受的」。那一年，台積電剛成立，誰也沒想到 34 年以後，它的市場地位取代了日本 DRAM 大廠，成為「無法接受的情境」。NSCAI 在報告中，建議美國政府提供財政補貼以恢復國內微型晶片的製造能力，從而催生了 2022 年「晶片與科學法案」（Chip and Science Act）的制定。這項法案與 1987 年「國防科學對策小組」所催生的 SEMATECH 相似，SEMATECH 的目標也是振興美國的半導體製造能力。但自 SEMATECH 成立以後，美國半導體公司，除了英特爾以外，反而將資源集中在研發而非製造上，因為研發的投資報酬率遠遠高於製造；對在市場上主導產業發展的美國來說，這種策略天經地義。這個策略當然不會振興美國的半導體製造，但卻成功孕育了許多頂尖的半導體公司，如高通、輝達、博通等，這些創新的公司幫助美國從日

---

4 National Security Commission on Artificial Intelligence, 2021, *Final Report* Washington DC. The quotation is from "Letter from the Chair (Eric Schmidt) and Vice Chair (Robert Work)."

本手中重新奪回了全球最大半導體晶片供應商的地位，消除了 1987 年的不安。隨著日本半導體產業的式微，美國除卻心頭大患，過了三十年的太平盛世，也漸漸淡忘半導體製造一事。晚近由於地緣政治的變化，半導體製造的問題又重新成為國安焦點，回到了政治舞台的中央。

美國晶片與科學法案：以政治干預市場

美國國會於 2022 年通過了「晶片與科學法案」，並由拜登總統在 2022 年 8 月 9 日簽署成為正式法律，白宮在公告法律生效的附帶聲明中，如下解釋了立法的目的：

「晶片與科學法案將促進美國的半導體研究、開發和生產，確保美國從汽車到家用電器到國防系統的一切技術基礎的領導地位。美國發明了半導體，今天卻只生產全球供應量約 10%，而且沒有生產最先進的晶片，反而依賴東亞提供全球 75% 的產量。[5]」

「晶片與科學法案」提供了 527 億美元的聯邦預算，補貼半導體製造、研發和勞工培訓，其中製造部分將配置最多的 390 億美元資金。法案還為製造設施和設備的資本支出提供 25% 的投資抵免優惠，但只有在美國本土投資，才有資格獲得該資金的補助。法案公布後，商務部隨即發表一份受獎企業的「國安護欄」規範（National

---

[5] "Fact Sheet: CHIPS and Science Act will lower costs, create jobs, strengthen supply chains, and counter China." Whitehouse Briefing Room, Statement and Release, 2022/8/9.

Security Guardrails），內容包括：（1）受獎企業不得將補助款用於美國境外，（2）嚴格限制受獎企業未來十年在美國關切地區（中國、伊朗、北韓）的半導體投資，（3）限制受獎企業在美國關切地區從事研究合作或技術授權。可見這個美國史上絕無僅有的企業補助案，完全是站在國家安全的基礎上；補貼境內生產是國安問題，限制受獎企業赴中國投資或技術合作也是國安考量。

　　全球領先的半導體製造商均響應了在美國投資的號召，包括台積電、三星、英特爾、美光和格羅方德等。其中，明顯是這項政策主要目標的台積電已採取行動，在「晶片與科學法案」成為法律之前的 2020 年 5 月，宣布有意在亞利桑那州的鳳凰城建造一座耗資 120 億美元、月產能 2 萬片晶圓、應用 5 奈米製程技術的新晶圓廠。在晶片法成立後，台積電的計畫從一座廠變成三座廠，總投資金額躍升為 650 億美元，並且跳過 5 奈米製程，直接從 4 奈米製程開始。2024 年 11 月 18 日，商務部宣布正式核准給予台積電 66 億美元的補助，條件是台積電實現 650 億美元的投資，並導入最先進的 2 奈米製程。這是拜登政府在卸任前根據晶片法正式核准的第一筆「美國製造」大投資案。緊接著商務部在 11 月 26 日核准了補助英特爾 78 億 6,000 萬美元，投資於製造與先進封裝。後來核准的投資案還包括補助美光 61 億 7,000 萬美元、三星 47 億 5,000 萬美元、格羅方德 15 億美元。如果這些投資案都如約實現，美國的半導體製造占比至少可以倍增到全球的 20%。

　　這個史上最大的產業冒險，能否達成最終目標，將取決於台積電亞利桑那案的成敗，因為台積電是目前最有能力進行這項冒險的企業，它的財務狀況良好，而且客戶就在美國。2022 年 12 月 6 日在亞利桑那州晶圓廠的「設備進場」慶祝儀式上，台積電創辦人張忠

謀憂心忡忡地說：「全球化和自由貿易幾乎已死。[6]」，美國拜登總統在同一儀式上則宣稱「美國製造回來了！」他似乎將台積電投資視為美國高科技公司把製造業從東亞回歸到美國的模範。拜登的喜和張忠謀的憂，凸顯了政治界和產業界對地緣政治看法的分歧。

事實上，台積電以前也曾經嘗試「回歸」美國，但以失敗告終。1996 年，台積電與三個客戶：阿爾特拉、矽成半導體和亞德諾半導體聯合投資，成立了一家名為 WaferTech 的合資公司，在華盛頓州卡馬斯建造了一座八吋晶圓廠。對台積電來說，這純粹是一種商業策略，和地緣政治無關，旨在透過提供近距離的服務，鞏固客戶關係，當時這三個合夥人都是重要客戶。對於無晶圓廠晶片設計公司的合作夥伴來說，透過這項投資，它們部分擁有一家晶圓廠，實現了「真正的男人擁有晶圓廠」的夢想。當時並沒有任何政府補貼或政治壓力，然而這家晶圓廠完全失敗，因為在那裡製造晶片的成本比在台灣高出 50%，最後連合資夥伴也要求它們的晶片不要在卡馬斯製造，而在卡馬斯原有的八吋晶圓生產線自 1998 年投產以來從未進行升級。這個經驗使得張忠謀批評美國推動國內晶片製造的做法是：「一種浪費、昂貴而徒勞的操演」。[7]

美國有很好的工程師、很好的客戶，半導體製造也非勞力密集的工作，為什麼 WaferTech 無法成功？原因是半導體製造需要大量受過良好訓練的工程師，而它很難和美國強大的晶片設計業或軟體公司競爭這些人才。根據台灣主計總處的資料，台灣半導體製造業

---

6 Cheng Ting-Fang, 2022, "TSMC founder Morris Chang says globalization 'almost dead.'" *Nikkei Asia*, 2022/12/7.

7 Liam Gibson, 2022, "'Wasteful, expensive, futile': TSMC founder pulls no punches on US chip-making critique," *Taiwan News*, 2022/4/21.

在 2022 年的就業人數為 110,000 人，以教育程度區分，52% 是碩、博士，38% 是大專畢業，10% 是高中及以下。台灣因為軟體產業不發達，因此硬體製造囊括了優秀的工程人才。而難以確保足量的高階工程師，一向是美國半導體製造領域的痛點。美國工程師偏好在晶片設計或軟體公司就業，不願到晶圓製造公司。晶圓製造業工作條件嚴苛，而且無法支付同等級的薪資。這也是為什麼英特爾總部設在矽谷，但工廠分布在奧勒岡、亞利桑那、新墨西哥各州的原因。WaferTech 靠近奧勒岡，而台積電新廠設在亞利桑那，固然有靠近產業聚落的動機，也是為了搶食稀有的工程師資源。此項資源若無法倍增，只挖東牆補西牆，美國半導體製造的能量很難倍增。

事實上，美國一直是全球化的大贏家，而台積電不過是全球化的副產品，執行美國製造外移的策略，優化美國人力資源的配置效率。全球化使美國重新奪回了半導體產業的領導地位，正如米德在 VLSI 時代初期所預期的，美國的無晶圓廠晶片設計公司在產品設計與製造分離之後，成為半導體技術的牽引者。台積電之所以能夠領先尖端晶片製造，是因為所有最前沿的半導體設計都來自無晶圓廠晶片設計公司，不再來自 IDM 公司，像英特爾。如果要讓全球化倒退，半導體製造回流，美國勢必得犧牲一些最具競爭力的無晶圓廠晶片設計能量，例如風起雲湧的人工智慧設計公司，這到底是福，還是禍？值得為政者深思。

1996 年台積電投資華盛頓州時，目的是就近服務客戶。同樣地，台積電這次投資亞歷桑那，也不會在未獲客戶支持下，只因政治壓力，就草率投資。這是代工模式的本質，只要「純晶圓代工」的基本商業模式不改，永遠是以客為尊。因此，亞利桑那州的晶圓廠是否能夠生存下來，以及未來技術是否會不斷升級至更先進的節

點，都將取決於客戶的意願，而不是台積電的意願；美國政府若想改變結果，必須透過影響客戶的意願。如果亞利桑那州廠的生產成本高於台灣，是否要繼續投單，還是要轉單台灣，決定於客戶一念之間。現在除了一些 DRAM 製造商，台積電基本上服務全球半導體產業，而主要客戶都在美國。有充分的理由相信台積電應該在台灣之外生產，因為台灣這個蕞爾小島要滿足全球對半導體製造的需求，很快就會耗盡資源。然而，美國是否是台積電海外製造的正確選擇，取決於美國可以提供的製造資源和客戶的決心。

日本的半導體振興計畫：三階段重返榮光

日本半導體產業自 1990 年以來，直線下墜，在長達 30 年的衰落期裡，日本政府一反早期作風，不太積極進行政策干預。曾經打遍天下無敵手的日本 DRAM 企業，自 2013 年碩果僅存的爾必達被美光收購後，完全從產業地圖上消失。爾必達社長坂本幸雄曾經回憶道，蘋果公司是爾必達主要客戶，在爾必達破產前，一位蘋果公司的高層建議日本通產省為爾必達提供財務援助，以避免全球 DRAM 產業被韓國業者完全壟斷，但通產省官員回絕了該項請求，建議蘋果向韓國購買即可。[8]

當日本最後一家主要記憶體晶片製造商（生產快閃記憶體）東芝在 2017 年陷入財務危機時，日本政府確實出手干預，但只在意這家企業的存續，不在乎誰控制這家企業。最終，東芝的半導體部門

---

8 前田佳子，2013，「坂本前社長が語る『エルピーダ倒産』の全貌」，《東洋經濟》網路版，2013/10/20。

被分拆出去，成立一家獨立新公司鎧俠（Kioxia），由美國基金貝恩資本（Bain Capital）持有大多數的股權。這次事件再次凸顯美國投資者看見日本晶片製造的價值，而非日本政府。

　　日本政府這種消極態度，在 2020 年以後發生一百八十度的轉彎。在地緣政治丕變的背景下，加上 COVID-19 疫情爆發引起的全球晶片大缺貨，日本政府忽然意識到半導體產業的重要性。2021 年 11 月，日本國會緊急通過追加預算，設立半導體特別基金 7,740 億日圓，用於補貼尖端晶片的生產，以及下一代半導體材料的研發，而基金的絕大部分，6,170 億日圓將用於尖端晶片。此舉顯然是受台積電早些時候宣布在亞利桑那州建立尖端晶圓廠的刺激。日本政府雖然對地緣政治的反應慢半拍，但行動火速，很快透過管道說服台積電赴日投資，並且於 2022 年 6 月批准了 4,760 億日圓的預算，用於補貼台積電在熊本縣建立一座新晶圓廠——JASM 的計畫。JASM 是一個與 Sony、日本電裝、豐田的合資公司，日本三個合夥人分別持股 6%、5.5%、2%，其餘 86.5% 由台積電持有。熊本晶圓廠預計投資 1 兆 2,000 億日圓，因此日本政府補貼相當於計畫成本的 40%，與美國政府相較，顯得慷慨而豪爽。在同一批預算中，日本政府還批准了 928 億 3,000 萬日圓補貼鎧俠（總投資額為 2,788 億日圓）生產快閃記憶體，465 億日圓補貼美光（總投資額為 1,394 億日圓）生產 DRAM。

　　相較於採用 4 奈米製程技術的亞利桑那晶圓廠，台積電在日本的合資公司 JASM 則是從 28 奈米製程技術開始，許多日本批評家認為，這根本不是「尖端」的技術。對於這些批評，日本經產省官員表示，這種技術正是日本當前產業迫切需要的。日本目前擁有最先進技術的邏輯元件製造商，是位於日本茨城縣的瑞薩電子晶圓廠，

採用的是 40 奈米平面 MOSFET 製程。台積電預計將製程節點提升一代到 28 奈米製程，應用它在 2011 年開發的高介電常數金屬閘極（HKMG）技術。這確實是上一代的技術，但在市場上仍有廣泛需求，包括日本產業界擅長的微控制器和感測器等各種應用。28 奈米節點也是平面 MOSFET 演進到三維 FinFET 結構的最後一代製程，過了這個節點，就會進入三維的世代。

一位負責日本半導體計畫的經產省資深官員解釋，振興日本半導體產業的計畫分三步驟進行。首先，先採取緊急措施強化國內生產基地，以滿足日本對包括機械和汽車在內的物聯網用半導體需求；第二階段，透過日美合作，獲取下一代半導體技術，並將其本地化；第三階段，透過與全球合作，取得未來的半導體技術。他稱台積電熊本廠是第一步措施的基石，但這只是宏偉計畫的開端。[9] 相較於台積電亞利桑那廠建廠期程延誤，熊本晶圓廠的進度神速，後發先至，只花了兩年時間，於 2024 年 2 月就建廠裝機完成，開工生產。在機具和勞工兩缺的建築業現況下，日本政府卯足全力調派資源，支援二十四小時施工體制，完成了似乎戰爭時期才可能完成的任務。在開工典禮上，日本岸田首相宣布，JASM 將立刻進行第二晶圓廠的建設，擴建完成後，JASM 的晶圓總產能將達每月 10 萬片，製程技術也將推進到 16 奈米和 7 奈米的節點。經產省隨後宣布，日本政府將提供第二晶圓廠 7,320 億日圓的財政補助。

日本政府對台積電的傾全力支持，顯示對振興半導體產業迫在眉睫。歷經 30 年的傾頹，日本半導體產業不僅設備老舊，技術落後

---

9 訪談日本經產省資深官員，東京，2023/6/25。

領先企業,而且年輕一代不再熱衷半導體的學習和研究,整體產業像溫水煮青蛙的狀態,處於滅絕的邊緣。為日本政府提供建言的東京大學黑田忠廣教授表示,台積電的投資是現代版的「黑船」事件,對日本產業有振聾發聵的作用。1853年美國海軍准將培里(Mathew Perry)帶領的黑船(汽船)艦隊駛入橫濱港,震撼日本,威逼幕府放棄鎖國政策,開啟日本現代化的序幕。黑田忠廣指出台積電的熊本廠,以及先前在橫濱設立的研發基地,所提供的就業機會和薪資,已使日本年輕人重新燃起對半導體的熱情。這股熱情為日本半導體產業三十年的寒冬,吹入一道暖風。[10]

但日本並沒有將一切希望全部賭在台積電身上。日本政府第二階段的振興計畫已經啟動,由索尼、電裝、豐田、鎧俠、軟銀、NEC、NTT、三菱日聯金融集團等八家日本大企業集資,成立一家全新的半導體公司,名為Rapidus,計畫在日本北端的北海道千歲市建立新一代晶圓廠,採用2奈米製程技術。建廠計畫已經在2023年9月啟動,2024年第四季,將先在北海道設立一處實驗生產線,引進日本第一台EUV微影機,預計在2027年第一季開工量產。相對於第一階段的保守做法,Rapidus是一個高風險事業,投資者皆是日本目前財力最雄厚的企業集團,其風險包括建造大型先進晶圓廠的巨額成本,估計將超過七兆日圓(540億美元)。在建廠之前,Rapidus已經花掉經產省7,000億日圓的研究補助。Rapidus其實是一家新創企業,先前並沒有製造半導體的經驗,但將從一開始就挑戰2奈米製程,直接進入GAA的世代。雖然IBM承諾提供相關製程技

---

10 訪談黑田忠廣,東京大學,2023/6/27。

術，Rapidus 相關人員自 2023 年起就派到 IBM 受訓，但那些技術僅在實驗室證明成功，離量產還有很長的路要走。

Rapidus 的大膽冒險，顯示了日本對於依賴台積電滿足國內對尖端晶片需求的不安，尤其是在 AI 應用上，這攸關未來日本國力的消長。為日本政府提供建言的黑田忠廣認為，目前的 AI 晶片是以通用性晶片為主（例如輝達的晶片），未來的 AI 晶片，愈來愈多將為特定用途而設計。儘管通用晶片由台積電主導，但 Rapidus 可以選擇特定應用的晶片利基市場，與台積電區隔。他認為，Rapidus 成功的關鍵在於快速提供產品，而不是產品的性價比，因此改進晶片設計技術以縮短設計週期，並將其整合於製程中，將是 Rapidus 成功的鑰匙。在典範轉移的大前提（由 FinFET 架構進入 GAA），加上 AI 晶片供不應求的大趨勢下，這將是日本產業唯一的機會。[11] 事實上，Rapidus 的名字隱藏了快速（Rapid）的密碼。

Rapidus 的成立是日本對美國「友岸外包」倡議的具體回應。從 2020 年第四季開始，Rapidus 的創辦人東哲郎（前東京威力科創社長）領導的 14 名日本專家，就在經產省支助下，和 IBM 進行一項代號為「富士山」的共同研究計畫，探討半導體最先進的製程技術。日本經產省大臣萩生田光一於 2022 年 5 月 4 日會見美國商務部長雷蒙多（Gina Raimondo）時，發表了一份如下的政策聲明：

「兩位部長期待雙邊半導體供應鏈合作的基礎是開放市場、透明和自由貿易，合作目標則是用雙方都可接受的互惠方式，來

---

11 黑田忠廣著，楊鈺儀譯，2024，《半導體進化論：控制世界的未來》，台北：時報出版社，頁 72-76。

強化日本、美國和其他理念相同的國家、地區間的供應鏈韌性。[12]」

這個聲明對「友岸外包」給出了一個運作性定義，隨後即在經產省授意下，Rapidus 於 2022 年 8 月 10 日正式成立。由 IBM 提供技術，日本承擔投資風險，企圖建立一個可替代台積電的先進製造平台，來確保尖端晶片的供應源，似乎完全合乎美國的利益。這項合作標誌美日兩國自 1980 年代半導體的激烈對抗，在地緣政治變化以後，大逆轉成為緊密的合作夥伴。Rapidus 社長小池淳義說：「日本人過去喜歡什麼事情都自己來（All Japan），現在我們知道合作的重要性。[13]」

美日雙邊合作也延伸至第三階段，重點是未來半導體技術的研發。日本經產省於 2022 年 12 月宣布成立一個新研發組織，名為「尖端半導體科技中心」（Leading-Edge Semiconductor Technology Center, LSTC），做為聯合研究的平台。LSTC 將成為一個開放給國家研究機構、大學、產業和其他利益相關者參與研究的平台，目標是開發關於設計、元件、製造、設備和材料的技術，以用於未來半導體的量產，其中包括應用於量子計算或光電子融合的微型晶片。日本政府提撥了 4,850 億日圓的預算來支持 LSTC，由產業技術綜合研究所、理化學研究所、東京大學等國家研究機構執行研究，致力於探索未來半導體技術的路徑。LSTC 將與美國的國家半導體技術中心（National Semiconductor Technology Center）合作，這是美國政府根

---

12 訪談日本經產省資深官員，分享日本半導體政策文件，東京，2023/6/25。
13 訪談 Rapidus 社長小池淳義，東京，2024/10/28。

據「晶片與科學法案」的授權設立的共同研究機構，有點類似 SEMATECH，但規模小很多。

歐洲晶片法案：建立半導體完整的生態系統

歐洲半導體製造商與日本同業一樣，從 2000 年左右開始退出 DRAM 市場，止步先進製程的投資。然而，歐洲的傳統大廠英飛凌、恩智浦、意法半導體等企業仍然是國際汽車晶片的主要供應商，包括微控制器、電源控制器、類比元件等。2021 年受 COVID-19 疫情之害，歐洲汽車產業在全球晶片短缺的風暴下，受傷最為慘重。2021 年 9 月 15 日，歐盟執委會主席馮德萊恩（Ursula von der Leyen）在給歐盟的國情咨文中，透露了她打算推行「歐洲晶片法案」的構想。2022 年 2 月，歐盟執委會正式提出了「歐洲晶片法」（European Chips Act）的立法旨意：

「最近半導體晶片短缺，凸顯了歐洲對於來自歐盟地區以外少數晶片供應商的依賴，尤其是對台灣和東南亞的晶片製造，以及對美國晶片設計的依賴。[14]」

和美國不同，歐洲的依賴包括製造和設計。為了減少這項依賴，「歐洲晶片法」的目的是要在歐洲重新建立一個完整的半導體供應鏈，涵蓋基礎研究、晶片設計和製造各環節。歐盟執委會設定了

---

14 European Commission, "The European Chips Act," http://www.european-chis-act.com.

一個產業振興目標,亦即要將歐盟在全球半導體製造的占有率從目前的 10%,提高到 2030 年的 20%,這比率大約等同歐盟半導體消費量在全球的占比,也就是達到基本的自給自足。「歐洲晶片法」有三大支柱,第一根支柱,是加強歐盟在技術研發方面的投資,將廣設研發中心,促進知識從實驗室往工廠移動、縮小基礎研究與產業創新之間的距離。第二根支柱,是吸引國際大廠,在歐盟進行尖端晶片的製造,包括整合型製造(即 IDM)和「開放式歐盟晶圓代工廠」(Open EU Foundries);第三根支柱,是建立一個讓所有歐盟成員國都參與的政策協調機制,來監測和控管半導體供應鏈中斷的風險。[15]

從立法的意旨看來,歐盟要的不僅是半導體製造,而是整個生態系統,因此首要任務是強化歐洲十分薄弱的晶片設計業。但為了支持晶片設計,需要有先進的「開放式晶圓代工廠」。晶片設計業和晶圓代工,本來就相輔相成,如車之兩輪,缺一不可,台灣的半導體發展經驗,也可見證兩者的依存關係,因此建立這個生態系統須從「開放式晶圓代工廠」開始。這個晶圓代工廠不只要開放,而且要擁有尖端技術,才能促成最前沿的晶片設計。因此在「歐洲晶片法」430 億歐元的預算中,補助尖端晶圓廠的建設(第二根支柱)可能消耗大部分的經費。

「歐洲晶片法」顯然是受到美國「晶片與科學法案」的刺激而生,儘管兩者都是對地緣政治的回應,但立法旨意不盡相同。美國法案的主要目標是回復在尖端半導體製造的領導地位,而歐洲法案的主要目標則是重新取得半導體的「技術主權」(technology

---

15 同上。

sovereignty）。「技術主權」的含義不是很清楚，但在歐盟官方文件中似乎意指擁有關鍵技術，並減少關鍵產品（如微型晶片）對海外生產的依賴。[16] 歐盟追求技術主權的目的很明確，亦即在美中地緣政治競賽中保持「戰略自主性」（strategic autonomy）。技術主權並不排除自由貿易和國際合作的好處，但必須確保歐盟在使用數位科技等方面，擁有制定標準和規則的自主權力。[17] 在半導體領域，想要擁有技術主權，晶片設計其實較晶片製造更為重要。例如，歐盟若想確保對人工智慧應用的自主權，必須要擁有自己設計 AI 晶片的能力，製造 AI 晶片的能力還在其次。從這個角度來看，歐盟需要擁有尖端晶片製造的能力，以支援其 AI 晶片設計業，但產能規模大可不必達全球 20% 的水準。

全世界的「開放式晶圓代工廠」屈指可數，包括台積電、聯電、格羅方德等，但擁有尖端製程技術的只有台積電。三星和英特爾雖也提供晶圓代工服務，但都不是開放式晶圓廠，它們的主要客戶都是自己，因此「歐洲晶片法」的首要目標應該是台積電。事情的發展與這項預期相差不大，「歐洲晶片法」在 2023 年 7 月通過後，台積電旋即於同年 8 月宣布在德國德勒斯登（Dresden）建立一座價值 110 億歐元的晶圓廠，和日本熊本廠相同，也從 28 奈米製程切入，月產能 12 吋晶圓 4 萬片。台積電為此設立一家新公司，名為「歐洲積體電路製造公司」（European Semiconductor Manufacturing

---

16 European Parliament Think Tank, 2023, "Key enabling technologies for Europe's technological sovereignty," http://www.europarl.europa.eu, posed 2021/12/16.
17 Jakob Edler, Knut Blind, Henning Kroll, and Torben Schubert, 2023, "Technology sovereignty as an emerging frame for innovation policy: Defining rationales, ends, and means," *Research Policy*, 52(6): July 2023, 104765.

Corporation，簡稱歐積電），和 TSMC 僅一字 之別，由台積電持有 70% 股權，其餘股權由三個歐盟合夥股東──博世（Bosch）、英飛凌、恩智浦等各持 10%。2024 年 8 月，歐盟執委會宣布將給予歐積電 50 億歐元的財政補貼，執委會並未揭示這項補貼有什麼附帶的「國安護欄」，但強調歐積電將是一座「開放式晶圓代工廠」，對所有客戶開放。

歐積電投資案，理論上是由歐盟核准，但多數補助經費將由德國支出，因此可以視為德國的半導體振興案，工廠也設在德國。早在投資案核准前，德勒斯登地方政府已經派遣學生，到台灣的大學念書，儲備半導體所需的人才，畢竟德國已經很久未參與最先進製程的研發和生產。從歐積電的股權結構來看，未來的生產可望從車用晶片開始，因為三個歐洲股東都是車用晶片大廠。由於電動車和自動駕駛的發展，汽車使用晶片的數量日益增加，而且製程技術也日益先進。例如，恩智浦最近發表的一款車用中央電腦 SoC 晶片，使用台積電 5 奈米製程，除了具備類似個人電腦中央處理器的功能，可以整合汽車運行時不同領域的控制功能外，也滿足了傳統汽車晶片的安全性和可靠性標準。[18] 傳統電腦或行動通訊晶片，沒有類似的高標準安全和可靠性的要求，因此台積電和恩智浦合作，可望帶來領域融合的加乘效果，有助於歐洲車用晶片設計與製造技術的精進，鞏固歐洲在車用晶片的領先地位。

---

18 "NXP outfits its first 5-nm automotive SoC with real time CPU cores," *Electronic Design*, 2024/4/17

台灣半導體與地緣政治：全球化大勢不變

台灣產業的發展與地緣政治密切關聯，其中半導體也不例外。在冷戰時期，美國和日本是台灣最重要的貿易夥伴和產業技術來源，台灣由日本進口原料和零組件，加工出口後外銷美國。透過加工出口，台灣企業進行技術學習，所習得的技術多數是成熟、但落伍的技術。冷戰在 1971 年有個大轉彎，當時季辛吉訪問北京，企圖拉攏中國來對抗蘇聯，台灣隨即被迫讓出聯合國席位。台灣退出聯合國後，感受到國家的生存危機，才有奮力一搏、致力於半導體發展的決心，希望在先進技術領域取得全球一席之地，「讓世界看見台灣」。台灣雖然退出聯合國，但仍然是美國陣營的一員，美商也未停止對台投資，台灣才能順利從 RCA 公司移轉半導體技術；當初用這些技術所生產的電子產品，也多數銷售到美國。台灣半導體的冒險之旅可說始於地緣政治。

1987 年台積電成立，1989 年地緣政治隨即丕變，柏林圍牆倒塌，冷戰體制解體，世界進入一個所謂「超全球化的世代」（Hyper-Globalization）。[19] 台積電的「開放式晶圓代工」商業模式，在全球化的加持下，猛爆性發展，它不只拉拔了許多名不見經傳的新創企業，使它們長大成產業巨人，台積電也在此一過程中成了晶圓製造的巨無霸。在這段全球化的黃金時期，美國是最大的贏家，它不只從日本手中，重新奪回半導體產品霸主的地位，而且也奪回半導體設備的領先地位，在半導體材料方面也僅略遜日本，居全球第二

---

19 Dani Rodrik, 2011, *The Globalization Paradox: Democracy and the Future of World Economy*, New York: W.W. Norton & Co.

位。掌握產品、設備、材料的控制權，等於掌握半導體生態的控制權，這也是美國今天有能力圍堵中國技術發展的原因。如果說台積電的存在和發展，扮演了美國半導體產業復甦的主要角色，也並不為過。

在 1990 至 2020 的全球化高峰期，冷戰的烏雲消散，中國乘著自由貿易的翅膀迅速崛起。美國的半導體產業從中國市場獲得巨大的利益，從電腦晶片、手機晶片到各種消費性電子產品，美國的半導體設計業全面滲透中國市場，此外還有悶聲大口吃飯的美國軟體業，主宰中國人的工作和生活。居中穿針引線，擔任橋梁角色的，就是以台積電為首的台灣晶圓代工廠（包括台灣人投資的中芯半導體），它們建構了史上最強大的「美國設計、台灣製造、中國組裝（或消費）」的跨太平洋生產鏈。中國所組裝的產品，例如蘋果手機，最後又回到美國消費，完成一個封閉的循環。這個循環的最大受益者，無疑是美國消費者。

中國政府雖然很早就注意到半導體技術的重要性，但直到 2000 年以後，才發現這個跨太平洋供應鏈的強大能量，和可利用的價值。從而制定了一系列的優惠措施，吸引台積電和其他國際半導體廠商到中國投資。中國當時的策略是融入全球化的生產體系，吸取全球生態系的養分，而不是建立自主性的供應鏈。台積電和台灣政府對中國政策的回應極為謹慎，深怕失去手上少有的籌碼。台灣政府兩次核准台積電對中國投資，都是採 N-2 的原則，也就是只能將兩世代前的技術輸出到中國。這個策略使中國在美國主宰的半導體產業大循環中，一直居組裝和消費的角色，無法突破到先進製造階段。只有少數進展快速的中國半導體設計業者，直接掛靠在這個供應鏈中，如華為旗下的海思半導體。

2020年以後，地緣政治再次轉變，中國由美國的合作夥伴變成戰略競爭者。美國想要重塑這個跨太平洋供應鏈，把中國踢出圈外，首先要把末端的組裝移出中國，接著要把製造移回美國，至少部分移回。日本也正積極動員國家資金，企圖重建先進半導體製造的能量；歐盟則企圖建立一個以歐洲為起點及終點的獨立循環。在美國技術封鎖下，中國則被迫要建立一個自主可控、不再被美國掐脖子的內循環。如果這些企圖都將成真實，世界半導體將由目前的「美──台──中」大循環，裂解成三到四個小循環。值得注意的是，不論哪個循環，都將遵循設計與製造分離的原則，就商業模式而言，可以說是萬法歸一，再無差別相。

　　從資源整合的角度看，這種分裂是全球化的挫折，甚至有些人擔心全球化可能因地緣政治競爭而終結。不過我們認為，全球化不會終結，但將以新的形態應對地緣政治的需要。很難想像全球化的替代方案是各國自給自足，因為包括美國在內的任何國家，在目前的技術狀態下，都沒有能力獨自生產半導體晶片，而不依賴來自外國的資源。目前微晶片是由來自世界各地的礦物材料、化學材料、生產設備、人才所共同製成。而且半導體技術日新月異，技術的突破，通常是由分布在全球各地的頂尖研究人員和研究機構，共同努力而實現。重組這個複雜的技術網絡，由一個大循環分解成少數小循環是可能的，但要求供應鏈的每一個環節都位於同一國家內，則是不可能的任務。美國如此，中國也是如此。

　　迄今為止，隨著全球化以及生產規模的擴大，半導體產業各個領域的市場集中度不斷增加，並且到了極限。不僅尖端晶片只在一、兩個國家生產，在尖端設備和先進材料的市場上，壟斷或寡占生產已經是常態。這些生產者成功地整合全球資源，突破了製造極

精密產品的技術障礙。由於技術極端複雜,只有少數人能夠做到。有些技術資源非常稀少,只有少數生產者可以有效利用。例如,ASML 是 EUV 機器的壟斷供應商,因為它能夠整合來自美國、歐洲和亞洲的不同技術,而許多供應商在各自的領域中也都居於壟斷地位,包括光源、鏡頭、光阻劑、晶圓塗佈材料等,都是單一供應商,且橫跨美、歐、亞三洲。因為技術太過複雜、技術研發的成本太昂貴,這種「獨占者聯合」的結構,未來也不可能改變,如果強迫 ASML 只從歐洲採購技術,將會阻礙其未來的技術進步,導致它的獨占地位崩塌,被其他公司取代。

　　同樣的道理,在半導體製造的領域,全球化創造了尖端晶片的三個壟斷企業,即台積電、英特爾和三星,分占三個不同的專業化領域。美國、日本和歐盟目前制定的新政策,企圖重新劃分全球製造版圖,特別是針對尖端晶片的製造。然而執行版圖移動任務的,也不外乎這三家企業。換言之,在短期內,全球尖端晶片製造比例的重新分配,只會發生在這三個領先企業之間,即使 Rapidus 神奇的獲致成功,也只會是第四個競爭者。史無前例的國家補貼,幾乎肯定會提高這三家壟斷企業的生產規模,儘管它們的市占率可能有增有減。換句話說,補貼可能會改變這三者的相對位置,但補貼肯定會強化它們市場的主導地位,尤其是相對於二線的廠商。換言之,這三家原本全球化的贏家,正因為地緣政治改變,獲得巨大的利益,地位更形穩固,它們勢將延續全球化的營運模式。

　　以台積電為例,這家以台灣命名的公司,自始就自我定位是一家全球企業,不是台灣企業。它的董事會成員,多數是外國人,開會用的是英語,不是中文;它的客戶,多數是外國公司;生產所使用的設備、材料,多數來自國外,很少照顧台灣在地企業;生產所

需技術，除少數自行研發的製程技術外，其餘來自授權和客戶的分享。唯有在製造這個領域，絕大多數工程師來自台灣，生產線上使用的語言是中文，不是英語，製造基地也集中在台灣。2020年地緣政治變化以後，台積電從董事會到生產技術的取得，都沒有太多變化。最大的改變將是製造活動全球化。未來將增加海外生產的比率，也將僱用更多的外國工程師。換言之，地緣政治變化以後，台積電的全球化程度將進一步深化而非退化，原來以服務美國客戶為主的業務，顯然將增加日本和歐盟客戶的份量，而且產品也延展到如汽車晶片這樣的新領域。

地緣政治並未終結全球化，但卻可能終結了自由貿易，這才是正題。美國強迫台積電，不能為中國半導體設計業者提供7奈米以下的製程服務，以及禁止台積電，在中國投資14奈米以下的晶圓生產線，都是對自由貿易的干預。美、日、歐等國以強大的財政補貼，吸引台積電前往當地投資，也是對自由貿易的干預。無論用棒子或胡蘿蔔，干預顯然將降低全球生產的效率，但對個別國家或個別企業的影響，因情境而異，無法一概而論。台灣的半導體產業，因地緣政治而生，因全球化而發展，但與自由貿易關聯不大。台灣的晶圓代工模式，因為不行銷自身產品，與商品自由貿易與否本來關係有限，而且台灣政府也從未允許半導體業自由對中國投資。我們只能說，各國政府新型的干預模式，對台灣半導體產業是一項嚴肅的挑戰，但是福是禍，猶未可知。台灣企業規模一般不大，產業地位卑微，或許有優良技術，但從來不是核心，甚少受到地緣政治的關注。像台積電這樣動見觀瞻，成為地緣政治關注焦點的企業，對台灣而言，是嶄新的經驗。如何因應，才能轉禍為福、化危為安，不只是台積電的挑戰，也是國家整體的挑戰。

參考書目

英文參考書目：

- Addison, Craig, 2001, *Silicon Shield: Taiwan's Protection against Chinese Attack*, Nashville, TN: The Fusion Press.
- Angel, David, 1990, "New firm formation in the semiconductor industry: Elements of a flexible manufacturing system," *Regional Studies*, 24(3):211-221.
- Angel, David, 1994, *Restructuring for Innovation: The Remaking of the US Semiconductor Industry*, New York: The Guilford Press.
- Bassett, Ross, 2002, *To the Digital Age: Research Labs, Start-Up Companies, and the Rise of MOS Technology*, Baltimore: Johns Hopkins University Press.
- Bassett, Ross, 2007, "MOS technology, 1963-1974: A dozen crucial years," *The Electrochemical Society Interface*, 16 (Fall 2007), pp. 46-50.
- Bhat, Divsha, "Hauwei's R&D investment soars to $22.4 bn in2021," *Gulf Business*, 2022/3/31.
- Browning, Larry and Judy Shetler, 2000, *Sematech: Saving the US Semiconductor Industry*, College Station, TX: Texas A&M University Press.
- Cabbalero, Ricardo, Takao Hoshi and Anil Kashyap, 2008, "Zombie lending and depressed restructuring in Japan," *American Economic Review*, 98(5): 1943-1977.
- Chappell, William, 2018, "The intertwined history of DARPA and Moore's Law," Part 4 of the series: DARPA: 60 Years, 1958-2018. www//http: defensemedianetwork.com/stories/the-unterwined-history-of-darpa-and-moores-law/, 2018/11/19.
- 1Chase, Brendon, 2009, "Shanzai Ji: All you need to know about fake phones," *CNET Website*, 2009/7/9, https://www.cnet.com/tech/mobile/shanzai-ji-all-you-need-to-know-about-fake-phones/.
- Chen, Tain-Jy, 2008, "The emergence of Hsinchu Science Park as an IT cluster," in Shahid Yusuf, Kaoru Nabeshima, and Shoichi Yamashita (eds.), *Growing Industrial Clusters in Asia: Serendipity and Science,* Washington DC: World Bank Publication.
- Chen, Tain-Jy, Been-Lon Chen and Yun-Peng Chu, 2001, "The Development of Taiwan's Electronics Industry," in Poh-Kam Wong and Chee-Yuen Ng (eds.), *Industrial Policy, Innovation and Economic Growth*, Singapore: Singapore University Press.
- Cheng Ting-Fang, 2022, "TSMC founder Morris Chang says globalization 'almost dead.'" *Nikkei Asia*, 2022/12/7.
- Cheng Ting-Fang and Lauly Li, 2021, "TSMC starts construction of $12 billion Arizona chip plant," *Nikkei Asia*, 2021/6/2.
- Cho, Dong Sung, Dong Jae Kim, and Dong Kee Rhee, 1998, Latecomer strategies: Evidence

- from the semiconductor industry in Japan and Korea, *Organization Science*, 9(4):489-505.
- Conway, Lynn, 2012," Reminiscences of the VLSI revolution," *IEEE Solid State Circuits Magazine*, 4(44):8-31.
- Cortada, James, 2021, How the IBM PC won, then lost, the PC market, *IEEE Spectrum*, 2021/7/21.
- Counterpoint Technology Market Research, 2021, "UNISOC smart phone AP shipments doubled in H1 2021," *EE Times*, 2021/8/18.
- Dennard, Robert, Fritz Gaensslen, Hwa-Nien Yu, Leo Rideout, Ernest Bassous, and Andre LeBlanc, 1974, "Design of ion-implanted MOSFETs with very small physical dimensions," *IEEE Journal of Solid State Circuits*, SC-9(5):256-268.
- Department of Defense, 1987, "Report of Science Board Task Force on Defense Semiconductor Dependency," February 1987, Office of the Undersecretary of Defense for Acquisition, Washington, DC.
- Dick, Andrew, 1995, *Industrial Policy and Semiconductors: Missing the Target*, Washington DC: AEI Press.
- Drucker, Peter, 1971, "What we can learn from Japanese management?" *Harvard Business Review*, 1971/3/1.
- Edler, Jakob Knut Blind, Henning Kroll, and Torben Schubert, 2023, "Technology sovereignty as an emerging frame for innovation policy: Defining rationales, ends, and means," *Research Policy,* 52(6): July 2023, 104765.
- El-Kareh, Badih, 1995, *Fundamentals of Semiconductor Processing Technologies*, Amsterdam, Netherlands: Kluwer Academic Publisher.
- Ernst, Dieter, 1983, *The Global Race in Microelectronics: Innovation and Corporate Strategies in a Period of Crisis,* Frankfurt, Germany: Campus Verlag.
- Ernst, Dieter and Bengt-Åke Lundvall, 1997. "Information technology in the learning economy -challenges for developing countries," DRUID Working Papers 97-12, DRUID, Copenhagen Business School, Department of Industrial Economics and Strategy/Aalborg University, Department of Business Studies.
- Ernst, Dieter and David O'Connor, 1992, *Competing in the Electronics Industry: The Experience of Newly Industrializing Economies*, Paris: OECD Developing Center Studies.
- Fairbairn, Douglas, 2009, "Oral history of Carver Mead," *Computer History Museum*, interviewed 2009/5/27.
- Fairbairn, Douglas, 2012, "Oral history of Sophie Wilson, 2012 Computer History Museum Fellow," *Computer History Museum*, interviewed 2012/1/31.
- Fairbairn, Douglas, 2022, "Oral history of Shang-Yi Chiang," *Computer History Museum*, interviewed 2022/3/5.
- Feenstra, Robert and Gary Hamilton, 2006, *Emergent Economies, Divergent Paths: Economic Organization and International Trade in South Korea and Taiwan*, Cambridge, UK: Cambridge University Press.
- Flamm, Kenneth, 1996, *Mismanaged Trade: Strategic Policy and the Semiconductor Industry*, Washington DC: Brookings Institution Press.

- Fong, Glenn R., 1990, State, strength, industry structure, and industrial policy: American and Japanese experiences on microelectronics, *Comparative Politics*, 22(3): 273-299.
- Gawer, Annabelle and Michael Cusumano, 2002, *Platform Leadership: How Intel, Microsoft and CISCO Drive Industry Innovation*, Boston, MA: Harvard Business School Press.
- Gibson, Liam, 2022, "Wasteful, expensive, futile': TSMC founder pulls no punches on US chip-making critique," *Taiwan News*, 2022/4/21.
- Grindley, Peter David C. Mowery and Brian Sullivan, 1994, "SEMATECH and collaborative research: Lessons in the design of high-tech consortia," *Journal of Policy Analysis and Management*, 13(4):723-758.
- Grove, Andrew, 1997, *Only the Paranoid Survive: How to Exploit the Crisis Points that Challenge Every Company*, New York: Harper Collins.
- Hahn, Donghoon and Kuen Lee, 2006, "Chinese business groups: Their origins and development," in Sea-Jin Chang (ed.), *Business Groups in East Asia*, New York: Oxford University Press.
- Harney, Austin, 2010, *Competitive Dynamics in a Global Industry: An Analysis of the Irish Semiconductor Industry*, Leipzig, Germany: Lambert Academic Publishing.
- Hobday, Michael, 1995, *Innovation in East Asia: The Challenge to Japan*, Aldershot, England: Edward Elgar.
- Hong, Sung Gul, 1997, *The Political Economy of Industrial Policy in East Asia: The Semiconductor Industry in Taiwan and Korea*, Cheltenham, UK: Edward Elgar.
- Inoue, Koki, 2012, "Elpida and the failure of Japan Inc." *Nippon.Com Website*, 2012/5/8, https://www.nippon.com/en/currents/d00032/.
- Jackson, Tim, 1997, *Inside Intel: Andy Grove and the Rise of the World's Most Powerful Chip Company*, London: Dutton Book.
- Johnson, Chalmers, 1984, *The Industrial Policy Debate*, San Francisco: Institute of Contemporary Studies Press.
- Jon Y., 2022, "When TSMC sued its Chinese rival⋯" *The Asianometry Newsletter*, 2020/1/6, https://www.asianometry.com/p/when-tsmc-sued-its-chinese-rival.
- Kim, S. Ran, 1996, "A Korean system of innovation in the semiconductor industry: A governance perspective," SPRU-SEI working paper (December 1996), University of Sussex.
- Kimura, Yui, 1988, *The Japanese Semiconductor Industry: Structure, Competitive Strategies, and Performance*, Greenwich, CT: JAI Press.
- Knowledge at Wharton Staff, 2011, "China's 3G technology gamble: Who has the last laugh?" *Knowledge at Wharton*, 2011/7/6, https://knowledge.wharton.upenn.edu/article/chinas-3g-technology-gamble.who-has-the-last-laugh/.
- Kuan, Jennifer and Joel West, 2021, "Interfaces, modularity and ecosystem emergence: How DARPA modularized the semiconductor ecosystem," *Academy of Management Annual Meeting Proceedings*, 2021/7/26.
- Lammers, David, 2010, "TSMC's Chiang sees history on side of gate-last high-K approach," *Semiconductor International*, 2010/2/10.

- LaPedus, Mark, 2000, "Intel announces 0.13 micron technology, enters copper and low-K race," *EE Times*, 2000/11/7.
- Lawton, Thomas, 1997, *Technology and the New Diplomacy*, Hants, UK: Avebury Publishing.
- Lecuyer, Christophe, 2019, "Confronting the Japanese challenge: The revival of manufacturing at Intel," *Business History Review*, 93(2): 349-373.
- Lee, Jevons, 2019, "This is a detailed history of Qualcomm" http://medium.com/@jevonsli/this-is-a-detailed-history-of-qualcomm-84e47a266b87.
- Lee, Kuen, 2021, *China's Technological Leapfrogging and Economic Catch-Up*, Oxford, UK: Oxford University Press.
- Lee, Kuen and Chaisung Lim, 2001, "Technology regimes, catching-up and leapfrogging: Findings from the Korean industries," *Research Policy*, 30(3): 459-483.
- Lee, Timothy, 2016, "Intel made a huge mistake 10 years ago. Now 12,000 workers are paying the price." *Cox.com website*, 2016/4/20, https://www.vox.com/2016/4/20/11463818/intel-iphone-mobile-revolution/.
- Leswing, Kif, 2020, "Apple is breaking a 15-year partnership with Intel on its Macs-Here is why," *CNBC News*, 2020/11/10.
- Lin, Burn, 2006, "Optical lithography-Present and future challenges," *Science Direct*, C.R. Physique 6(2006), 858-874.
- Lin, Ling-Fei, 2011, "Taiwanese IT Pioneers: Ding-Hua Hu," *Computer History Museum*, interviewed 2011/2/10.
- Linden, Greg, David Mowery, and Rosemarie Ham Ziedonis, 2000, "National technology policy in global markets: Developing next generation lithography in the semiconductor industry," *Business and Politics*, 2(2):93-113.
- Macher, Jeffrey, 2006, "Technology development and the boundaries of the firm," *Management Science*, 52(6): 826-843.
- Malone, Michael, 1995, *The Microprocessor: A Biography*, New York: Springer-Verlag.
- Mathews, John, 1995, *High-Technology Industrialization in East Asia: The Case of the Semiconductor Industry in Taiwan and Korea*, Taipei: Chung Hua Institution for Economic Research.
- Mathews, John and Dong-Sung Cho, 2000, *Tiger Technology: The Creation of a Semiconductor Industry in East Asia*, Cambridge, UK: Cambridge University Press.
- Mead, Carver, 1979, "VLSI and technological innovation," in *Proceedings of the Caltech Conference on Very Large Scale Integration* (January 1979), California Institute of Technology, pp.15-28.
- Mead, Carver and Lynn Conway, 1980, *Introduction to VLSI Systems*, Cambridge, MA: Wesley Addison.
- Mead, Carver and George Lewicki, 1982, "Silicon compilers and foundries will usher in user-designed VLSI," *Electronics*, 55(16), 1982/8/11.
- Metz, Justin, 2021, "The most dangerous place on earth: America and China must work harder to avoid war over the future of Taiwan," *The Economist*, 2021/5/1.

- Miller, Chris, 2022, *Chip War: The Fight for the World's Most Critical Technology*, New York: Scribner.
- Moore, Gordon, 1965, "Cramming more components onto integrated circuits," *Electronics*, 38(8), April 19.
- Moore, Gordon, 1996, "Intel: Memories and the microprocessor," *Managing Innovation*, 125(2):55-80.
- Moore, Gordon and Kevin Davis, 2004, "Learning the Silicon Valley way," in Timothy Bresnahan and Alfonso Gambardella (eds.), *Building High-Tech Clusters: Silicon Valley and Beyond*, Cambridge, UK: Cambridge University Press.
- Morra, James, 2024, "NXP outfits its first 5-nm automotive SoC with real time CPU cores," *Electronic Design*, 2024/4/17.
- Mu, Qing and Kuen Lee, 2005, "Knowledge diffusion, market segmentation and technological catch-up: The case of the telecommunication industry in China," *Research Policy*, 34(6):759-783.
- Mysiewski, Rik, 2014, "First 'production-ready' EUV scanner-- laser fries its guts at TSMC. Intel seeks alternative tech," *The Register*, 2014/2/25, https://www.theregister.com/2014/02/25/asml_scanner_fails_at_tsmc_and_intel_investigates_dsa/.
- National Advisory Committee on Semiconductors, 1991, "Toward a national semiconductor strategy: Regaining market in high-volume electronics," *Report to the President*, vol. ii (February 1991), Arlington, VA: USGPO.
- National Security Commission on Artificial Intelligence, 2021, *The Final Report* of National Security Commission on Artificial Intelligence, Washington DC, 2021.
- Naughton, Barry, 2021, *The Rise of China's Industrial Policy, 1978 to 2020*, Mexico City, Mexico: Universidad Nacional Autonomica de Mexico, Table 5.1, based on 2020 data
- Nenni, Daniel, 2012, "A brief history of the fabless industry," *SemiWiki Website*, 2012/7/3, https://semiwiki.com/semiconductor-manufacturers/1535-a-brief-history-of-the-fabless-industry/..
- Nenni, Daniel and Paul McLellan, 2014, *Fabless: The Transformation of the Semiconductor Industry*, La Vergne, TN: Ingram International Inc.
- Noyce, Robert, 1990, Forward to the 1990 Edition of *The Conquest of the Microchip*, by Hans Queisser, Cambridge, MA: Harvard University Press.
- Okada, Yoshitaka, 2000, *Competitive-cum-Cooperative Interfirm Relations and Dynamics in the Japanese Semiconductor Industry*, Tokyo: Springer-Verlag.
- Okimoto, Daniel, Takuo Sugano, and Franklin Weinstein, 1984, *Competitive Edge: The Semiconductor Industry in the US and Japan*, Stanford, CA: Stanford University Press.
- O'Reagan, Douglas and Lee Fleming, 2018, "The FinFET breakthrough and networks of innovation in the semiconductor industry: 1980-2005, Applying digital tools to the history of technology," *Technology and Culture*, 59(2): 251-288.
- O'Regan, Gerard, 2016, *Introduction to the History of Computing*, Cham, Switzerland: Springer.
- Patterson, Alan, 2007,"Oral History of Morris Chang.", *Computer History Museum*,

interviewed 2007/8/24.
- Pan, Wen-yuan, 1975, *Personal Memo (unpublished)*.
- Ray, Tiernan, 2015, "NXP: Bulls delighted with price for sale of RF chips to China state firm," *Barron's*, 2015/5/28.
- Rodrik, Dani, 2011, *The Globalization Paradox: Democracy and the Future of World Economy*, New York: W.W. Norton & Co.
- Sarma, Sumita and Sunnu Sun, 2017, "The genesis of the fabless model: Institutional entrepreneurs in an adaptive ecosystem," *Asia Pacific Journal of Management*, 34(3): 587-617.
- Saxenian, AnnaLee and Jinn-yuh Hsu, 2001, "The Silicon Valley-Hsinchu connection: Technical communities and industrial upgrading," *Industrial and Corporate Change*, 10(4): 893-920.
- Schadt, Erin, 2004, "Immersed in lithography" *Oemagazine*, 2004/5/1, https://spie.org/news/immersed-in-lithography/.
- Shih, Willy, Chen-Fu Chien, Jyun-Cheng Wang, 2010, "Shanzai, Media Tek and the "White Box" handset market," *Harvard Business School Case*, 9-610-081.
- Tarasov, Katie, 2021, "A first look at TSMC's giant 5 nanometer chip fab being built in Phoenix," *CBNC News*, 2021/10/16.
- Teece, David, 1986, "Profiting from technological innovation," *Research Policy*, 15(6): 285-305.
- US International Trade Commission, 2003, "DRAMs and DRAM modules from Korea", Investigation no. 701-TA-431, August 2003, Publication 3616.
- Wang, Cassandra, 2012, *Upgrading China's Information and Communication Technology Industry: State-Firm Strategic Coordination and the Geography of Technological Innovation*, Singapore: World Scientific.
- West, Joel and Jason Dedrick, 2000, "Innovation and control in standards architectures: The rise and fall of Japanese PC-98," *Information Systems Research*, 11(2):197-216.
- World Bank, 1993, *The East Asian Miracle: Economic Growth and Public Policy*, New York: Oxford University Press.
- Young, Doug, 2009, "Update 1-SMIC shares notch record gain on settlement, new CEO." *Reuters News*, 2009/11/11.
- Yoon, Jeong Ro, 1989, *The State and Private Capital in Korea: The Political Economy of the Semiconductor Industry 1965-1987*, Ph.D. Dissertation, Harvard University, Department of Sociology.
- Zhang, Erchi, Yunxu Qu, Qinqin Peng, and Wei Han, 2021, "Rescuing China's would-be chip-making champion," *Caixin*, 2021/9/17.

中文參考書目：

- 工研院電子所,1983,《超大型積體電路發展計畫》,1983 年 7 月。
- 工研院電子所,1984,《超大型積體電路發展計畫:五年計畫摘要》,1984 年 7 月。

參考書目　329

- 工研院電子所，1985，《台積電營運計劃書》（Taiwan Semiconductor Manufacturing Company Proposal），1985 年 8 月。
- 工研院電子所，1988，《超大型積體電路發展計畫：結案報告》，1988 年 10 月。
- 工研院電子所，1988，《電子技術發展計畫報告》，1988 年 10 月。
- 工研院電子所，1989，《次微米製程技術五年發展計畫》，1989 年 8 月。
- 工研院電子所，1994，《次微米製程技術發展五年計畫（四）八十三年度期末查訪綜合報告》，1994 年 10 月 26 日。
- 中研院近史所，2023，《施振榮先生訪問紀錄：宏碁經驗與台灣電子業》，口述歷史叢書 103 號，台北：中央研究院，2023 年。
- 王正勤，1999，「劉曉明設計製造一手抓—打破半導體規則：『做設計的不要蓋晶圓廠』」，《天下雜誌》219 期，1999 年 8 月 1 日。
- 民生報，1984，「國內電子工業興旺，起於一頓豆漿早餐」，1984 年 8 月 28 日。
- 吳泉源，1997，《台灣半導體產業口述歷史委託研究報告》，高雄：國立科學工藝博物館。
- 吳淑敏，2016，《十里天下：史欽泰和他的開創時代》，台北：力和博原創坊。
- 吳淑敏，2019，《胡定華創新行傳》，台北：力和博原創坊。
- 宋鐵民，2002，「親炙長者風範」，收錄於《李國鼎先生紀念文集》台北：李國鼎科技基金會，頁 571-580。
- 林本堅，2018，《把心放上去》，台北：啟示出版社。
- 林孝庭，2020，「蔣經國、李登輝與台灣政治「本土化」二三事」，風傳媒，2020 年 7 月 31 日。
- 林宏文，2023，《晶片島上的光芒—台積電、半導體與晶片戰，我的三十年採訪筆記》，台北：早安財經文化公司。
- 胡啟立，2006，《芯路歷程：909 超大規模集成電路工程紀實》，北京：電子工業出版社。
- 馬維揚、林卓民，2005，「影響世界各國主要半導體廠商績效的因素分析」，《台銀季刊》，56（3），頁 20-37。
- 國科會，1975，《國科會顧問朱傳渠先生報告》，手稿。
- 張心如，2006，《矽說台灣：台灣半導體產業傳奇》，台北：天下文化。
- 陳添枝，2022，《越過中度所得陷阱的台灣經濟 1990-2020》，台北：天下文化。
- 黑田忠廣著，楊鈺儀譯，2024，《半導體進化論：控制世界的未來》，台北：時報出版社。
- 楊丁元、陳慧玲，1998，《業競天擇》，台北：工商時報出版。
- 楊喻文，2022，「南亞科從拖油瓶變金雞母」，《財訊雙週刊》，659 期，2022 年 5 月 10 日。
- 楊倩蓉，2022，《吳敏求傳》，台北：天下文化出版社。
- 潘文淵，1974，《發展台灣電子積體電路技術計畫》，台灣工業文化資產網（The Industrial Heritage in Taiwan）。
- 潘翠怡，2018，「中美貿易戰，習近平強調自力更生，韓媒：展現技術獨立自主決心」，香港 01 網站，2018 年 9 月 28 日。
- 盧超群，2021，「Dr. K.T. Li, 李國鼎資政：台灣科技工業偉人並對人類文明進步貢

獻卓越」,《台灣半導體世紀新布局》李國鼎紀念論壇專刊,李國鼎基金會出版,2021 年 12 月 3 日。
- 蘇立瑩,1994,《也有風雨也有晴:電子所二十年的軌跡》,新竹,工研院電子所。
- 駱軍委、李樹深,2023,「加強半導體基礎能力建設,點亮半導體自立自強發展的燈塔」,《中國科學院院刊》,第 38 卷第 2 期。

日文參考書目:

- 日本經濟新聞,2024,「TSMC、博士獲得へ行脚「晝夜問とわず仕事できる人材を」,《日本經濟新聞》,2024 年 11 月 11 日。
- 西川潤一、大內淳義,1993,《日本の半導体開發》,東京:工業調查會。
- 吉岡英美,2010,《韓国の工業化と半導体產業:世界市場におけるサムスン電子の發展》,東京:有斐閣。
- 佐藤幸人,2007,《台灣ハイテク產業の生成と發展》,日本東京:岩波書店。
- 牧本次生,2021,《日本半導体復権への道》,東京:ちくま書房。
- 前田佳子,2013,「坂本前社長が語る『エルピーダ倒產』の全貌」,《東洋經濟》網路版,2013 年 10 月 20 日。
- 相田洋,1996,《電子立國:日本の自伝敘》,東京:NHK 出版社,第 2、4、5、7 集。
- 黑田忠廣,2023,《半導体超進化論》,東京:日本經濟新聞出版。
- 湯之上隆,2023,《半導体有事》(文春新書 1345),東京:文藝春秋社。

國家圖書館出版品預行編目（CIP）資料

從邊緣到核心：台灣半導體如何成為世界的心臟/史欽泰, 陳添枝, 吳淑敏著. -- 第一版. -- 臺北市：遠見天下文化出版股份有限公司, 2025.03
　　面；　公分. -- (財經企管；BCB874)

ISBN 978-626-417-251-6(平裝)

1.CST: 半導體工業 2.CST: 產業發展 3.CST: 地緣政治 4.CST: 臺灣

484.51　　　　　　　　　　　　　　114001705

財經企管 BCB874

從邊緣到核心
台灣半導體如何成為世界的心臟

作者 — 史欽泰、陳添枝、吳淑敏

副社長兼總編輯 — 吳佩穎
責任編輯 — 黃安妮
封面書法題字 — 史欽泰
封面設計暨版型設計 — 江儀玲
封面圖片來源 — ©Shutterstock｜dee Karen

出版者 — 遠見天下文化出版股份有限公司
創辦人 — 高希均、王力行
遠見‧天下文化 事業群榮譽董事長 — 高希均
遠見‧天下文化 事業群董事長 — 王力行
天下文化社長 — 王力行
天下文化總經理 — 鄧瑋羚
國際事務開發部兼版權中心總監 — 潘欣
法律顧問 — 理律法律事務所陳長文律師
著作權顧問 — 魏啟翔律師
地址 — 臺北市 104 松江路 93 巷 1 號

讀者服務專線 — 02-2662-0012｜傳真 — 02-2662-0007；02-2662-0009
電子郵件信箱 — cwpc@cwgv.com.tw
直接郵撥帳號 — 1326703-6 遠見天下文化出版股份有限公司

內文排版 — 中原造像股份有限公司
印刷廠 — 中原造像股份有限公司
裝訂廠 — 中原造像股份有限公司
登記證 — 局版台業字第 2517 號
總經銷 — 大和書報圖書股份有限公司｜電話 — 02-8990-2588
出版日期 — 2025 年 3 月 31 日第一版第一次印行
　　　　　 2025 年 8 月 5 日第一版第七次印行

定價 — NT 500 元
ISBN — 978-626-417-251-6
EISBN — 9786264172523（EPUB）；9786264172530（PDF）

書號 — BCB874
天下文化官網 — bookzone.cwgv.com.tw

本書如有缺頁、破損、裝訂錯誤，請寄回本公司調換。
本書僅代表作者言論，不代表本社立場。